计算机组装与维修

（第4版）

主　编◎陈广生　葛宗占

副主编◎陈国春　吕红宇　刘慧敏

参　编◎苏洁琼　范钢强　王　滨　康　梅　王公儒

电子工业出版社

Publishing House of Electronics Industry

北京·BEIJING

内 容 简 介

本书共 12 章，内容包括计算机硬件基础、CPU 与 CPU 散热器、主板、内存、外存储器、显卡和显示器、其他外部设备、装机案例、BIOS 与 UEFI、硬盘分区及格式化、安装操作系统和硬件驱动程序、计算机维护及常见故障的排除等。

本书在编写过程中注重反映新知识、新技术、新方法，体现科学性和实用性。另外，在改版过程中将计算机硬件的拆卸与安装操作细节融合到各章节中，方便读者循序渐进地进行理论知识与实践操作相结合的学习。装机案例部分提供了切实可借鉴的高、中、低档计算机攒机方案，便于读者大胆尝试。

本书既可以作为中等职业学校计算机应用专业的教材，也可以作为广大计算机爱好者的参考书。

图书在版编目（CIP）数据

计算机组装与维修 / 陈广生，葛宗占主编. —4 版. —北京：电子工业出版社，2023.12

ISBN 978-7-121-46711-0

Ⅰ. ①计… Ⅱ. ①陈… ②葛… Ⅲ. ①电子计算机－组装－中等专业学校－教材②计算机维护－中等专业学校－教材 Ⅳ. ①TP30

中国国家版本馆 CIP 数据核字（2023）第 221695 号

责任编辑：罗美娜
印　　刷：三河市鑫金马印装有限公司
装　　订：三河市鑫金马印装有限公司
出版发行：电子工业出版社
　　　　　北京市海淀区万寿路 173 信箱　　　邮编：100036
开　　本：880×1230　　1/16　　印张：21　　字数：457 千字
版　　次：2016 年 7 月第 1 版
　　　　　2023 年 12 月第 4 版
印　　次：2024 年 6 月第 2 次印刷
定　　价：49.80 元

凡所购买电子工业出版社图书有缺损问题，请向购买书店调换。若书店售缺，请与本社发行部联系，联系及邮购电话：（010）88254888，88258888。

质量投诉请发邮件至 zlts@phei.com.cn，盗版侵权举报请发邮件至 dbqq@phei.com.cn。

本书咨询联系方式：（010）88254617，luomn@phei.com.cn。

前　言

　　"计算机组装与维修"是中等职业学校计算机专业的必修课程，可选教材较多。但因计算机硬件技术发展速度快，新技术、新产品层出不穷，导致学校选用的教材内容陈旧、新技术的讲解缺位、配套图片资料过时、PPT资源落后、微课资源稀缺等问题普遍存在。

　　《计算机组装与维修（第4版）》教材针对以上情况做了充分补充与完善。在新教材中，CPU部分的知识更新至Intel酷睿第13代处理器和AMD锐龙7000系列处理器，补充了PCI-E通道数、内存通道数、IPC等知识点；内存部分的知识补充了DDR5内存的介绍；显卡部分的知识更新至NVIDIA RTX 4000系列显卡的技术参数；操作系统安装部分的知识补充了Windows 11系统和国产开放麒麟系统的基础知识与安装方法，使教材更具有实用性。

　　中职学校的"计算机组装与维修"课程始终被视为专业理论课，很少有学校为该课程开设实习实训课，导致教学活动枯燥乏味、学生学习态度消极、学习方法单调无趣。第4版教材在除第8章以外的各章中增加了"实践出真知"一节，以图文并茂的形式介绍计算机硬件设备拆卸和安装的操作方法，并在教材配套的微课资源中以微视频的形式加以细化。这部分内容的补充给有条件的学校开设"计算机组装与维修"实训课提供了切实可行的方案，使枯燥乏味的理论课变成理实一体化的专业实践课。

　　"硬件助手"部分知识是第3版教材的突出特点，在第4版修订教材时又增加了CrystalDiskMark、游戏加加等硬件性能测评类软件的介绍。这两款软件对固态硬盘的性能检测、对显示系统乃至整个计算机系统性能的评测提供了更全面的测试方法，为读者直观了解计算机硬件的性能、深入理解计算机硬件框架体系打开了方便之门。

　　第4版教材结合知识点、行业态势和我国国情，融入思政要素与二十大精神，通过教材内容与思政教育的紧密结合，使学生在日常学习过程中不断增强民族自豪感，树立科技报国的坚定信念，从而实现为党育人、为国育才的教育目标。

　　新版教材组建了一支科研能力强、教学经验丰富、老中青相结合的编写团队，分工明确、精工细作，重新规划、制定了教材知识结构，全新制作了配套的PPT、微课、习题等数字资源，方便教学活动的有效开展。新版教材删减了光存储等部分陈旧、落后的知识点，补充了装机方案等提供实践参考的案例。新版教材参编人员增加了西安开元电子实业有限公司的王公儒，参与了第8章、第9章和第12章部分内容的编写。

　　在本教材的编写过程中，编写团队力求简便易学、通俗易懂。但由于编写团队学识、经验有限，书中难免存在疏漏和不足之处，敬请广大同行和读者批评指正，以便今后修改提高。

目 录

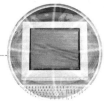

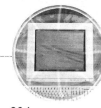

第 **1** 章

计算机硬件基础

知识要点

🔑 计算机的产生与发展历程。

🔑 计算机的分类。

🔑 计算机系统的组成。

🔑 计算机的基本硬件。

🔑 计算机的其他形态。

内容摘要

　　本章将主要介绍计算机的产生与发展历程、计算机的分类、计算机系统的组成、计算机的基本硬件、计算机的其他形态、硬件助手等内容。

1.1 计算机的产生与发展历程

✓ **知识目标**：了解计算工具的发展，以及电子计算机的产生与发展。

✓ **能力目标**：理解现代计算机和古老计算工具的差异，总结核心区别。

　　在人类历史上，为了提高计算速度，人们曾发明、创造了多种计算工具。例如，中国人发明了算盘，并在 15 世纪得到普遍采用且沿用至今；英国人奥特雷德在 1622 年发明了对数计算尺；1642 年，19 岁的法国人帕斯卡发明了能进行加法运算的第一台机械式计算机……

1.1.1　计算机的产生

第一台通用电子计算机于 1946 年在美国宾夕法尼亚大学制成。这台电子计算机使用了约 18 000 个电子管，占地约 170 平方米，重达 30 吨，功率约为 150 千瓦，每秒可以进行 5000 次加法运算或 400 次乘法运算。第一台电子计算机叫作 ENIAC（埃尼阿克），它采用电子管作为基本逻辑元件，能够按照事先编好的程序自动执行运行等功能，是真正意义上的电子计算机。

1.1.2　计算机的发展历程

尽管 ENIAC 有很多不足，但是它的问世具有划时代的意义，在之后半个多世纪的时间中，计算机在研究、生产和应用方面都得到了突飞猛进的发展。通常以使用的逻辑元件为依据，将计算机的发展划分为四代。

第一代：电子管计算机（1946—1957 年）。

电子管计算机采用电子管作为逻辑元件，运算速度为每秒几千次，其主要特点是体积大、耗电量大、造价昂贵，主要用于军事领域。

第二代：晶体管计算机（1958—1964 年）。

晶体管计算机采用晶体管作为逻辑元件，运算速度为每秒几十万次。与第一代计算机相比，晶体管计算机的体积缩小，省电，可靠性得到了大幅度提高，生产成本大幅度降低，可以用于工业控制等方面。

第三代：中小规模集成电路计算机（1965—1970 年）。

中小规模集成电路计算机采用中小规模集成电路作为逻辑元件，运算速度达到每秒百万次。与前一代计算机相比，中小规模集成电路计算机的体积进一步缩小，可靠性大大提高，应用领域逐步扩大。

第四代：大规模、超大规模集成电路计算机（从 1971 年至今）。

大规模、超大规模集成电路计算机采用大规模、超大规模集成电路作为逻辑元件，运算速度达到每秒万亿次。与前一代计算机相比，大规模、超大规模集成电路计算机的体积更小，可靠性更高，应用领域扩大到人类生活的方方面面。

如今的计算机正朝着微型化、网络化、智能化等方向发展。

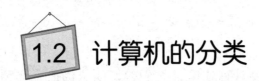

1.2　计算机的分类

✓ 知识目标：了解现代计算机的分类。

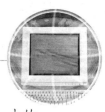

✓ 能力目标：了解计算机在不同行业领域的存在形式；知晓各行业对计算机硬件人才的岗位需求。

电子计算机从原理上可以分为两大类：数字电子计算机和模拟电子计算机。

1.2.1 数字电子计算机

数字电子计算机以数字量（不连续量）作为运算对象并进行运算，其特点是运算速度快、精确度高，具有"记忆"（存储）和逻辑判断能力。计算机的内部操作和运算是在程序控制下自动进行的。

一般在不特别说明的情况下，计算机指的就是数字电子计算机。数字电子计算机可以按照不同要求进行分类。

1. 按照设计目的划分

（1）通用计算机：为解决各类问题而设计的计算机。通用计算机既可以用于科学计算、工程计算，也可以用于数据处理和工业控制等。它是一种用途广泛、结构复杂的计算机。

（2）专用计算机：为某种特定目的而设计的计算机，如用于数控机床、轧钢控制、银行业务等的计算机。专用计算机针对性强、效率高，结构比通用计算机简单。

2. 按照用途划分

（1）科学和工程计算机：专门用于科学计算和工程计算的计算机。

（2）工业控制计算机：主要用于生产过程控制和监测的计算机。

（3）数据计算机：主要用于数据处理的计算机，如用于统计报表、预测和统计、办公事务处理等的计算机。

3. 按照大小划分

（1）巨型计算机：巨型计算机也称超级计算机。它具有速度快、处理的数据量大等特点。目前，巨型计算机的运算速度已达每秒亿亿次以上，主要用于科学计算、工程计算、军事、天气预报、地质勘探、航空航天等领域。

党的二十大报告指出，"基础研究和原始创新不断加强，一些关键核心技术实现突破，战略性新兴产业发展壮大，载人航天、探月探火、深海深地探测、超级计算机、卫星导航、量子信息、核电技术、新能源技术、大飞机制造、生物医药等取得重大成果，进入创新型国家行列。"超级计算机作为重大科技创新成果代表，是"国之重器"，是计算机界"皇冠上的明珠"，是科技创新的"发动机"，在航空航天、地理探测、大型飞行器设计、新型药物筛选、巨型工程建设中均有广泛应用，对国家经济社会高质量发展和高水平科技创新具有重要支撑作用，是国家科技发展水平和综合国力的重要标志。

（2）小型计算机：规模较大、速度较快的计算机，主要用于一般科学计算、事务处理等。

（3）微型计算机：体积较小的计算机，如个人计算机、笔记本电脑、掌上电脑等。

1.2.2　模拟电子计算机

模拟电子计算机是一种以连续变化的模拟量作为运算对象的计算机（如用电压、长度、角度等来模仿实际所需要计算的对象），现在已经很少使用了。

1.3　计算机系统的组成

✓　**知识目标**：了解计算机系统的软硬件组成；理解冯·诺依曼体系结构。

✓　**能力目标**：了解计算机系统与其他传统电器设备或电子产品之间的区别。

计算机系统是由人们能看得见、摸得着的硬件系统和能完成各种任务的软件系统组成的。

1.3.1　硬件系统

目前，计算机硬件体系结构还是经典的冯·诺依曼体系结构，由运算器、控制器、存储器、输入设备和输出设备5个基本部分组成。

① 运算器：能完成各种算术运算和逻辑运算的部件。

② 控制器：能发出各种控制信息，使计算机协调工作的部件。

③ 存储器：能存储程序和数据的部件，分为内存和外存。

④ 输入设备：能输入程序和数据的部件。

⑤ 输出设备：能输出结果数据和其他信息的部件。

计算机系统运行示意如图1-1所示。

运算器、控制器和存储器合称为主机，输入设备和输出设备合称为外设。

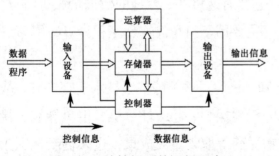

图1-1　计算机系统运行示意

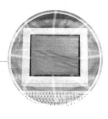

1.3.2 软件系统

只具备硬件系统的计算机称为"裸机"，在裸机上只能运行机器语言源程序，而想要充分发挥计算机的性能，就要为计算机安装相应的软件。软件是在计算机硬件设备上运行的所有程序、数据及其相关文档的总称。计算机软件可以分为系统软件和应用软件两大类。

1. 系统软件

系统软件用于控制和协调计算机的运行、管理和维护，包括操作系统、语言处理程序和数据库管理系统这 3 部分。其中，操作系统是系统软件的核心，用于管理软/硬件资源和数据资源，常见的操作系统有 Windows、Linux、UNIX、openKylin（开放麒麟）等。

2. 应用软件

应用软件是专为解决一些具体问题而设计的软件。常见的应用软件有办公软件、图形图像处理软件、杀毒软件、游戏软件、媒体播放软件等。

 强悍的硬件系统需要系统软件合理调度才能发挥作用，需要各类应用软件的支持才能在各行各业展现其价值。同样地，我们作为和谐社会的一员，只有在党和政府的强力领导下才能体现自我价值，才能在奉献中获得成就感和自信心。

1.4 计算机的基本硬件

✓ 知识目标：掌握计算机硬件系统的组成，并认识各种配件。

✓ 能力目标：能够通过实物或图片识别硬件，并了解其基本功能和在系统中的作用。

计算机的基本硬件包括主板、CPU、内存条、硬盘、显卡、声卡、网卡、光驱、机箱、电源、显示器、音箱、键盘、鼠标等，本节将简单介绍有关配件的基础知识。

1. 主板

主板是主机箱中最大的电路板，也称系统板、母板。计算机中的 CPU、内存条、显卡等直接安装在主板上，硬盘、光驱等设备通过线路连接到主板上。主板如图 1-2 所示。

2. CPU

CPU（Central Processing Unit，中央处理器）是计算机中最核心的部件，是整个计算机的运算和控制指挥中心。它由运算器和控制器两部分组成，如图 1-3 所示。

图 1-2　主板

图 1-3　CPU

由于 CPU 的集成度高，运行频率高，其功率也越来越大，为了使 CPU 在运行过程中所产生的热量能及时散发，不至于烧坏 CPU，需要在 CPU 上安装一个散热器——CPU 风扇，如图 1-4 所示。

图 1-4　CPU 风扇

3．内存条

内存条是计算机在运行过程中临时存储数据的部件，也是沟通 CPU 与其他设备的"桥梁"。当前主流的内存条为 DDR4 和 DD5。内存条如图 1-5 所示。

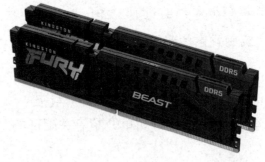

图 1-5　内存条

4．外部存储器

常见的外部存储器有硬磁盘驱动器、固态硬盘、U 盘等。

硬磁盘驱动器简称硬盘，是计算机中大容量、高可靠性的数据存储设备，通常用来存放永久性的数据，如操作系统、应用程序、用户数据等，是大多数计算机用户不可缺少的硬件

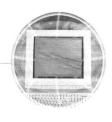

设备之一。硬盘及其接口如图 1-6 所示。

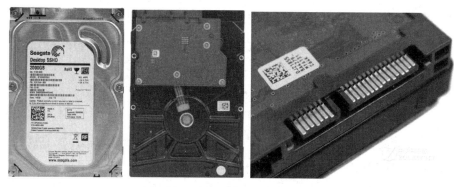

图 1-6　硬盘及其接口

固态硬盘是近几年逐渐流行起来的存储设备，如图 1-7 所示。由于其具有速度快、容量大、可靠性高的特性，因此受到中高端用户的青睐。随着其价格逐渐走低，大有取代传统机械硬盘的趋势。

图 1-7　固态硬盘

5. 显卡

显卡又称显示适配器，是计算机中专门用于处理显示数据、图像信息的设备，现在显卡有独立显卡（见图 1-8）和集成显卡之分。

6. 声卡

声卡是用来实现声波（模拟信号）与数字信号转换的设备，是多媒体计算机的主要部件。随着计算机应用领域的扩展，声卡成为计算机的必备配件之一，所以现在的主板上都有集成的声卡芯片。而功能完善的独立声卡（见图 1-9）或外置声卡却变成了少数追求完美音质的"发烧友们"研究的高端设备。

图 1-8　独立显卡

图 1-9　独立声卡

7. 网卡

网卡也称网络适配器，用于计算机与网络的连接。网卡既可以将接收到的其他网络设备传输的数据拆包，转换成系统能够识别的数据，然后通过总线传输到目标位置，也可以将本地计算机中的数据打包传输到网络上。网卡如图 1-10 所示。

8. 光驱

光驱也称光盘驱动器，用于读取光盘中的数据资料。光驱可以分为 CD-ROM 驱动器和DVD-ROM 驱动器。光驱如图 1-11 所示。

图 1-10 网卡

图 1-11 光驱

9. 机箱

机箱作为计算机配件中的一部分，它的主要作用是放置和固定各种计算机配件，起到承托和保护作用。同时，机箱具有屏蔽电磁辐射的重要作用。机箱前面板（正面）有电源开关、复位开关、电源指示灯、硬盘指示灯、USB 接口、耳机插口、麦克风插口等，后面板有外接电源接口、键盘接口、鼠标接口、USB 接口等。机箱内部安装的设备有主板、CPU、内存条、显卡、硬盘、光驱、电源等。机箱如图 1-12 所示。

图 1-12 机箱

10. 电源

电源是计算机系统的动力之源，是为所有设备提供电能的设备，它将输入的 220V 交流电转换成所需的 5V、-5V、12V、-12V、+3.3V 等稳定的直流电，以满足计算机系统运行的需要，如图 1-13 所示。

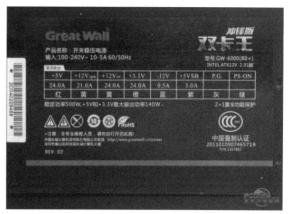

图 1-13　电源

11. 显示器

显示器也称监视器，是计算机最重要的输出设备，是用户与计算机进行交互的"桥梁"。输入的命令被计算机执行后的结果在显示器上显示出来。显示器主要分为 CRT 显示器与液晶显示器。

1）CRT 显示器

CRT 显示器具有可视角度大、色彩还原能力强、色度均匀、响应时间短等优点，如图 1-14（a）所示。但是由于它具有体积大、耗电量大、辐射强等缺点，因此已经退出主流市场，目前应用非常少，趋于淘汰。

2）液晶显示器

液晶显示器主要分为两类，一类是采用传统 CCFL（冷阴极荧光灯）作为背光源的液晶显示器，另一类是采用 LED（发光二极管）作为背光源的液晶显示器。许多消费者直接将第一类显示器称为 LCD，将第二类显示器称为 LED。无论是 LCD 还是 LED，都具有机身薄、耗电量小、辐射小、外观美观的优点，是目前市场上的主流显示器产品，如图 1-14（b）所示。

（a）CRT 显示器

（b）液晶显示器

图 1-14　CRT 显示器和液晶显示器

12. 音箱

音箱是将声卡输出的音频信号放大输出的设备，由箱体、功率放大器、扬声器、分频器等组成，如图 1-15 所示。

图 1-15　音箱

13. 键盘与鼠标

1）键盘

键盘是最常用的输入设备，如图 1-16 所示。通过键盘可以将英文字母、数字、标点符号等输入计算机中，从而向计算机发出命令、输入数据等。

图 1-16　键盘

键盘的分类方式有很多，具体分类如下：

① 按照按键数量的不同，可以分为 101 键键盘和 104 键键盘两种。

② 按照接口类型的不同，可以分为 AT 接口（大口）键盘、PS/2 接口（小口）键盘和 USB 接口键盘。

③ 按照外形的不同，可以分为标准键盘和人体工程学键盘两种。

④ 按照连接方式的不同，可以分为有线键盘和无线键盘两种。

⑤ 按照键盘结构的不同，可以分为机械式键盘、薄膜式键盘和电容式键盘。

2）鼠标

鼠标也称显示系统纵横位置指示器，是计算机中重要的输入设备之一，如图 1-17 所示。鼠标在图形处理方面比键盘方便，在视窗（Windows）环境中，鼠标操作比键盘操作更多一些。

图 1-17　鼠标

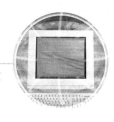

思政驿站 计算机系统是由多种部件组成的，虽然 CPU、内存、显卡、固态硬盘等部件对计算机系统性能的影响非常大，但是计算机系统的稳定运行同样离不开机箱、电源、网卡、声卡、键盘、鼠标等部件。我们的社会也是如此，虽然高科人才是社会发展、科学技术进步的重要力量，但是更多的社会大众也在自己的岗位上发挥着不可替代、不可或缺的作用。

鼠标的种类有很多，具体分类如下：

① 按照按键数量的不同，可以分为两键鼠标和三键鼠标。

② 按照连接方式的不同，可以分为有线鼠标和无线鼠标。

③ 按照接口类型的不同，可以分为串口（COM）鼠标、PS/2 鼠标、USB 鼠标。

④ 按照工作原理的不同，可以分为机械鼠标、光电鼠标、激光鼠标。

1.5 计算机的其他形态

✓ 知识目标：了解便携设备的用途，以及便携设备的系统组成。

✓ 能力目标：理解便携设备的优势与不足。

技术革新与用户需求不断催生出优质产品，笔记本电脑深受 IT 人士、商务人士、大学生的喜爱。下面就对笔记本电脑和平板电脑等便携设备进行简单介绍。

1. 笔记本电脑

笔记本电脑（Notebook Computer）也叫手提电脑，是一种小型、可携带的个人计算机。除了外观形状与台式机有较大区别，它还有支持交流/直流供电的特性。在室内办公时可以在使用交流电源供电的同时为锂电池充电，在移动办公时使用锂电池供电。

笔记本电脑因移动办公的需要，质量通常在 1.5kg 左右。当前笔记本电脑的电池容量可以提供 4 小时左右的续航能力。如何控制质量和提高续航能力始终是笔记本电脑领域需要大力攻克的难题。

例如，华为 MateBook 16s 16 英寸笔记本电脑（见图 1-18）采用全金属机身，以精致钻切与细腻喷砂工艺造就；预装 Windows 11 系统和正版 Office 家庭版，可以在平衡模式和高能模式之间进行切换；附赠采用 USB Type-C 接口的 90W 充电器，支持快充模式。其主要参数如下：

• CPU：Intel 酷睿 i7 12700H；2.7GHz，14 核心，20 线程。

- 内存：16GB；DDR5。
- 硬盘：512GB；固态硬盘。
- 显示屏：16 英寸；2520 像素×1680 像素；支持多点触控。
- 显卡：集成显卡。
- 净重：1.99kg。

图 1-18　华为 MateBook 16s 16 英寸笔记本电脑

除了上述常规配置，笔记本电脑通常还配置前置摄像头、双声道扬声器、麦克风、Wi-Fi 等设备和功能，保证笔记本电脑在任何场景都可以满足工作和生活需要。

对比台式机和笔记本电脑，用户应该怎么进行选择呢？这里从以下几个方面进行比较，用户可以根据自身需求做出合理选择。

1）价格比较

同等配置的台式机和笔记本电脑的价格有较大差异。以主流级的配置为例，笔记本电脑的价格比台式机高 30%～50%。

2）硬件比较

笔记本电脑的硬件配置通常比较固定，集成度很高。主板、CPU、显卡集成在一起，用户无法根据需求升级换代，当笔记本电脑出现硬件故障时只能返厂维修。台式机的配置灵活，升级换代、维修换件时都可以在市场上买到兼容性很好的配件，价格透明度也较高。

3）稳定性比较

由于笔记本电脑突出便携性和外在美感，因此造成其内部空间十分有限，在高能模式下发热量会急剧增加，易发生由发热量过大引发的故障。散热问题一直都是笔记本电脑不可避免的通病，尤其是高性能的笔记本，在工作时 CPU 和显卡的发热量都比较大。

4）硬件配置区别比较

笔记本电脑采用的 CPU、显卡等主要配件都采用与台式机不同的序列。名称相同、内在参数不同的情况比较普遍。当核心数、线程数相同时，笔记本电脑采用的 CPU 或显卡的核心频率远低于台式机。这也是厂家的无奈，并非刻意"缺斤短两"，而是因为超薄设计的机身无

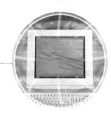

法控制发热量。

5）便携性比较

台式机不存在便携性，而笔记本电脑的最大优点就是便携性。用户可以随身携带笔记本电脑，实现不受空间限制的工作和娱乐需求。

2. 平板电脑

平板电脑也叫便携式电脑（Tablet Personal Computer，Tablet PC），平板电脑更加突出便携性和易用性，主要用途也更偏向于家庭用户或商务演示。其主要硬件配置和笔记本电脑基本一致，区别在于输入设备用触摸屏取代了键盘和鼠标。

平板电脑的操作系统有别于台式机和笔记本电脑的操作系统，常用的操作系统有安卓、iOS、鸿蒙等。这方面更接近手机的应用模式，在应用商店中可以下载各类付费或免费软件。在平板电脑中下载并安装的许多软件能很好地兼容 PC 版的常用软件，共享、分享的文档、表格、视频、音频等数据的存储、处理、播放、转发都可以无障碍实现。

华为 MatePad Pro 12.6 英寸平板电脑（见图 1-19）采用 12.6 英寸 2.5K 全面屏，其麒麟 9000E 旗舰芯片和 8GB 运行内存让系统运行流畅无阻，128GB 的存储空间能满足用户对大量媒体数据的存储需求。这款平板电脑配有 10050mAh 超大电池，支持 40W 有线快充；网络方面支持 5G 和 Wi-Fi 6+，可以适应室内外网络环境；6.5mm 机身厚度加上 609g 的质量进一步突出了其便携性；搭载最新 HarmonyOS 3，全新万能卡片让桌面布局更自由、更简洁。

图 1-19 华为 MatePad Pro 12.6 英寸平板电脑

和台式机、笔记本电脑相比，平板电脑有自己的特性，这里从以下几个方面进行比较。

1）操作系统比较

平板电脑的操作系统多为鸿蒙、安卓、iOS 等，软件也是主要针对这些平台开发和使用的，而台式机的操作系统如 Windows 和 Linux 等则具有更强大、全面的功能，在这些平台上开发和使用的软件的功能也相应地更加强大、全面，是平板电脑不能企及的。

2）硬件性能比较

平板电脑的硬件虽然和台式机的构成基本相同，但是在性能上，平板电脑更像是屏幕比

较大的"手机"，与台式机相比存在着很大的差距。

3）操作性比较

平板电脑拥有触摸屏，允许用户通过触控笔或数字笔进行作业，而不是使用传统的键盘或鼠标。用户可以通过内置的手写识别功能、屏幕上的软键盘、语音识别或一个真正的键盘实现输入。

4）外观比较

平板电脑在外观上就像单独的液晶显示屏，只是在内部配置了CPU、内存、硬盘、电池等必要的硬件，所以它的移动灵活性是笔记本电脑也比不了的。

1.6 硬件助手

- ✓ **知识目标**：通过鲁大师软件了解计算机的基本配置，对驱动程序有初步的认识。
- ✓ **能力目标**：测试核心部件的性能，了解计算机的性能；通过散热压力测试理解"负载"的概念。

计算机硬件品牌种类繁多，初学者难以明辨真假。这里介绍一款硬件检测软件——鲁大师——来帮助初学者直观了解计算机的配置。鲁大师的主界面如图1-20所示。

图1-20 鲁大师的主界面

鲁大师是一款系统工具软件，有 PC 版和手机版，支持 Windows 2000 以上版本的所有 Windows 系统。鲁大师的硬件检测功能不仅非常准确，还可以提供中文厂商信息，使用户对

计算机的配置情况一目了然。它适用于各种品牌的台式机、笔记本电脑、兼容机，不仅可以实时对核心部件进行监控预警，有效预防硬件故障，还可以快速升级补丁，安全修复漏洞，使用户远离黑屏困扰。鲁大师拥有专业而易用的硬件检测、系统漏洞扫描和修复、各类硬件温度监测等功能，对于装机的烦琐和疑难问题，鲁大师都可以轻松搞定。

鲁大师的功能介绍如下。

1. 硬件检测

在"硬件参数"界面中，鲁大师会提交一份较为详细的硬件配置报告，如图 1-21 所示。

图 1-21　"硬件参数"界面

2. 硬件防护

在"硬件防护"界面中，鲁大师会将计算机各类硬件（如 CPU、CPU 核心、显卡、硬盘、主板等）的温度变化及风扇转速用实时曲线的形式显示出来，如图 1-22 所示。

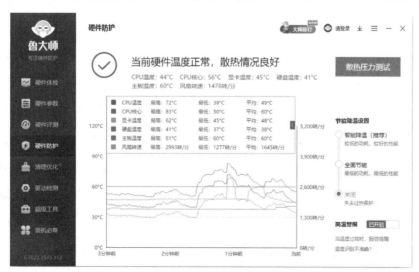

图 1-22　"硬件防护"界面

在运行温度监测功能时，也可以最小化鲁大师，然后运行散热压力测试功能或其他3D游戏来观察硬件温度的变化。

3. 硬件评测

鲁大师中的综合性能得分是通过模拟计算获得的CPU速度测评分数和模拟3D游戏场景获得的游戏性能测评分数综合计算所得。该分数能表示计算机的综合性能，测试完成后会输出测试结果。在完成测试后，可以通过选择"硬件排行榜"标签来查看计算机的综合性能排名情况，如图1-23所示。为了保证测试结果的准确性，请关闭其他正在运行的程序以避免影响测试结果。

图 1-23   "硬件评测"界面及排行榜

计算机的综合性能得分包括处理器（CPU）性能得分、显卡性能得分、内存性能得分、硬盘性能得分等。

4. 驱动检测

设备驱动程序（Device Driver）是一种可以使操作系统和计算机硬件设备进行通信的特殊程序。设备驱动程序在系统中所占的地位十分重要，操作系统只有通过这个程序才能控制硬件设备的工作。如果某个硬件设备的驱动程序未能正确安装，则该硬件设备不能正常工作。

因此，在操作系统安装完成后，首要的工作便是安装硬件设备的驱动程序。简单理解就是：驱动程序是硬件厂家写的设备使用说明书，读者是操作系统。说明书的编写最好简单明了，不能表达不清。所以，经常可以看到驱动程序更新。使用鲁大师安装驱动程序简单、高效，并且鲁大师提供了驱动程序的管理功能，能够满足多数用户的实际应用需求，如图1-24所示。

鲁大师还提供了清理优化、装机必备等功能，读者可以自行尝试体验。

图 1-24　使用鲁大师安装与管理设备驱动程序

1.7 实践出真知

实训任务 1：下载并安装鲁大师

准备工作：一台能上网的计算机。

操作流程：打开浏览器，在地址栏中输入鲁大师官网地址并按 Enter 键，在鲁大师官网主页的"电脑软件"区域中选择"鲁大师电脑版"，单击"下载"按钮，下载完成后双击安装文件开始安装。

注意事项：在下载和安装过程中，可能会有 Windows 防火墙或用户安装的安全软件的弹窗提示，选择允许即可。

拓展思考：如果计算机不能上网怎么办？

友情提示：人手一台的手机可不是只用于刷视频的！

实训任务 2：运行鲁大师并完成以下表格

名称	CPU	内存	显卡	主硬盘	显示器	网卡	键盘和鼠标
示例	酷睿 i5-10500	8GB	UHD 630	256GB-SSD	三星 27 寸	RTL8168	雷蛇生化主题键鼠套装
用户							

实训任务 3：运行鲁大师的硬件评测功能并完成以下表格

测试项目	处理器	显卡	内存	硬盘	综合性能
得分示例	353372 分	53411 分	48231 分	122131 分	577145 分
用户数据					

拓展训练：有兴趣的读者还可以进行 AI 评测和光线追踪评测，并查看硬件排行榜。

图 1-25　鲁大师测试数据的参考价值

友情提示：AI 评测和光线追踪评测需要额外下载数据包才能进行，而且需要硬件支持，2020 年以前的设备可能不支持此项功能。

相比于旧版本的鲁大师，新版本的鲁大师有很大的改进。由于评分机制不同，不同版本的鲁大师对硬件的评测得分差异很大，无参考性，如图 1-25 所示。

实训任务 4：运行鲁大师的驱动检测功能，并按照提示升级相关设备的驱动程序

实训任务 5：运行鲁大师硬件防护功能的散热压力测试，并持续观察 CPU、显卡、硬盘等关键部件的温度变化，完成以下表格。在此过程中，建议仔细听机箱内的声音分贝变化，也就是噪声观察，思考原因

测试项目	CPU		显卡		硬盘	
	常态温度	压力测试温度	常态温度	压力测试温度	常态温度	压力测试温度
示例数据	61℃	83℃	45℃	62℃	37℃	41℃
用户数据						

思考 1：压力测试前后，什么部件的温度变化较大？为什么？

思考 2：压力测试前后，什么部件的温度变化很小？为什么？

实训任务 6：探得庐山真面目

准备工作：一台属于自己的台式机，一把十字改锥（即螺丝刀），释放静电（专业做法是佩戴静电手环，常规操作是摸一摸金属物或洗手）。

实践内容：打开计算机的机箱，观察机箱内部的各组成部分；观察机箱后面板处主板上的 I/O 接口。

操作流程：释放静电，切断机箱供电，用十字改锥卸下机箱侧面板尾部的两个螺丝，然后沿着侧面板由前向后的方向取下两侧侧面板，观察机箱内部部件及结构、各种连线及走线等。

注意事项：这个阶段建议只观察即可，暂不鼓励初学者进行任何进一步的操作。

每个机箱的结构、构造都有可能不一样，需要观察好后再进行操作。

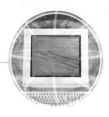

习题 1

1. 电子计算机从原理上可以分为哪几类？其中电子计算机又是如何详细分类的？

2. 完整的计算机系统包含什么？其中硬件系统又包含哪几部分？

3. 组成计算机硬件系统的五大部分的功能分别是什么？

4. 自己动手攒机需要购买的配件都有哪些？上网了解一下计算机各个部件的行情。

5. 通常以使用逻辑元件为依据，将计算机的发展划分为四代，请完成以下表格。

代别	起止年份	逻辑元件	运算速度	主要特点	应用领域
第一代					
第二代					
第三代					
第四代					

6. 请完成以下表格。

硬件	名称	功能简述

7. 在手机上安装并运行鲁大师，然后按照示例填写下表。

名称	性能评测排名	CPU 参数					闪存性能			
		型号	核心数	主频	寄存器宽度	指令集架构	顺序读取速度	顺序写入速度	随机读取速度	随机写入速度
荣耀Play5	359	联发科天玑800U	8	2.4GHz	64 位	ARM v8	994MB/s	162MB/s	138MB/s	66MB/s

第 **2** 章

CPU 与 CPU 散热器

🔑 CPU 概述。

🔑 CPU 的主要性能指标。

🔑 主流 CPU 产品与 CPU 散热器。

🔑 CPU 的发展历程。

本章将重点介绍计算机 CPU 的核心数、频率、工作电压、制造工艺、缓存、接口类型等性能指标，以及当前主流 CPU 产品与 CPU 散热器，最后通过表格形式介绍 CPU 的发展历程。

注意：受篇幅影响，本章内容主要围绕 Intel 公司的产品进行讲解。

2.1 什么是 CPU

✓ 知识目标：了解 CPU 的组成部分及其作用。

✓ 能力目标：理解 CPU 的逻辑构成；理解 CPU 在冯·诺依曼体系中的核心作用。

CPU 是 Central Processing Unit（中央处理器）的英文缩写。计算机的 CPU 又称微处理器，它由运算器和控制器组成，是计算机系统的核心，相当于人的大脑，因此它在一定程度上决定着计算机的性能。

CPU 是一个被封装在塑胶或陶瓷材料中的集成电路，它是由基板、内核、内核与基板之间的填充物及金属盖组成的。例如，图 2-1 所示为 Intel 公司和 AMD 公司的 CPU。

图 2-1　Intel 公司和 AMD 公司的 CPU

① CPU 的基板是承载 CPU 内核所用的电路板，负责内核芯片和外界的一切通信，并起着固定 CPU 的作用。在基板上有电容、电阻和决定 CPU 时钟频率的电路桥，在背面或下沿有用于和主板连接的针脚或卡式接口。基板一般由陶瓷或有机材料组成。

② CPU 的内核是 CPU 中间凸起的一片（或若干）指甲大小的、由单晶硅做成的薄芯片，其内密布着数以千万甚至上亿个晶体管，它们之间相互配合完成各种复杂的运算和操作。

③ CPU 内核与基板之间的填充物用来缓解来自散热器、固定芯片和电路基板的压力。

④ CPU 表面的金属盖一方面可以避免 CPU 的核心受到外力损害，另一方面可以增加核心的表面积，起到保护和散热作用。

2.2　CPU 的性能指标

✓ 知识目标：理解 CPU 的各项技术参数。
✓ 能力目标：通过软件检测 CPU 参数，根据技术参数判断 CPU 的市场定位。

凡事都有自己的评价标准，那么 CPU 性能的好与坏是看哪些方面呢？本节将介绍几个参数，理解这些参数以后再看 CPU 时就不会眼花缭乱了。

2.2.1　CPU 的核心数

核心（Die）又称内核，是 CPU 最重要的组成部分。CPU 的中心部位就是核心，是由单晶硅加以一定的生产工艺制造出来的，CPU 所有的算术运算与逻辑运算、数据处理都由核心

执行。各种 CPU 核心都具有固定的逻辑结构，一级缓存、二级缓存、三级缓存、执行单元、指令级单元和总线接口等逻辑单元都有科学的布局。

CPU 核心的发展方向是低电压、低功耗、更先进的制造工艺、集成更多的晶体管、更小的核心面积、更先进的流水线架构、更丰富的指令集、更高的总线频率、集成更多的功能（如集成内存控制器、集成显卡等），以及多核心等。

目前，PC 用 CPU 的内部核心越来越多，如 Intel 公司的酷睿 i9-13900K 有 24 个核心，AMD 公司的 Ryzen Threadripper PRO 3995WX 和 Ryzen Threadripper PRO 5995WX 有 64 个核心。

2.2.2　CPU 的频率

CPU 的频率是反映计算机性能的重要指标之一，和人们跑步时的步频一样，频率越高，CPU 的性能就越好。CPU 的频率主要包括主频、外频、倍频系数，如图 2-2 所示。

图 2-2　CPU 正面的标示信息

1）主频

主频是指 CPU 核心的工作频率，单位是 GHz。在核心架构相同的前提下，主频越高，CPU 的运算速度就越快。目前，主流 CPU 产品的主频都在 3～5.8GHz 之间，并且有逐渐提升的趋势。

2）外频

外频也称总线速度，是 CPU 乃至整个计算机系统的基准频率，单位是 MHz。目前，主流 CPU 产品的外频普遍为 100MHz，如图 2-3 所示。

3）倍频系数

在 Intel 80386 处理器面世之前，CPU 的主频还处于一个较低的阶段，CPU 的主频一般都等于外频。在 Intel 80386 处理器出现以后，由于 CPU 的工作频率不断提高，而 PC 的一些其他设备却受到制造工艺的限制，它们的工作频率不能提高，为了不让外设影响 CPU 频率的进一步提高，技术人员想出了倍频技术。该技术能使 CPU 核心工作在外频的一定倍数值上，从而通过提升倍频来达到提升主频的目的。倍频技术就是使外部设备可以工作在一个较低外频上，而 CPU 主频是外频的若干倍数的技术，也就是 CPU 的主频＝外频×倍频系数。目前，主流 CPU 产品的倍频系数普遍在 35～57 之间。

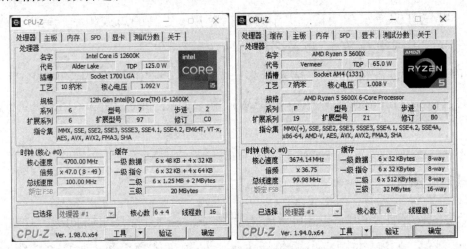

图 2-3　CPU 的外频（总线速度）

2.2.3　CPU 的工作电压

CPU 的工作电压是指 CPU 正常工作所需的电压。任何电子器件的正常运行都需要正常供电，自然也有对应的额定电压，CPU 也不例外。从 Intel 8086 处理器到现在的酷睿 i9 处理器，CPU 的工作电压有着明显的下降趋势，较低的工作电压主要有以下 3 个优点：

① 低功耗。功耗降低，使系统的运行成本相应降低，这对于便携式和移动设备来说非常重要，使其现有的电池可以工作更长时间，从而使电池的使用寿命大大延长。

② 低发热量。功耗降低，致使发热量减少，较低的运行温度可以使系统运行更加稳定。

③ 为提高主频创造条件。低功耗、低发热量是进一步提高 CPU 主频的重要前提。

2.2.4　制造工艺

制造工艺是指制造 CPU 的晶圆上相邻两个晶体管之间的距离，单位为微米（μm）或纳米（nm）。目前主流的 CPU 制造工艺已经达到了 14nm、7 nm、5 nm。制造工艺的提高能带来以下好处：

① 可以降低 CPU 的工作电流、工作电压，从而降低功率，提高能效。

② 可以在单位面积的晶圆上集成更多的晶体管，使处理器实现更多的功能和更高的性能。

③ 可以降低发热量，提高稳定性。

④ 可以使处理器的核心面积进一步减小，也就是说，在相同面积的晶圆上可以制造出更多的 CPU 产品，直接降低 CPU 的产品成本，从而降低 CPU 的销售价格。

2.2.5　缓存

CPU 缓存（Cache Memory）在逻辑上是位于 CPU 与内存之间的临时存储器，它的容量很小，但速度比内存快（与 CPU 同步）。缓存中的数据是内存数据的映射（复制品）。

缓存的工作原理是：当 CPU 要读取一个数据时，首先从缓存中查找，如果找到，就立即读取并传送给 CPU 处理；如果没有找到，就用相对较慢的速度从内存中读取并传送给 CPU 处理，同时把这个数据所在的数据块调入缓存，方便再次使用该数据时访问缓存即可，不必再调用内存，如图 2-4 所示。

$$\boxed{\text{CPU核心}} \longleftarrow \boxed{\text{缓存}} \longleftarrow \boxed{\text{内存}}$$

图 2-4　缓存的作用

CPU 从缓存中读到数据被称为缓存命中，缓存命中的概率叫作缓存命中率，缓存命中率越高越好。提高缓存命中率的办法有两种：一是改进 CPU 架构来提高缓存命中率，这比较考验 CPU 厂商的研发能力；二是提高缓存容量，缓存容量的提高要依赖芯片技术的革新。

实际上，缓存是被集成在 CPU 内部的，是和 CPU 合为一体的存在。缓存最早用在 Intel 80486 处理器上时容量只有 8KB，Intel 公司从 Pentium 时代开始把缓存进行了分级。当时集成在 CPU 内核中的缓存的容量已不足以满足 CPU 的需求，而制造工艺上的限制又不能大幅度提高缓存容量。因此，出现了集成在与 CPU 同一块电路板上或主板上的缓存，此时就把 CPU 内核集成的缓存称为一级缓存，把外部的缓存称为二级缓存。一级缓存可以细分为数据缓存（Data Cache，D-Cache）和指令缓存（Instruction Cache，I-Cache）。两者分别用来存放数据和存放处理这些数据的指令，而且两者可以同时被 CPU 访问，减少了争用缓存所造成的冲突，提高了处理器效能。

随着 CPU 制造工艺的发展，二级缓存也集成到了 CPU 内核中，缓存容量正在逐步提升，速度与 CPU 同步。Intel 酷睿处理器开始增设了三级缓存，第 1～7 代酷睿 i3、i5、i7 处理器上分别集成了容量为 3MB、6MB、8MB 的三级缓存，第 8 代酷睿 i3、i5、i7 处理器的三级缓存的容量分别提升到了 6MB、9MB、12MB，CPU 的性能得到明显提升。2021 年 11 月发布的第 12 代酷睿处理器为每个核心标配了容量为 3MB 的三级缓存，以酷睿 i3-12100 处理器为例，4 个核心就达到了 12MB 三级缓存。缓存是 CPU 性能表现的关键之一，在 CPU 核心架构相同的情况下，增加缓存容量能使 CPU 的性能大幅度提高，采用同一架构的 CPU 高低端定位也是用缓存容量区分的。

2.2.6　前端总线

总线是将数据和指令从一个或多个源部件传送到一个或多个目的部件的一组传输线。通俗地讲，总线就是多个部件之间的公共连线，用于在各个部件之间传输信息。描述总线的参数有总线频率和总线位宽（位数），总线的速度（也称带宽）与它们成正比。

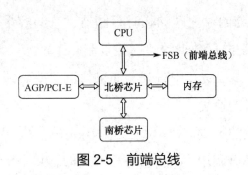

图 2-5　前端总线

前端总线（Front Side Bus，FSB）是连接 CPU 与北桥芯片的数据通道，如图 2-5 所示。前端总线的带宽如果低于 CPU 的数据带宽，则会造成数据传输过程的拥堵，从而影响 CPU 的性能发挥。由于前端总线结构会影响多核心处理的性能发挥，因此早在 20 年前就被淘汰了，这里了解前端总线是为了更好地理解 QPI 总线的优势。

2.2.7　QPI 总线与 DMI 总线

随着多核心 CPU 的出现，FSB 总线的缺点逐渐显现出来，如图 2-6（a）所示，CPU 在访问内存时，CPU 的 4 个核心分时共享 FSB 总线的带宽，易造成数据拥堵，导致多个核心的闲置和等待，会极大地降低系统的工作效率。为了解决这个问题，Intel 公司研发了 QPI 总线技术。

1．QPI 总线

QPI（Quick Path Interconnect，快速通道互连）的官方名字为 CSI（Common System Interface，通用系统接口），用来实现芯片之间的直接互连，而不再通过 FSB 总线连接到北桥芯片。现在的 CPU 将内存控制器（过去在北桥芯片内）集成到 CPU 内部，CPU 内部的各个核心在访问内存时变得更直接和快捷，各个核心之间通过 QPI 总线直接通信，如图 2-6（b）所示。

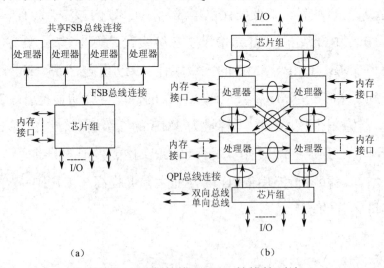

（a）　　　　　　　　　　（b）

图 2-6　FSB 总线和 QPI 总线的对比

QPI 总线有以下优点：

① QPI 总线使通信更加方便。QPI 总线是在处理器中集成内存控制器的体系架构，主要

用于处理器之间和系统组件之间互连通信。它抛弃了沿用多年的 FSB 总线结构，CPU 可以直接通过内存控制器访问内存资源，而不是采用以前繁杂的 "CPU↔前端总线↔北桥芯片↔内存控制器" 模式。

② 高带宽。QPI 总线采用了与 PCI-E 类似的点对点设计，包括一对双向线路，分别负责数据发送和接收，每条通路可以传送 20 位数据，其中 4 位用于循环校验（提高可靠性），其他 16 位为真实有效的数据。这样，QPI 总线的带宽=QPI 总线频率×每次传输的有效数据（16bit/8）×2（数据发送、接收可以同时进行）。

例如，QPI 总线频率为 6.4GT/s 的带宽为 6.4GT/s×16bit÷8×2=25.6GB/s，频率为 1600MHz 的 FSB 总线的带宽为 1600MHz（工作频率）×64bit（位宽，也就是每次传输的二进制位数）÷8=12.8GB/s。

③ 多核之间互传数据不用经过芯片组。QPI 总线可以实现多核处理器内部的直接互连，而无须像以前那样还要经过 FSB 总线进行连接。

2. DMI 总线

制造工艺的改进使内存控制器、PCI-E 控制器、图形处理器（GPU）逐步集成到了 CPU 内部。这使得北桥芯片退出了历史舞台，CPU 接管了其 I/O 管理功能，实现了高效率数据通信。剩下的南桥芯片和 CPU 之间的数据通道就被称为 DMI（Direct Media Interface，直接媒体接口）总线。这样两个总线的传输任务就分工明确了：QPI 总线负责 CPU 内部，DMI 总线负责 CPU 与外部的数据交换，如图 2-7 所示。

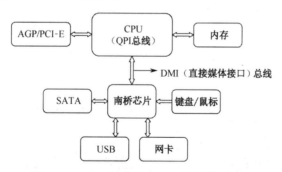

图 2-7　QPI 总线和 DMI 总线的分工

2.2.8　CPU 的接口类型

CPU 只有安装到主板上才能进行工作，我们把 CPU 与主板的连接形式叫作 CPU 接口。CPU 经过多年的发展，采用过的接口类型有引脚式、卡式、针脚式、触点式等。而目前不同厂家、不同系列的 CPU 接口都不太一样，对应到主板上就有相应的接口类型。CPU 的接口类型不同，其插孔数、体积、形状都有变化，互不兼容。下面介绍几种接口类型。

1．双列直插式

双列直插式接口曾用在 Intel 4004、Intel 8080、Intel 8086 等处理器上。采用双列直插式接口的 CPU 如图 2-8 所示。

图 2-8　采用双列直插式接口的 CPU

2．插卡式

插卡式接口曾用在 Intel 公司的奔腾 2 代处理器和早期的奔腾 3 代处理器上，叫作 Slot 1，同时期 AMD 公司的 K7 处理器采用的是 Slot A。采用插卡式接口的 CPU 对应的主板上有 CPU 插槽，如图 2-9 所示。

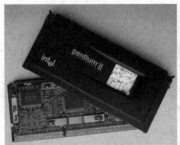

图 2-9　采用插卡式接口的 CPU

3．插座式

插座式是应用最广泛的接口类型，比较典型的有 Socket 7、Socket 370、Socket 423、Socket 478、Socket 462、Socket 754、Socket 939、Socket FM2+、Socket AM3、Socket AM3+、Socket AM4 等多种接口。采用插座式接口的 CPU 如图 2-10 所示。

图 2-10　采用插座式接口的 CPU

4. 触点式

触点式是当前 Intel 处理器采用的接口类型，这类接口将 CPU 上的针脚缩短并转移到主板的 CPU 插座上。这种方式不仅有助于提升频率，还能使 CPU 在不提高成本的情况下加大针脚密度，适合高功耗和高主频的处理器。市场上有过 LGA 775、LGA 1366、LGA 1156、LGA 1155、LGA 1150、LGA 1151、LGA 2011、LGA 2011-v3、LGA 1170、LGA 1200、LGA 1700、LGA 2066 等多种接口。采用触点式接口的 CPU 如图 2-11 所示。

图 2-11　采用触点式接口的 CPU

需要补充的是，AMD 公司在 2022 年 9 月 27 日新发布的 Ryzen 7000 系列处理器放弃了沿用已久的 Socket AM4 插座，改用 Socket AM5 插座。Socket AM5 插座放弃插针式的接口方式，改为 LGA 1718，这应该算是值得关注的变化了。

2.2.9　CPU 的多媒体指令集

CPU 依靠指令来计算和控制系统，每款 CPU 在设计时就规定了一系列与其硬件电路相配合的指令系统。指令的优劣也是 CPU 的重要指标，指令集是提高 CPU 运行效率最有效的工具之一。它可以增强 CPU 的多媒体、图形图像、AI 和 Internet 等方面的处理能力。通常把 CPU 的扩展指令集称为"CPU 的指令集"。

目前的 CPU 支持的指令集有 MMX（Multi Media Extended）、SSE、SSE2、SSE3、SSE4.1、SSE4.2、EM64T、AVX、EIST、Intel 64、XD bit、Intel VT-x、Hyper-Threading、Turbo Boost、AES-NI、Smart Cache、AVX-512、FMA3、SHA 等（具体情况可见图 2-3）。

2.2.10　超线程技术

超线程技术就是在一个 CPU 核心上同时执行多个程序而共同分享该 CPU 核心的缓存等资源的技术，理论上要像两个独立 CPU 一样在同一时间执行两个线程。对支持多处理器功能的应用程序而言，超线程处理器被视为两个独立的逻辑处理器。图 2-12 中的右图所示为具有6 核心 12 线程的酷睿 i7-8700K 处理器，其在 Windows 10 系统中被视为 12 个独立处理器。包括系统中的应用程序也将一个物理处理器核心当作两个逻辑处理器核心来使用。同时，每个逻辑处理器都可以独立响应中断。第一个逻辑处理器可以追踪一个软件线程，而第二个逻辑处理器则可以同时追踪另一个软件线程。由于两个线程共同使用同样的执行资源，因此不会出现一个线程执行的同时另一个线程闲置的状况。因此，Intel 公司让其 CPU 可以同时执行多重线程，就能够让 CPU 发挥更大效率，即"超线程（Hyper-Threading，HT）"技术。

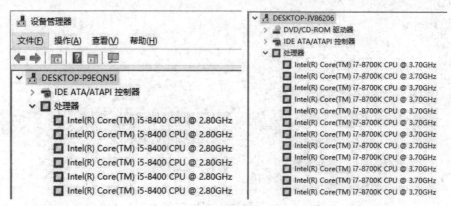

图 2-12　Windows 系统把每个线程识别为独立处理器

　　两个逻辑处理器因为共享核心内的缓存等资源，所以其性能比两个物理处理器差一些。例如，图 2-13 所示为不支持超线程技术的 6 核心 6 线程的酷睿 i5-8400 处理器和支持超线程技术的 6 核心 12 线程的酷睿 i7-8700K 处理器的 CPU-Z 评测分数，在通过 CPU-Z 进行测试时，后者的 CPU-Z 评测分数比前者高了 47%。抛开主频和缓存等因素，超线程技术给酷睿 i7-8700K 处理器带来了至少 30% 的性能提升。

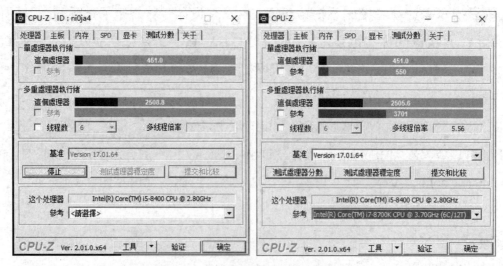

图 2-13　使用超线程技术的优势

　　超线程技术就是利用特殊的硬件指令把两个逻辑内核模拟成两个物理芯片，让单个处理

器都能使用线程级并行计算，进而兼容多线程操作系统和软件，减少了 CPU 的闲置时间，提高了 CPU 的运行效率。

2.2.11 睿频

睿频是指当处理器应对复杂应用时会自动加速到更高的频率运行，在原来的运行速度的基础上提升 10%～30%，以保证程序流畅运行的一种技术。当前工作任务完成时，如果只有内存和硬盘在进行主要的工作，则处理器会立刻降低频率处于节电状态，这样既可以保证能源的有效利用，又可以使程序的运行速度大幅度提升。该技术普遍运用在中高端 CPU 产品上，低端 CPU 产品不支持睿频技术。图 2-14 所示为支持睿频技术的 AMD Ryzen 9 5950X 处理器与 Intel Core i7 8700K 处理器的参数，其中右图所示的 Intel Core i7 8700K 处理器的主频（基准频率）是 3.7GHz，其睿频为外频（总线速度）×最大倍频=100MHz×47=4.7GHz。

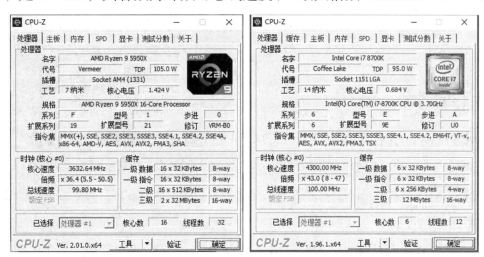

图 2-14 支持睿频技术的两款处理器的参数

2.2.12 集成显卡

早期的集成显卡是指主板北桥芯片内置显卡的显示芯片，该显示芯片通过共享主内存的方式完成工作。随着系统架构的变迁，集成显卡也被集成在 CPU 内部，其性能有了一定的提升。

由于集成显卡的显存部分是共享主内存，受 64bit 位宽和较低频率的限制，因此其显存的性能与独立显卡的专用显存的性能相差甚远，使得集成显卡的总体表现不能满足 3D 应用和图形图像处理方面的需求。但是其低廉的价格给入门级用户节省了不少预算，成为不少用户的选择。

在 Intel 公司主导的 QPI 总线系统中，第 6 代酷睿处理器的集成显卡的核心代号为 HD

530，第 7～10 代酷睿处理器的集成显卡的核心代号为 HD 630。新推出的第 11 代酷睿处理器的集成显卡的核心代号为 HD 750，而最新的第 12 代酷睿处理器则集成了 HD 770。Intel 集成显卡虽然在不断地变更名称，但是性能却始终没有实质性的提升。而 AMD 公司的新一代锐龙处理器则集成了 AMD Radeon Vega Graphics 7，相比此前的 Radeon R7 芯片，性能有了明显的提升。

2.2.13　PCI-E 通道数

PCI-E 是 PCI Express 的简称，PCI-E 总线是目前使用最广泛的总线类型，负责 CPU 与显卡、固态硬盘和其他支持 PCI-E 规范的外设之间的数据通信。PCI-E 总线支持双向传输模式和数据分通道传输模式。其中，数据分通道传输模式即 PCI-E 总线的×1、×2、×4、×8、×12、×16 多通道连接模式，CPU 的 PCI-E 通道数越大，表示其可以连接更多、更快的外设，从而提高系统的整体性能。主流处理器通常有 16～24 个 PCI-E 通道，酷睿 X 系列处理器则有 48 个 PCI-E 通道。

2.2.14　内存通道数

在早期的 PC 中，CPU 与内存之间的数据通信是通过在北桥芯片中设计两个内存控制器来实现的，这两个内存控制器可以相互独立工作，每个内存控制器控制一个内存通道。在这两个内存通道中，CPU 可以分别寻址、读取数据，从而使内存的带宽增加一倍，数据存取速度也会相应增加一倍（理论上）。

随着 QPI 总线架构替代 FSB 总线架构，内存控制器被放置在 CPU 内部。双通道内存架构是由两个位宽为 64bit 的 DDR 内存控制器构筑而成的，其位宽可达 128bit。由于双通道体系的两个内存控制器是独立的、具备互补性的智能内存控制器，因此二者能实现彼此间零等待时间，同时运作。两个内存控制器的这种互补"天性"可以让等待时间缩减 50%，从而使内存的带宽翻倍。

2.2.15　IPC

IPC（Instruction Per Clock）意为 CPU 在每一时钟周期内所执行的指令数，是经常用来描述 CPU 运行性能的术语。在发布新一代 CPU 产品时经常用 IPC 值来表达新一代 CPU 产品超越前一代 CPU 产品性能的幅度，以彰显新一代 CPU 产品的架构优势。

Intel 公司认为频率和 IPC 在真正影响 CPU 性能。准确的 CPU 性能判断标准应该是：CPU 性能=IPC×CPU 核心频率。

2.3　主流 CPU 产品与散热器

✓ 知识目标：了解主流处理器的实际参数；理解各品牌处理器的市场定位与参数的关系。

✓ 能力目标：了解 CPU 市场情况，知晓芯片技术领域的发展情况；了解我国在芯片技术领域的发展情况；解读、分析用户的实际需求，并规划配置方案。

2.3.1　CPU 的品牌

从 1971 年 Intel 公司的 4004 处理器到现在的第 13 代酷睿处理器，经历了 50 多年的发展过程，CPU 市场的竞争残酷程度是难以想象的。在以 Intel 80486 处理器为主的年代里，曾经有 Intel、AMD、Cyrix、IBM、IDT、VIA 等诸多厂商活跃在市场上。但是随着发展脚步的加快，技术落后、研发能力差的厂商相继退出了这个领域，剩下的只有 Intel 和 AMD。退出市场的 CPU 品牌如图 2-15 所示。

图 2-15　退出市场的 CPU 品牌

2.3.2　主流 CPU 产品

在 Cyrix、IBM、IDT、VIA 等品牌相继退出市场后，CPU 市场曾经被 Intel 公司所主导。但是随着 AMD 公司在 2017 年陆续发布了锐龙（Ryzen）系列处理器和其顶级的线程撕裂者等产品后，Intel 公司感受到了前所未有的压力。其相继推出的第 8～11 代酷睿处理器的性能虽然有了明显的提升，但是因为制造工艺落后，这些产品都无法与 AMD 公司的产品抗衡。

值得称赞的是 2021 年 11 月发布的第 12 代酷睿处理器，其让人眼前一亮的 Intel 7 工艺、混合架构、DDR5 内存、PCI-E 5.0、LGA 1700 等许多新特性，让用户再次感受到了 CPU 领域领导者的技术实力。

1. Intel 公司的 CPU

Intel 公司目前仍是全球最大的 CPU 生产商，Intel 公司的 CPU 的优点是兼容性好、稳定性强、发热量低等。目前，按照性能定位，Intel 公司的处理器有酷睿 X 系列 i9、酷睿 i9、酷睿 i7、酷睿 i5 和酷睿 i3 等多个等级。

1）酷睿 X 系列 i9 处理器（旗舰级）

第 10 代酷睿 X 系列 i9 处理器发布于 2019 年第 4 季度，因其具有核心数量多、缓存容量大、支持四通道内存、提供超多直连 PCI-E 通道等特性，成为 Intel 处理器性能天花板。例如，图 2-16 所示为酷睿 i9-10980XE 处理器，酷睿 X 系列 i9 处理器的参数如表 2-1 所示。

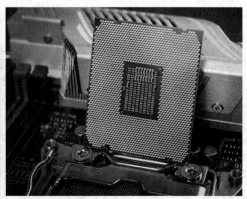

图 2-16　酷睿 i9-10980XE 处理器

表 2-1　酷睿 X 系列 i9 处理器的参数

处理器名称	i9-10900X	i9-10920X	i9-10940X	i9-10980XE
工艺（nm）	14			
热功耗（W）	165			
主频/睿频（GHz）	3.7/4.7	3.5/4.8	3.3/4.8	3.0/4.8
指令缓存（KB）	10×32	12×32	14×32	18×32
数据缓存（KB）	10×32	12×32	14×32	18×32
二级缓存（KB）	10×1024	12×1024	14×1024	18×1024
三级缓存（MB）	19.25	16.5	19.25	24.75
核心数/线程数	10/20	12/24	14/28	18/36
PCI-E 通道数	48			
参考价格（元）	3899	4499	4780	6580
内存规格	四通道 DDR4-2933，最大 256GB			
接口类型	LGA 2066			
集成显卡	无			
支持的芯片组	X299 芯片组，EATX 板型			

酷睿 X 系列 i9 处理器目前的处境尴尬，在采用混合架构的第 12 代酷睿处理器发布后，其旗舰地位被自家的酷睿 i9-12900K 处理器所取代，而且看不出 Intel 公司继续推出新一代酷

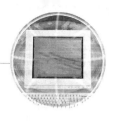

睿 X 系列 i9 处理器的迹象。

2）酷睿 i9 处理器（发烧级）

需要了解的一点是，Intel 酷睿处理器的产品线过去只有 i3、i5 和 i7 这 3 个。从第 7 代酷睿处理器开始发布了酷睿 X 系列 i9 处理器，由于其无与伦比的性能，使得 Intel 公司的处理器站上了性能之巅。随后 Intel 公司发现酷睿 X 系列 i9 处理器与酷睿 i7 处理器的性能跨度太大，可以考虑在酷睿 i7 处理器和酷睿 X 系列 i9 处理器之间填充一个产品线，来满足不同用户群体的实际需求。

因此，Intel 公司在 2018 年第 4 季度发布第 9 代酷睿处理器时补充了不带 X 的"阉割版"酷睿 i9 处理器，其参数如表 2-2 所示。至此，Intel 公司的产品线变成了酷睿 X 系列、酷睿 i9、酷睿 i7、酷睿 i5、酷睿 i3、Pentium（奔腾）、Celeron（赛扬）7 个系列。其中酷睿 i9、酷睿 i7、酷睿 i5、酷睿 i3 的产品线稳定且丰富。

表 2-2　酷睿 i9 处理器的参数

处理器名称	i9-9900K	i9-10900K	i9-11900K	i9-12900K		
发布时间	2018 年第 4 季度	2020 年第 2 季度	2021 年第 1 季度	2021 年第 4 季度		
工艺（nm）	14	14	14	Intel 7		
热功耗（W）	95	125	125	125		
最大睿频功耗（W）				241		
主频/睿频（GHz）	3.6/5.0	3.7/5.3	3.5/5.3	3.1/5.1		
指令缓存（KB）	10×32	10×32	8×32	8×32+8×64		
数据缓存（KB）	10×32	10×32	8×32	8×48+8×32		
二级缓存（KB）	10×1024	10×1024	8×1024	8×1.25MB+2×2MB		
三级缓存（MB）	16	20	16	8×3+2×3		
集成显卡	HD 630	HD 630	HD 750	HD 770		
核心数/线程数	8/16	10/20	8/16	性能核	能效核	合计
				8（支持超线程技术）	8（不支持超线程技术）	16 核心/8×2+8 线程
参考价格（元）	2799	2999	3299	4699		
支持内存类型	双通道 DDR4 2666MHz	双通道 DDR4 3200MHz		双通道 DDR4 3200MHz/DDR5 4800MHz		
接口类型	LGA 1151	LGA 1200		LGA 1700		
支持的芯片组	Z390	Z490	Z590	Z690		

最新发布的第 12 代酷睿处理器采用 Alder Lake 架构，基于 Intel 7 制造工艺打造，采用性能核（Performance Core，简称 P 核）与能效核（Efficient Core，简称 E 核）的混合架构设计（见图 2-17），这是 X86 桌面平台首次采用混合架构设计。性能核专注高性能计算，处理

前台任务；能效核突出高能效比，注重后台任务处理。能效核性能实力不输于一般的处理器产品，其性能表现可以逼近传统的基于 Sky Lake 架构的第 6 代酷睿处理器。下面对第 12 代酷睿处理器的主要特点进行简单介绍，方便读者理解。

（1）Intel 7 制造工艺是第 12 代台式机处理器采用的 10nm 制造工艺，代号为"Intel 7"，其距离真正意义上的 7nm 制造工艺还有很大差距。

（2）Intel 第 12 代酷睿处理器改用全新的 LGA 1700 接口设计，其处观也从过去的正方形变成了长方形，如图 2-18 中的左图所示。

（3）混合架构是指 CPU 核心有性能核和能效核两种。其中，性能核支持超线程技术，能效核不支持超线程技术。

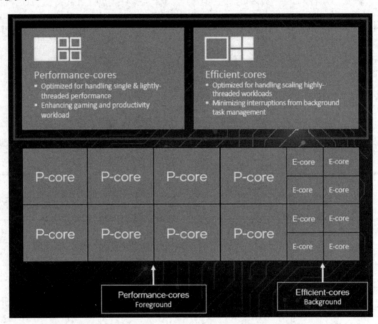

图 2-17　酷睿 i9-12900K 处理器的内部结构

- P 核心：Intel 公司有史以来性能最高的 CPU 核心，旨在处理单线程、轻线程或突发工作负载，如 4K 游戏和 3D 设计等。

- E 核心：专为处理多线程和后台任务而设计，如最小化浏览器选项卡、IT 服务和云同步等，从而使性能核能够不间断、灵活地提供优异性能。

- 混合架构：将两个核心微架构集成到单个芯片内，优先排序并分配工作负载，以优化性能。

（4）性能核每个核心配备 1.25MB 二级缓存和 3MB 三级缓存。能效核每 4 个为一组，配备时可以是 4 个或 8 个能效核，也就是配一组或两组。每组能效核配备 2MB 二级缓存和 3MB 三级缓存。以酷睿 i9-12900K 处理器为例，其参数如图 2-18 中的右图所示：8 个 P 核心+8 个 E 核心，一共 16 个核心；其二级缓存是 8×1.25MB+2×2MB=14MB，三级缓存是

8×3MB+2×3MB=30MB。

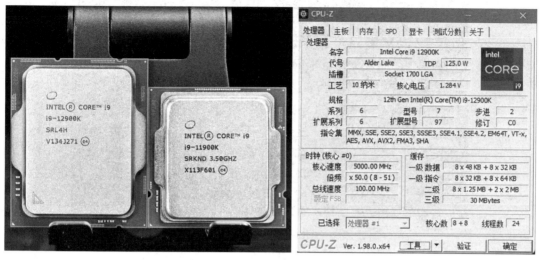

图 2-18　处理器外观变化与酷睿 i9-12900K 处理器的参数

（5）第 12 代酷睿处理器及其平台同时支持 DDR4 内存和 DDR5 内存，DDR5 内存的起步频率为 4800MHz。DDR5 内存以超低的 1.1V 电压运行，并且支持 ECC 内存纠错技术，从而提高计算机的运行效率。DDR5 内存将单条 DIMM（Dual Inline Memory Module，双列直插内存模块）分割成了两个更小的通道。原本每条 DIMM 上只有一个位宽为 64bit 的数据通道，DDR5 内存没有改变数据宽度，而是把原本一个位宽为 64bit 的通道当作两个位宽为 32bit 的子通道来工作。这样如果安装两条 DDR5 内存，则 CPU-Z 里就会显示四通道，如图 2-19 所示。当然

图 2-19　被误认的酷睿 i9-12900K 处理器的内存通道数

这并不是传统意义上的四通道，总内存位宽还是 128bit，两个相互独立的子通道将可同时进行数据读写操作，大大提升了内存操作的灵活度。

（6）Alder Lake 架构也首次把 PCI-E 5.0 规范引入消费市场，与之前的 PCI-E 4.0 规范相比，PCI-E 5.0 规范依然采用同样的 128b/130b 编码方式，PCI-E×16 插槽的带宽（双向）从 PCI-E 4.0 规范的 64 GB/s 提升到了 128GB/s。当然，目前支持 PCI-E 5.0 规范的设备（如显卡、固态硬盘等）还没有上市。用户想体验 PCI-E 5.0 规范带来的高性能，需要再等等了！

在如此多的新技术的助力下，第 12 代酷睿处理器的实际表现也让人刮目相看。例如，在采用 CPU-Z 进行多线程性能测试对比中（见图 2-20），酷睿 i9-12900K 处理器的表现可以和锐龙 5950X 处理器比肩，令人惊喜的是，主流级的酷睿 i5-12600K 处理器的性能超越了上一代的旗舰级产品酷睿 i9-11900K 处理器的性能。可以说第 12 代酷睿处理器是一款力挽狂澜的划时代意义的产品。

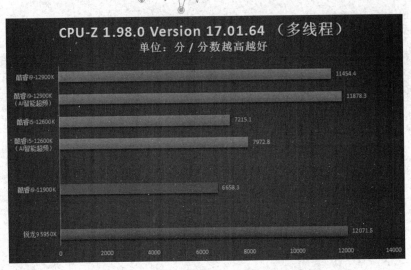

图 2-20　CPU-Z 多线程性能测试对比

3）酷睿 i7 处理器（高端）

随着办公应用和个人娱乐用户群体的逐渐割裂，酷睿 i7 处理器已经成为满足个人用户工作和娱乐基本需求的处理器，其参数如表 2-3 所示。第 12 代酷睿 i7-12700K 处理器因其采用混合架构和对 DDR5 内存的支持而备受关注，得益于 Intel 7 制造工艺的帮助，其主频和缓存容量也有了大幅度提升。图 2-21 所示为从第 12 代酷睿处理器开始采用的 Socket 1700 插座（支持 LGA 1700 接口）和酷睿 i7-12700K 处理器的主要性能参数。

表 2-3　酷睿 i7 处理器的参数

处理器名称	i7-9700K	i7-10700K	i7-11700K	i7-12700K		
发布时间	2018 年第 4 季度	2020 年第 2 季度	2021 年第 1 季度	2021 年第 4 季度		
工艺（nm）	14	14	14	Intel 7		
热功耗（W）	95	125	125	125		
最大睿频功耗（W）				190		
主频/睿频（GHz）	3.6/4.9	3.8/5.0	3.6/4.9	3.6/5.0		
指令缓存（KB）	8×32	8×32	8×32	8×32+4×64		
数据缓存（KB）	8×32	8×32	8×48	8×48+4×32		
二级缓存（KB）	8×256	8×256	8×512	8×1.25MB+1×2MB		
三级缓存（MB）	12	16	16	25		
集成显卡	HD 630	HD 630	HD 750	HD 770		
核心数/线程数	8/8	8/16	8/16	性能核	能效核	合计
				8（支持超线程技术）	4（不支持超线程技术）	12 核心/8×2+4 线程
参考价格（元）	2799	2999	3299	4699		
支持内存类型	双通道 DDR4 2666MHz	双通道 DDR4 3200MHz		双通道 DDR4 3200MHz/DDR5 4800MHz		
接口类型	LGA 1151	LGA 1200		LGA 1700		
支持的芯片组	Z390	Z490	Z590	Z690		

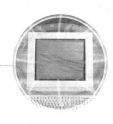

图 2-21　Socket 1700 插座和酷睿 i7-12700K 处理器的主要性能参数

由表 2-3 可知，新一代处理器在核心数、线程数和缓存容量方面都有较大幅度的提升，所以在实际测试过程中也有不俗的表现。

4）酷睿 i5 处理器（主流级）

来自 AMD 锐龙 5 处理器性能与价格的挤压使 Intel 新一代酷睿 i5 处理器的性能较此前的产品有了巨大的提升，决定性能的主要指标都有了较大幅度的提升，其参数如表 2-4 所示。

表 2-4　酷睿 i5 处理器的参数

处理器名称	i5-11600K	i5-12400F	i5-12600	i5-12600K		
发布时间	2021 年第 1 季度	2022 年第 1 季度	2022 年第 1 季度	2021 年第 4 季度		
工艺（nm）	14	Intel 7	Intel 7	Intel 7		
热功耗（W）	95	65	65	125		
最大睿频功耗（W）		117	117	150		
主频/睿频（GHz）	3.9/4.9	2.5/4.4	3.3/4.8	3.7/4.9		
指令缓存（KB）	6×32	6×32	6×32	6×32+4×64		
数据缓存（KB）	6×48	6×48	6×48	6×48+4×32		
二级缓存（KB）	6×512	6×1.25	6×1.25	6×1.25MB+1×2MB		
三级缓存（MB）	12	18	18	20		
集成显卡	HD 750	F（无集成显卡）	HD 770	HD 770		
核心数/线程数	6/12	6/12	6/12	性能核 6（支持超线程技术）	能效核 4（不支持超线程技术）	合计 10 核心/6×2+4 线程
参考价格（元）	2799	2999	3299	4699		
支持内存类型	双通道 DDR4 3200MHz	双通道 DDR4 3200MHz/DDR5 4800MHz				
接口类型	LGA 1200	LGA 1700				
支持的芯片组	B560	B660	B660	Z690		

第 12 代酷睿 i5 处理器的产品线比较丰富，也显得有些乱。仔细观察就知道，其分为有 E 核心（名称后面带 K）的 i5 和没有 E 核心的 i5 两种情况。前者有一组 E 核心，也就是在 4 个 E 核心的帮助下，其综合性能和上一代旗舰级产品酷睿 i9-11900K 处理器的性能不分伯仲。

图 2-22 所示为酷睿 i5-12600K 处理器与酷睿 i9-11900K 处理器测试分数的对比。目前，因为 DDR5 内存和配套主板的几轮降价，酷睿 i5-12600K 处理器已成为性价比非常高的抢手货了。

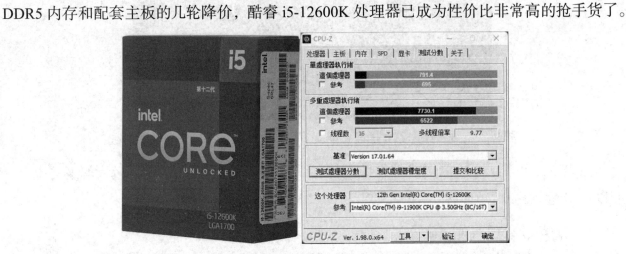

图 2-22　酷睿 i5-12600K 处理器与酷睿 i9-11900K 处理器测试分数的对比

5）酷睿 i3 处理器（入门级）

曾经的酷睿 i3 处理器（指第 7 代酷睿处理器及更早的产品）是双核 4 线程的，第 8 代酷睿处理器则升级为 4 核 4 线程，从第 10 代开始变成了现在的 4 核 8 线程。而且三级缓存也从 3MB、6MB 变成了 12MB，其性能已经超过了第 9 代 i5-9600K 处理器的性能。酷睿 i3 处理器的参数如表 2-5 所示。图 2-23 所示为早期酷睿 i5 处理器与第 12 代 i3 处理器的性能对比。

表 2-5　酷睿 i3 处理器的参数

处理器名称	i3-10100	第 11 代 i3	i3-12100F	i3-12100		
发布时间	2020 年第 2 季度		2022 年第 1 季度	2022 年第 1 季度		
工艺（nm）	14		Intel 7	Intel 7		
热功耗（W）	65		58	60		
最大睿频功耗（W）			89	89		
主频/睿频（GHz）	3.6/4.3		3.3/4.3	3.3/4.3		
指令缓存（KB）	4×32		4×32	4×32		
数据缓存（KB）	4×32	未发布桌面级酷睿 i3 处理器	4×48	4×48		
二级缓存（KB）	4×256		4×1.25MB	4×1.25MB		
三级缓存（MB）	12		12	12		
集成显卡	HD 750		F（无集成显卡）	HD 730		
核心数/线程数	4/8		4/8	性能核	能效核	线程数合计
				4（支持超线程技术）	0	8
参考价格（元）	799		899	999		
支持内存类型	双通道 DDR4 3200MHz		双通道 DDR4 3200MHz/DDR5 4800MHz			
接口类型	LGA 1200		LGA 1700			
支持的芯片组	H410	B660	H610	H610		

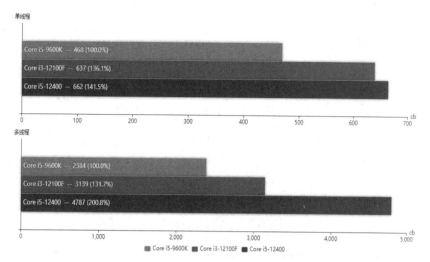

图 2-23　早期酷睿 i5 处理器与第 12 代 i3 处理器的性能对比

　　虽然酷睿 i3 处理器的定位是入门级处理器，但是随着性能的大幅度提升，其已能满足多数非专业人士的使用需求，并且其低廉的价格使得系统成本能够轻松控制在 3000 元以下。

6）奔腾（Pentium）与赛扬（Celeron）处理器

　　目前，Intel 公司致力于酷睿系列处理器的研发，对面向低端 CPU 用户的奔腾和赛扬处理器的研发似乎并没有太多的兴趣，所以并没有及时推出更多新品。几款奔腾与赛扬处理器的参数如表 2-6 所示，这几款处理器的价格虽然低廉，但是性能却有不俗的表现。

表 2-6　几款奔腾和赛扬处理器的参数

处理器名称	赛扬 G3900	赛扬 G3930	奔腾 G4400	奔腾 G4560
工艺（nm）	14	14	14	14
耗电量（W）	51	51	54	54
主频/睿频（GHz）	2.8	2.9	3.3	3.5
指令缓存（KB）	2×32	2×32	2×32	2×32
数据缓存（KB）	2×32	2×32	2×32	2×32
二级缓存（KB）	2×256	2×256	2×256	2×256
三级缓存（MB）	2	2	3	3
核心数/线程数	2/2	2/2	2/2	2/4
参考价格（元）	239	239	349	499
支持内存类型	双通道 DDR4	双通道 DDR4	双通道 DDR4	双通道 DDR4
接口类型	LGA 1151	LGA 1151	LGA 1151	LGA 1151
集成显卡	HD 510	HD 610	HD 510	HD 610

2. AMD 公司的 CPU

　　AMD 公司目前是 Intel 公司全球唯一的竞争对手，其推出的采用 Zen 架构的 Ryzen（锐龙）系列处理器以超高的性价比吸引了越来越多用户的注意力。自 2017 年以来，AMD 公司陆续发布了 Ryzen 1000 系列、Ryzen 2000 系列、Ryzen 3000 系列、Ryzen 5000 系列处理器，逐渐威胁到了 Intel 公司在 CPU 领域的领导地位。由于 AMD 公司率先突破了 7nm 的制造工艺，因此其产品在核心数和缓存容量方面都碾压同级别的 Intel 处理器。

AMD 公司在 2022 年国庆节期间发布了 Ryzen 7000 系列处理器。该系列处理器放弃了 AM4 插座，改用 AM5 插座，并同步发售了 600 系列芯片组主板。AMD 公司表示，与已有近两年历史的 Ryzen 5000 系列处理器和 Zen 3 架构相比，Ryzen 7000 系列处理器的单线程性能至少提高 15%。AMD 公司还承诺将提高每瓦性能，这在一定程度上要归功于新的 5nm 制造工艺（基于 Zen 3 架构的 CPU 采用的是 7nm 制造工艺）。

支持 AM5 插座的主板和芯片组还将首次为 AMD 芯片带来 PCI-E 5.0 规范和 DDR5 内存支持，与第 12 代酷睿处理器不同的是，其将放弃对 DDR4 内存的支持。

1）Ryzen Threadripper（线程撕裂者）处理器（旗舰级）

第 1 代 Ryzen Threadripper（线程撕裂者）处理器基于 Zen 架构，具有 16 核心 32 线程，这样的参数在当时让人感觉到"高不可攀"。

2018 年 6 月，AMD 公司推出了第 2 代 Ryzen Threadripper 处理器，内核也进化到了 12nm 的 Zen+架构。第 2 代 Ryzen Threadripper 的顶级型号是 Ryzen Threadripper 2990 X，它拥有 32 核 64 线程。2020 年 2 月 7 日，AMD 公司推出了基于 Zen 2 架构的 Threadripper™ 3000 系列处理器，最高 64 核心、128 线程和 256MB 三级缓存的参数加上 5 万元的售价让普通用户望而却步。图 2-24 所示为 Ryzen Threadripper 3970X 处理器的外观，其长方形的外观明显大于主流处理器，其反面和 Intel 处理器一样采用了触点式设计，共有 4094 个触点。

图 2-24　Ryzen Threadripper 3970X 处理器的外观

基于 Zen 3 架构的 Ryzen Threadripper 5000 系列处理器在 2022 年 3 月 8 日发布，有 5 款处理器，如图 2-25 所示。内存通道数从上一代的四通道变成了八通道，对系统性能的提升起到了关键作用。新旧 4 代 Ryzen Threadripper 处理器的参数如表 2-7 所示。

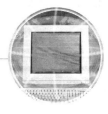

型号	显卡型号	CPU 核心数量	线程数量	最大加速时钟频率	基准时钟频率	DEFAULT TDP
AMD Ryzen™ Threadripper™ PRO 5995WX	需要独立显卡	64	128	最高可达4.5GHz	2.7GHz	280W
AMD Ryzen™ Threadripper™ PRO 5975WX	需要独立显卡	32	64	最高可达4.5GHz	3.6GHz	280W
AMD Ryzen™ Threadripper™ PRO 5965WX	需要独立显卡	24	48	最高可达4.5GHz	3.8GHz	280W
AMD Ryzen™ Threadripper™ PRO 5955WX	需要独立显卡	16	32	最高可达4.5GHz	4.0GHz	280W
AMD Ryzen™ Threadripper™ PRO 5945WX	需要独立显卡	12	24	最高可达4.5GHz	4.1GHz	280W

图 2-25　基于 Zen 3 架构的 Ryzen Threadripper 5000 系列处理器

表 2-7　新旧 4 代 Ryzen Threadripper 处理器的参数

处理器名称	Ryzen Threadripper 1950X	Ryzen Threadripper 2990X	Ryzen Threadripper 3990X	Ryzen Threadripper PRO 5995WX
核心架构	Zen	Zen+	Zen 2	Zen 3
工艺（nm）	14	12	7	7
热功耗（W）	180	250	280	280
主频/睿频（GHz）	3.4/4	3/3.4	2.9/4.3	2.7/4.5
指令缓存（KB）	16×64	32×64	32×32	32×32
数据缓存（KB）	16×32	32×32	32×32	32×32
二级缓存（KB）	16×512	32×512	64×512	64×512
三级缓存（MB）	32	64	256	256
核心数/线程数	16/32	32/64	64/128	64/128
PCI-E 通道数	66	66	88	152
参考价格（元）	8499	11 499	40 079	49 999
支持内存类型	四通道 DDR4	四通道 DDR4	四通道 DDR4	八通道 DDR4
接口类型	Socket TR4	Socket TR4	Socket sTRX4	Socket sWRX8
支持的芯片组	AMD X399	AMD X399	TRX40	WRX80

2）AMD Ryzen 9 处理器（发烧级）

AMD Ryzen 9 处理器对标的是 Intel 酷睿 i9 处理器，是从 Ryzen 3000 系列处理器开始新增的一个序列，具有 12 核心和 16 核心两个规格。其全部配备 64MB 三级缓存，性能远超同时代的酷睿 i9 处理器的性能。与采用混合架构的第 12 代酷睿 i9-12900K 处理器相比，AMD Ryzen9 5950X 处理器（见图 2-26）的性能仍然保持一定的优势，而最新的酷睿 i9-13900K 处理器的性能则比 Ryzen 9 5950X 处理器的性能稍胜一筹。

图 2-26　AMD Ryzen 9 5950X 处理器

需要注意的是，在 Ryzen 7000 系列处理器发布以前，AMD 全系列处理器支持成熟的 DDR4 内存，并且与之配套的采用 X570 和 B550 芯片组的主板的价格均已降至合理区间。所以，Ryzen 9 5950X 处理器仍是高性能 PC 的首选。新旧 3 代 Ryzen 9 处理器的参数如表 2-8 所示。

表 2-8　新旧 3 代 Ryzen 9 处理器的参数

处理器名称	Ryzen 9 3900X	Ryzen 9 3950X	Ryzen 9 5900X	Ryzen 9 5950X	Ryzen 9 7950X
核心架构	Zen 2	Zen 2	Zen 3	Zen 3	Zen 4
工艺（nm）	7	7	7	7	5
热功耗（W）	65	105	105	105	170
主频/睿频（GHz）	3.8/4.6	3.5/4.7	3.7/4.8	3.7/5.1	4.5/5.7
指令缓存（KB）	12×32	16×32	12×32	16×32	16×32
数据缓存（KB）	12×32	16×32	12×32	16×32	16×32
二级缓存（KB）	12×512	16×512	12×512	16×512	16×1024
三级缓存（MB）	4×16	4×16	2×32	2×32	2×32
核心数/线程数	12/24	12/24	12/24	16/32	16/32
参考价格（元）	2939	5749	2799	5270	5499
支持内存类型	双通道 DDR4	双通道 DDR4	双通道 DDR4	双通道 DDR4	双通道 DDR5
接口类型	Socket AM4	Socket AM4	Socket AM4	Socket AM4	Socket AM5
推荐的芯片组	AMD X570	AMD X570	AMD X570	AMD X570	AMD X670E

3）AMD Ryzen 7 处理器（高端）

Intel 公司发布的第 12 代酷睿处理器给 AMD 公司带来了真正意义上的压力。所以，AMD 公司在正式推出下一代基于 Zen 4 架构的 Ryzen 7000 系列处理器之前发布了一款很特别的处理器产品，它就是 Ryzen 7 5800X3D 处理器。之所以说它特别，是因为它采用了 3D V-Cache（3D 垂直缓存）技术，三级缓存容量高达 96MB，如图 2-27 所示。Ryzen 7 处理器的参数如表 2-9 所示。

图 2-27　Ryzen 7 5800X3D 处理器

表 2-9　Ryzen 7 处理器的参数

处理器名称	Ryzen 7 5700G	Ryzen 7 5700X	Ryzen 7 5800X	Ryzen 7 5800X3D	Ryzen 7 7700X
核心架构	Zen 3	Zen 3	Zen 3	Zen 3	Zen 4
工艺（nm）	7	7	7	7	5
热功耗（W）	65	65	105	105	105
主频/睿频（GHz）	3.8/4.6	3.4/4.6	3.8/4.7	3.4/4.8	4.5/5.4
指令缓存（KB）	8×32	8×32	8×32	8×32	8×32
数据缓存（KB）	8×32	8×32	8×32	8×32	8×32
二级缓存（KB）	8×512	8×512	8×512	8×512	8×1024
三级缓存（MB）	16	32	32	96	32
核心数/线程数	8/16	8/16	8/16	8/16	8/16
核心显卡	Radeon Graphics 8	无			Radeon Graphics
参考价格（元）	2599	1999	2480	2799	2999
支持内存类型	双通道 DDR4	双通道 DDR4	双通道 DDR4	双通道 DDR4	双通道 DDR5
接口类型	Socket AM4	Socket AM4	Socket AM4	Socket AM4	Socket AM5
推荐的芯片组	AMD X570	AMD X570	AMD X570	AMD X570	AMD X670

Ryzen 7 5800X3D 和 Ryzen 7 5800X 一样都是 8 核心 16 线程处理器，区别在于三级缓存容量在 32MB 的基础上增加了 64MB。增大缓存容量可以提高缓存命中率，这样内核就可以降低从内存调用数据的频率。三级缓存的延迟比内存低得多，这样可以减少内核的等待延迟，可以为游戏类以随机数据流为主的负载带来明显的性能提升。

AMD 公司明确表示 Ryzen 7 5800X3D 是一款游戏处理器，对于内容创作的性能并没有提升，这是因为生产力应用的数据流基本上都是连续且可预测的数据流，并不会从随机性能改进中获得收益。根据权威测试得知，Ryzen 7 5800X3D 处理器的游戏性能与 Ryzen 9 5950X 处理器和酷睿 i9-12900K 处理器不相上下，因此这款处理器对于游戏玩家来说是一个不错的选择。

AMD 公司考虑到多数用户没有 3D 应用的需求，所以在 Ryzen 7 系列配置了一款带集成显卡的 Ryzen 7 5700G 处理器。由于该处理器节省了显卡的开支，提升了 Ryzen 7 处理器的性价比，因此吸引了较多用户选择 AMD 平台。

4）AMD Ryzen 5 处理器（主流级）

和 Ryzen 7 处理器一样，Ryzen 5 处理器也分为有集成显卡和没有集成显卡两种规格。6 核心 12 线程、32MB 缓存容量的规格不仅可以轻松应对所有常规应用，在多数网游和 3D 游戏方面也有着不错的表现。其中 Ryzen 5 5600G 处理器是有集成显卡的版本，缓存容量比 Ryzen 5 5600X 处理器少一半。Ryzen 5 5600G 处理器集成 Radeon™ Graphics 显卡，GPU 核心的数量为 7，比 Ryzen 7 5700G 处理器少一个。每个 GPU 核心都有 64 个流处理器，所以，Ryzen 5 5600G 处理器的内部共有 448 个流处理器，比 Ryzen 7 5700G 处理器少 64 个。图 2-28 所示为 Ryzen 5 5600G 处理器和 Ryzen 5 5500 处理器。Ryzen 5 处理器的参数如表 2-10 所示。

图 2-28　Ryzen 5 5600G 处理器和 Ryzen 5 5500 处理器

表 2-10　Ryzen 5 处理器的参数

处理器名称	Ryzen 5 3600	Ryzen 5 5600X	Ryzen 5 5600G	Ryzen 5 7600X
核心架构	Zen 2	Zen 3	Zen 3	Zen 4
工艺（nm）	7	7	7	5
热功耗（W）	65	65	65	105
主频/睿频（GHz）	3.6/4.2	3.7/4.6	3.9/4.4	4.7/5.3
指令缓存（KB）	6×32	6×32	6×32	6×32
数据缓存（KB）	6×32	6×32	6×32	6×32
二级缓存（KB）	6×512	6×512	6×512	6×1024
三级缓存（MB）	32	32	16	32
核心数/线程数	6/12	6/12	6/12	6/12
参考价格（元）	1199	1510	1599	2249
支持内存类型	双通道 DDR4	双通道 DDR4	双通道 DDR4	双通道 DDR5
接口类型	Socket AM4	Socket AM4	Socket AM4	Socket AM5
集成显卡	不支持	不支持	Radeon Graphics	Radeon Graphics
支持的芯片组	AMD B550	AMD B550	AMD B550	AMD B650E

5）AMD Ryzen 3 处理器（入门级）

因为 Ryzen 5000 系列处理器并没有发布任何一款 Ryzen 3 处理器，所以这里只能介绍几款 Ryzen 3000 系列的处理器。Ryzen 3 处理器的参数如表 2-11 所示。其中，由于带集成显卡的 Ryzen 3 3200G 处理器采用 12nm 制造工艺，因此缓存容量被大幅度缩减。让人费解的是该款处理器不支持超线程技术，从而使其性价比更差了一些。

表 2-11　Ryzen 3 处理器的参数

处理器名称	Ryzen 3 3100	Ryzen 3 3300X	Ryzen 3 3200G
核心架构	Zen 2	Zen 2	Zen+
工艺（nm）	7	7	12
热功耗（W）	65	65	65

续表

主频/睿频（GHz）	3.6/3.9	3.7/4.6	3.6/4.0
指令缓存（KB）	4×32	4×32	4×64
数据缓存（KB）	4×32	4×32	4×32
二级缓存（KB）	4×512	4×512	4×512
三级缓存（MB）	16	16	4
核心数/线程数	4/8	4/8	4/4
参考价格（元）	779	899	950
支持内存类型	双通道 DDR4	双通道 DDR4	双通道 DDR4
接口类型	Socket AM4	Socket AM4	Socket AM4
集成显卡	不支持	不支持	Radeon Vega 8 Graphics
支持的芯片组	AMD　A520	AMD B550	AMD A520

3. 挡不住的更新换代

面对市场竞争压力，Intel 公司和 AMD 公司都在加大研发力度，新产品发布的周期越来越短。下面补充这两家公司已经发布和即将发布的新产品，由于产品线还不完整，因此这里只做简单介绍。

1）Intel 公司的新产品

2022 年 9 月 27 日，Intel 公司正式发布了全新的第 13 代 Intel 酷睿处理器家族。第 13 代酷睿处理器系列共包括 22 款桌面级处理器，支持 600/700 系列主板与 DDR4/DDR5 内存，以及一系列全新特性。首批发布的处理器包括酷睿 i9-13900K、酷睿 i9-13900KF、酷睿 i7-13700K、酷睿 i7-13700KF、酷睿 i5-13600K、酷睿 i5-13600KF。

相比第 12 代酷睿处理器，第 13 代酷睿处理器在以下几方面有了明显提升：

- 有更多的 E 核。旗舰级产品酷睿 i9-13900K 处理器内集成了 4 组共 16 个 E 核，数量比上一代产品多了一倍。E 核负责计算机的后台工作能力，E 核的增加可以进一步降低背景任务（驻留程序）对 P 核资源的占用，为游戏或其他突发工作任务提供更多 P 核资源，从而提升计算机运行的整体表现。

- 新一代酷睿处理器大幅度提升了二级缓存容量。P 核方面由每核 1.25MB 提高到了每核 2MB，E 核方面由每组（4 个 E 核为一组）2MB 提升到每组 4MB，缓存容量翻倍。缓存容量的提升会进一步降低 CPU 核心访问内存的概率，可以显著提高系统性能。

- 新架构中的硬件线程调度器通过帮助操作系统调度程序将工作负载智能分配到最佳内核，以优化工作负载。

表 2-12 所示为 3 款第 13 代酷睿处理器的参数，方便读者了解。

表 2-12　3 款第 13 代酷睿处理器的参数

处理器名称		i9-13900K	i7-13700K	i7-13600K
发布时间		2022 年 9 月 27 日	2022 年 9 月 27 日	2022 年 9 月 27 日
工艺（nm）		Intel 7	Intel 7	Intel 7
热功耗（W）		125/253	125/253	125/181
核心数	P 核数	8	8	6
	E 核数	16	8	8
	总数	24	16	14
线程数		8×2+16=32	8×2+8=24	6×2+8=20
最大睿频频率（GHz）		5.8	5.4	5.1
P 核主频/睿频（GHz）		3.0/5.4	3.4/5.3	3.5 /5.1
E 核主频/睿频（GHz）		2.2/4.3	2.5/4.2	2.6/3.9
一级指令缓存（KB）		8×32+16×64	8×32+8×64	6×32+8×64
一级数据缓存（KB）		8×48+16×32	8×48+8×32	6×48+8×32
P 核二级缓存（MB）		8×2	8×2	6×2
E 核二级缓存（MB）		4×4	2×4	2×4
二级缓存合计（MB）		32	24	20
P 核三级缓存（MB）		8×3	8×3	6×3
E 核三级缓存（MB）		4×3	2×3	2×3
三级缓存合计（MB）		36	30	24
硬件线程调度器		支持	支持	支持
CPU PCI-E 5.0 通道数		16	16	16
CPU PCI-E 4.0 通道数		4	4	4
支持内存类型		DDR4-3200/DDR5-5600	DDR4-3200/DDR5-5600	DDR4-3200/DDR5-5600
集成显卡		超核芯显卡 770	超核芯显卡 770	超核芯显卡 770
支持的芯片组		Intel Z790	Intel Z790	Intel Z790

2）AMD 公司的新产品

2022 年 8 月 30 日，AMD 公司正式发布了基于 Zen 4 架构的 Ryzen 7000 系列处理器。Ryzen 7000 系列处理器采用 5nm 制造工艺和 Zen 4 架构。两者结合，给 Ryzen 7000 系列处理器的能效方面带来了巨大提升。之前一直略拖后腿的 I/O 核心也从 12nm 升级到了 6nm，同时 Ryzen 7000 系列处理器全面支持 DDR5 内存和 PCI-E 5.0。

在 CPU 插座方面，Ryzen 7000 系列处理器放弃了沿用已久的 AM4 插座，升级为采用 LGA 1718 接口的全新 AM5 插座，Socket 针脚退出历史舞台。AM5 插座及使用 AM5 插座的 CPU 如图 2-29 所示。Ryzen 7000 系列处理器还自带基于 RDNA 2 架构的核心显卡，有 128 个流处理器。这样的数据只能满足办公、浏览网页、观看视频等应用需求。

图 2-29 AM5 插座及使用 AM5 插座的 CPU

AMD 公司宣布基于 Zen 4 架构的 Ryzen 7000 系列处理器的 IPC 值在 Ryzen 5000 系列处理器的 IPC 值的基础上提升了 13%，结合采用 5nm 制造工艺所带来的频率提高，使得 Ryzen 7000 系列处理器的整体性能比 Ryzen 5000 系列处理器的整体性能提升了 29%，如图 2-30 所示。Ryzen 7000 系列处理器的游戏表现如图 2-31 所示。

图 2-30 Ryzen 7000 系列处理器的 IPC 值提升

图 2-31 Ryzen 7000 系列处理器的游戏表现

总体来看，由于第 12 代酷睿处理器率先支持了 DDR5 内存和 PCI-E 5.0 规范，Ryzen 7000 系列处理器的发布显得黯淡了许多，加上第 13 代酷睿处理器有比较明显的性能提升，因此 AMD 公司这次的新品发布整体上没有什么惊艳之处，这也从 AMD 公司低调的定价情况得到了印证。Ryzen 7000 系列处理器与 Ryzen 5000 系列处理器首发价的对比如图 2-32 所示。

最后分别通过 CPU-Z 和 GPU-Z 了解一下 Ryzen 9 7950X 处理器的参数及其集成显卡的参数，如图 2-33 所示。

图 2-32　Ryzen 7000 系列处理器与 Ryzen 5000 系列处理器首发价的对比

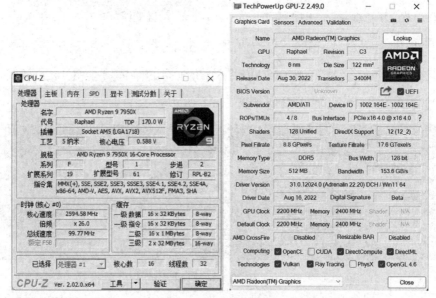

图 2-33　Ryzen 9 7950X 处理器的参数及其集成显卡的参数

思政驿站　不难发现，充斥消费市场的只有 AMD 公司和 Intel 公司的 CPU，没有国货可选的现实不免让青年朋友感觉沮丧、失落。但在事实面前我们首先要做的就是认清事实、接受事实，接下来就是理性地、科学地、持之以恒地培养人才，创造和营造科研环境，打造自然且有持续性的市场环境来培育我们自己的科技环境，只要踏实、稳健、科学发展，就能在方方面面同步世界科技前沿。这在路桥建设、航空航天、军事科技等多个领域得到了印证。我们要做的就是凡事从自我做起，做好当下就有我们想要的未来。

4. CPU 的选购原则

CPU 是计算机系统的"大脑"，在选购时要注意以下几个方面：

① 要不要追新。新产品不一定有优势，这方面第 7 代以前的酷睿处理器就是最好的例证；新产品有可能是革命性的变革，可以毫不犹豫地跟进，如第 8 代酷睿处理器、第 12 代酷睿处理器；新产品可能有较明显的性能提升，如第 10 代、第 11 代和第 13 代酷睿处理器。不着急的用户需要理性对待，不必急着入手。追新还要考虑配套主板、内存的升级换代问题，短

时间内价格会比较高，如果可以的话，耐心等待差不多半年的时间，价格就会有明显的回落。

② 关于配套。要对 CPU 型号规格中的 K、F 等参数有清楚的认识，是否需要超频使用，是否需要配套的独立显卡，独立显卡是否需要支持 PCI-E 4.0 或 PCI-E 5.0 规范等。这是用户选配主板、内存、显卡等配件的重要因素，当然最终也取决于用户的预算。

③ 计算机用途。用户要对自己的实际用途有清晰的认识，如用于 3D 游戏、视频制作、广告设计、网络直播、办公应用等，要根据实际应用对计算机硬件的需求来选配 CPU、内存、主板、显卡、固态硬盘等。

④ 根据个人使用计算机的用途和喜好不同来决定是选择 Intel 平台的计算机系统还是选择 AMD 平台的计算机系统。这里要说明的是，目前这两个平台各有特色和优势，技术层面上不好说谁优谁劣。

2.3.3　CPU 散热器

电子产品在加电工作时都会产生一定的热量，这是不可避免的。但是过高的温度会使设备工作不稳定甚至被烧坏，所以要采取一定的措施来保障其在工作时不能过热。在一般情况下，人们采用的散热方法是散热器加风扇的组合。例如，图 2-34 所示为 CPU 散热器。

图 2-34　CPU 散热器

1. 散热器的选购原则

① 散热器与 CPU 接触的部分叫作储热层，它的作用是将 CPU 散发出来的热量吸收并传递给散热片。市场上有纯铝和铜铝结合两种散热器，因为铜的热传导速度比铝的热传导速度快，所以推荐选用铜铝结合型的散热器。

② 散热器除储热层以外的鱼鳍状（也像暖气片一样的形状）部分的作用是将热量散到空气中，所以它的表面积越大越好。

2. 风扇的选购原则

① 风扇转速越高风压越大，空气流通性越好，但是噪声也会越大。

② 风扇直径越大风量越大，散热效果越好，但是如果风扇太大，则安装时可能影响其他配件的安装，所以要先看好尺寸是否合适。

3. 其他散热方式

除了上面介绍的风冷散热方式，还有水冷散热和热管散热等方式。采用其他散热方式的散热器如图 2-35 所示。

图 2-35　采用其他散热方式的散热器

2.4　硬件助手

✓ 知识目标：掌握 CPU-Z、Super π、wPrime、CINEBENCH R23 等软件的功能与作用；通过软件加深对 CPU 参数的理解。

✓ 能力目标：掌握 CPU-Z、Super π、wPrime、CINEBENCH R23 及其他工具软件的下载与安装方法；通过评测软件能够对 CPU 的性能、定位做出合理评价。

2.4.1　CPU-Z

CPU 品牌虽然只有 Intel 和 AMD 两家，但是其产品线却非常丰富。这给许多初学者带来了不小的麻烦，因为他们不知道该如何选择 CPU。

CPU-Z 是一款以检测 CPU 参数为主的软件，它不仅能测试处理器的单核心、多核心性能，也能提供与主流处理器的性能比对功能。CPU-Z 的界面如图 2-36 所示。

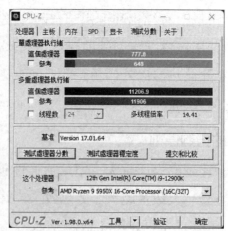

图 2-36　CPU-Z 的界面

使用 CPU-Z 可以查看 CPU 的信息、检测主板和内存的相关信息，其中就有内存双通道检测功能。该软件使用十分简单，下载后直接双击即可启动软件，可以看到 CPU 名称、厂商、内核、内部和外部时钟、局部时钟监测等参数。

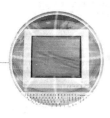

2.4.2 Super π

Super π 是由日本东京大学金田研究室开发的一款用来计算圆周率的软件。由于在使用该软件计算 π 值时考验到了 CPU 的多方面计算能力，因此该软件被日本的超频爱好者移植到 PC 上来判断 CPU 的运算能力。例如，图 2-37 所示为使用 Super π 对 Ryzen 9 5950X 处理器进行测试的结果。

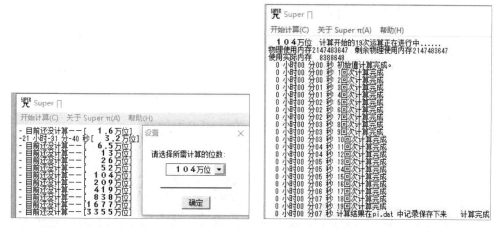

图 2-37　使用 Super π 对 Ryzen 9 5950X 处理器进行测试的结果

Super π 测试的是 CPU 的单核心性能，测试结果为时间，单位为秒，时间越短表示处理器的性能越强。所以，该软件显示的测试结果只能反映 CPU 的部分性能表现，想要掌握 CPU 的全面性能表现，还需要用更多的软件和方法。

2.4.3 wPrime

wPrime 是一款多线程计算测试工具，使用该软件对多核心处理器进行测试所得的结果比 Super π 更准确。与 Super π 的单线程运算不同的是，wPrime 支持多个核心的处理器运算，甚至是 8 核心处理器。wPrime 的界面如图 2-38 所示。

图 2-38　wPrime 的界面

需要注意的是，该软件需要以管理员身份运行，运行结果为时间，单位为秒，时间越短表示处理器的性能越强。

2.4.4　CINEBENCH R23

CINEBENCH R23 是 3D 软件开发商 MAXON Computer 旗下评估计算机硬件能力的软件，它实际上是旗舰级 3D 建模、绘画、渲染和动画软件 Cinema 4D 的衍生产品。打开 MAXON 官网，单击官网页面顶部的"产品"，在弹出的下拉菜单中选择"CINEBENCH"命令，在进入的页面中选择 Windows 版进行下载即可。

因为 CINEBENCH 的测试引擎基于真实的商业软件，并且还是被业界广泛采用的标准，所以它的多核成绩可以比较好地反映出计算机的专业开发能力。而且因为很多游戏也是用类似的 3D 软件开发的，所以 CINEBENCH 的单核成绩可以比较准确地评估游戏能力。例如，图 2-39 所示为 CINEBENCH R23 在 Ryzen 9 5950X 平台上的测试场景和得分情况。

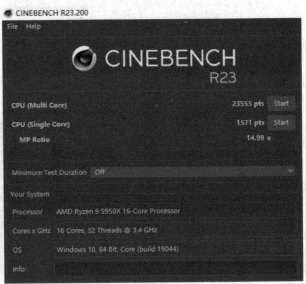

图 2-39　CINEBENCH R23 在 Ryzen 9 5950X 平台上的测试场景和得分情况

另外，CINEBENCH R23 提供 30 分钟测试功能，可以用来测试 CPU 的稳定性和功耗。因为其可以让目前消费级 CPU 的所有线程处于满负载运行状态（很多其他测试软件的线程数量不足），所以有经验的 DIY 爱好者都会在攒机或尝试超频后运行 CINEBENCH R23，如果系统存在散热不良、供电不足、稳定性差等潜在问题，就会出现死机、蓝屏、自动重启等情况，很容易看出来。

思政驿站　CPU 的性能固然越强越好，但是定位不同的 CPU 都有其作用。现代社会之所以进步、文明且越来越发达，就是因为有了精细化的分工。每个工种、每个岗位都是有价值和作用的，并无高低贵贱之分。

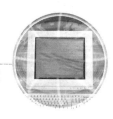

2.5　实践出真知

实训任务 1：下载和安装 CPU-Z，并运行测试

准备工作：一台能上网的计算机。

操作流程：打开浏览器，在地址栏中输入 CPU-Z 官网地址并按 Enter 键，在 CPU-Z 官网主页左侧"经典版本"区域中选择中文版，如图 2-40 中的左图所示，下载完成后双击打开文件，按照默认选项安装。

注意事项：CPU-Z 官网为英文界面，用户可以用 Windows 10 系统的 Edge 浏览器打开该网站，在弹出的对话框中单击"翻译"按钮，即可在中文环境中浏览和下载，如图 2-40 中的右图所示。

图 2-40　下载中文版 CPU-Z

再次提示：如果计算机不能上网，则可以用手机数据线连接手机和计算机，通过手机端设置使计算机能接入互联网（具体操作方法可以在手机端的搜索引擎中搜索关键词"计算机共享手机流量上网"）。

完善表格：运行 CPU-Z 并完善下表。

CPU 的基本情况及测试成绩				
CPU 名称		TDP 值		
接口类型		制造工艺		
核心电压		CPU 规格		
支持的指令集				
核心速度		一级数据缓存		
倍频		一级指令缓存		
总线速度		二级缓存		
核心数/线程数		三级缓存		
单核心性能		多核心性能		
参考（Ryzen 9 5950X）		参考（Ryzen 9 5950X）		
参考（酷睿 i7-10700）		参考（酷睿 i7-10700）		
主板的基本情况				
制造商		通道规格（DMI 总线）		
南桥芯片				
内存的基本情况				
内存类型		通道数	容量（大小）	

拓展思考：通过 CPU-Z 观察负载不同时 CPU 的电压值和频率变化，分析其变化规律和原因。

友情提示：可以结合鲁大师散热压力测试进行观察。

实训任务2：下载并安装 Super π 和 wPrime

准备工作：一台能上网的计算机。

下载方法：分别从 Super π 和 wPrime 的官网下载对应版本。

工作任务：分别运行 Super π 和 wPrime 并完善以下表格。

CPU 名称	内存容量	显卡规格	测试成绩	
			Super π（测试 104 万位）	wPrime（测试 32M）

拓展思考：测试成绩和内存容量与显卡性能是否有关联？为什么？

实训任务3：下载和安装 CINEBENCH R23，并运行测试

准备工作：一台能上网的计算机。

下载方法：打开 MAXON 官网，单击官网页面顶部的"产品"，在弹出的下拉菜单中选择"CINEBENCH"命令，在进入的页面中下载对应版本即可。

工作任务：运行 CINEBENCH R23 分别进行单核心和多核心性能测试并完善以下表格。

CPU 名称	内存容量	显卡规格	测试成绩（CINEBENCH R23）	
			单核心成绩	多核心成绩

拓展思考：计算机在运行软件时是否都处于多核心模式？什么样的软件支持多核心？

友情提示：建议使用搜索引擎查阅一些资料进行了解；通过下载、安装和运行后面 6.6 节将会介绍的显卡测试软件"游戏加加"加深对 CPU 运转规律的理解。

进阶探索：在使用 CINEBENCH R23 进行性能测试的同时，使用 CPU-Z 进行性能测试和使用鲁大师进行压力测试，记录测试结果并对比独立运行 CINEBENCH R23 时的测试结果，分析造成两组测试结果差异的原因。

2.6　CPU 的发展历程

通过 CPU 技术参数的一些变化（见表 2-13）可以了解到 IT 行业的发展之快和变化之大，同时可以对微处理器的发展历史进行了解，如表 2-14 所示。

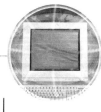

表2-13 CPU技术参数的一些变化

名 称	年 份	字长(bit)	主频(MHz)	外频(MHz)	集 成 度	制造工艺(μm)	工作电压(V)	一级缓存(KB)	二级缓存(KB)	指 令 集	接 口
4004	1971	4	108kHz		2250个晶体管	10					16针
8080	1974	8	2		4000个晶体管	6	5				40针
8086	1978	16	4.77/5/8/10		2.9万	2	5			x86指令集	40针
80286	1982	16	6-20		13.4万	1.5	5			x86指令集	68针
80386	1985	32	16/20/25/33		27.5万	0.8	5			x86指令集	132针
80486	1989	32	40/66/80/100	40/33	120万	0.8	3.3/5	8	主板	x86指令集	168针
Pentium	1993	32	60/66/75/100/133/150/166/200	60/66/50	320万	0.55	3.3	16	主板	x86指令集	273/296针(Socket 7)
Pentium MMX	1996	32	166/200/233	66	450万	0.35	2.8/3.3	32	主板	x86/MMX	Socket 7
Pentium II	1997	32	233/266/300/333/350/400/450	66/100	750万	0.35/0.25	2	32	512	x86/MMX	Slot1
Celeron CeleronA	1997	32	266/300/366	66		0.35/0.25	2.8/3.3	32	0/128	x86/MMX	Slot 1 Socket 370
PentiumIII	1999	32	450/500/550/600/667/733/800/866/933/1000/1130	100/133	950万	0.25/0.18/0.13	2/1.6/1.65	32	512/256	x86/MMX	Slot 1 Socket 370
CeleronII CeleronIII	1999	32	600/633/667/700/800/850/900/1000	66/100		0.25/0.18/0.13	1.7/1.65/1.5	32	128/256	x86/MMX	Socket 370

表2-14 微处理器的发展历史

核心名称	年份	字长(bit)	主频(GHz)	外频/FSB(MHz)	集成度(亿)	制造工艺(μm)	工作电压(V)	一级缓存(KB) 数据	一级缓存(KB) 指令	二级缓存(KB)	三级缓存(MB)	指令集	接口	核心数量	集成GPU
Willamette	2000	32	1.4/1.5	100/400	0.42	0.18	1.7	8	8	256		MMX, SSE	Socket 423	1	无
Northwood	2001	32	1.8/2.0 2.53/2.66	100/400 133/533 200/800	0.55	0.13	1.5	8	8	512		MMX, SSE, SSE2	Socket 478	1	无

续表

核心名称	年份	字长(bit)	主频(GHz)	外频/FSB(MHz)	集成度(亿)	制造工艺(μm)	工作电压(V)	一级缓存(KB) 数据	一级缓存(KB) 指令	二级缓存(KB)	三级缓存(MB)	指令集	接口	核心数量	集成GPU
Celeron4	2001	32	1.7/1.8/2.0	100/400		0.13		8	8	128		MMX, SSE, SSE2	Socket 478	1	无
Prescott	2004	32	2.8/3.0	200/800	1.25	0.09	~1.35	16	16	1024		MMX, SSE (123), HT	LGA 775	1	无
Celeron D	2004	32	2.66/2.8	133/533		0.09	1.25	16	16	256		MMX, SSE (123)	LGA 775	1	无
Allendale		64	1.6/1.8/2.0	200/800	1.05	0.065	0.85~1.5	16	16	1024		MMX/SSE (123, 3s) /EM64T	LGA 775	2	无
Wolfdale		64	2.66/3.5	266/1066 333/1333	2.28	0.045	0.85~1.36	32	32	3MB 6MB		同上	LGA 775	2	无
Yorkfield		64	2.5/2.66	333/1333	8.2	0.045		32	32	4/6/12 MB		同上	LGA 775	4	无
Clarkdale/DMI i3/i5/i7 一代 i7 为 QPI 总线	2011	64	3.2/3.06/ 3.33	133（外频） 2.5/6.4GT/s （总线频率）	3.82	0.032	0.65~1.4	64×2 64×4 64×6	64×2 64×4 64×6	256×2 256×4 256×6	4 4 12	MMX, SSE (123, 3s, 4.1, 4.2)、EM64T, VT-x, AES	LGA 1156 LGA 1156 LGA 1366	2 4 6	有 无 无
Sandy Bridge （i3/i5/i7 二代） Ivy Bridge （i3/i5/i7 三代） DMI 总线	2011	64	2.5/3.1/3.3	100（外频） 5.0GT/s（总 线频率）	12.5	0.032 0.022	1.056~1.2	64×2 64×4 64×4	64×2 64×4 64×4	256×2 256×4 256×4	3 6 8	MMX, SSE (123, 3s, 4.1, 4.2)、EM64T, VT-x, AES, AVX	LGA 1155	2 4 4	有 有 有

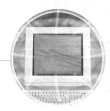

习题 2

1. CPU 的金属外壳有哪些作用？

2. CPU 的实际频率不是在标注的基准频率上，就是在睿频值上吗？

3. 第 12 代酷睿处理器的 P 核心和 E 核心有什么分工？

4. CPU 电压越来越低的原因是什么？

5. 决定 CPU 性能与价格的两个主要指标是什么？

6. 请列举 AMD 公司的旗舰级产品 Ryzen Threadripper PRO 5995WX 处理器的主要性能参数。

7. QPI 总线架构全面取代 FSB 总线架构的原因是什么？

8. 简单说明 CPU 电压、制造工艺与 CPU 发热量之间的关系。

9. 上网了解 CPU 风扇的行情。

10. 下载与安装 CPU-Z 中文版，检测所用计算机 CPU 的各项技术参数。

11. 下载与安装 CINEBENCH R23，进行单核心和多核心的性能测试，并与图 2-39 中所示的 CPU 性能进行比较。

12. 下载与安装 Super π 中文版，进行 100 万位的运算，记录时间并与图 2-37 中所示的内容进行比较。

13. 下载与安装 wPrime 中文版，运行 32M 模式并与图 2-38 中所示的内容进行比较。

14. 上网（推荐"中关村在线"网站）了解 CPU 的行情并根据要求填写以下表格。

价格	500~800 元		1000~1200 元		1800~2200 元	
平台	Intel	AMD	Intel	AMD	Intel	AMD
CPU 名称						
CPU 系列						
制造工艺						
CPU 主频						
最高睿频						
核心数量						
线程数量						
三级缓存						
二级缓存						
插槽类型						

第 3 章

主　板

知识要点

🔑 主板概述。

🔑 主板的分类。

🔑 主板的技术指标。

🔑 主流主板芯片组与代表产品。

🔑 主板的选购。

内容摘要

　　本章将主要介绍计算机的"中枢系统"——主板，介绍主板的组成和技术参数。通过对本章内容的学习，读者可以识别主板的型号及主流产品。

3.1　看图识主板

✓ **知识目标**：了解主板的组成，以及各部分的基本功能。

✓ **能力目标**：理解主板在系统中的作用；熟悉主板 I/O 接口的功能。

　　主板（Main Board）又称主机板、系统板、母板等，是机箱内最大的电路板，在整个计算机系统中扮演着非常重要的角色。所有的配件和外设都直接或通过线路与主板相连，可以说

主板是计算机系统的中枢系统，它起着连接协调 CPU、内存、显卡、硬盘、各种 I/O 设备的纽带作用。主板的组成如图 3-1 所示。

图 3-1　主板的组成

主板是矩形电路板，虽然有不同的尺寸和规格，但是它们的组成形式却基本相同。主板上面一般有主板供电插座、CPU 插座、北桥芯片（以前有）、南桥芯片、内存插槽、各类 PCI-E 插槽、M.2 固态硬盘接口、SATA 接口、BIOS 芯片、CMOS 电池、声卡芯片、网卡芯片等。除此之外，主板还提供各种外设接口，如 PS/2 键盘接口、PS/2 鼠标接口、并行接口（以前有）、音频接口、USB 接口、千兆网卡的 RJ-45 接口、VGA 接口、DVI 接口（有的主板会提供 Type-C 接口、HDMI 接口、DP 接口）等，如图 3-2 所示。

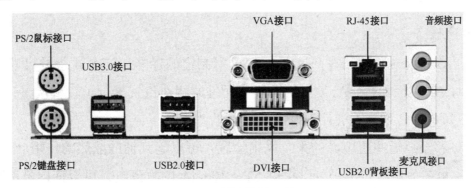

图 3-2　主板的外设接口

主板的定位不同，主板 I/O 接口会有较大差异，更丰富的 I/O 接口请查看图 3-19 和图 3-24。

3.2　主板的分类

- ✓ **知识目标**：掌握主板的分类方式，以及不同板型主板的适用范围。
- ✓ **能力目标**：理解主板板型变化的必要性；理解 ATX 主板的优点。

3.2.1 按照主板的结构分类

主板按照结构的不同可以分为 AT 主板、ATX 主板和其他主板板型。例如，图 3-3 所示为 AT 主板和 ATX 主板的对比。

图 3-3 AT 主板（左）和 ATX 主板（右）的对比

1. AT 主板

AT 是一种主板的尺寸大小和结构规范，AT 主板的尺寸为 9.6 英寸×12 英寸。由于 AT 主板存在布局不合理、布线混乱、走线长、电磁干扰强、不利于散热等缺点，因此从 Pentium II 开始就已被完全淘汰。

2. ATX 主板

ATX 是"AT Extend"的缩写，是由 Intel 公司制定的标准。ATX 主板的尺寸为 12 英寸×9.6 英寸，相对 AT 主板而言，ATX 主板上各个元件的相对位置进行了较大调整，其布局更加合理、走线更短更少、空气流通性更好。其主要的改进如下：

- 把 CPU 移至靠近主机电源的第二风扇位置，可以起到辅助散热的作用。
- ATX 主板在关机状态下仍可以提供 5V、100mA 的直流电，可以使内部部分电路保持工作状态，实现定时开机、定时关机和远程开/关机等功能。
- 因为 ATX 主板在其右上角处提供了串行接口、并行接口（以前有）、USB 接口、音频接口、RJ-45 接口、VGA 接口、HDMI 接口等，所以机箱内部的布线减少，降低了电磁辐射和信号衰减。
- 内存插槽移至主板右下位置，方便内存的安装与升级。
- 硬盘与光驱接口分别放到距离硬盘支架、光驱支架最近的位置，缩短了线缆的长度，降低了信号衰减和串扰。

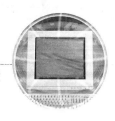

3. 其他主板板型

除了 AT 主板和 ATX 主板，还有一些其他主板板型。

（1）Micro-ATX：可以将 Micro-ATX 主板理解为紧凑型主板。Micro-ATX 主板是由 Intel 公司在 1997 年提出的，主要是通过减少 PCI 插槽的数量来达到缩小主板尺寸的目的。Micro-ATX 主板把多数用户不需要的扩展插槽和接口尽量缩减至最少，内存插槽保留一个或两个，从横向减小了主板宽度。目前，很多品牌机通过使用 Micro-ATX 主板来控制整体成本，在 DIY 市场上也因多数用户并不需要太多的扩展性而钟爱紧凑型主板。

（2）ITX：ITX 主板是一种结构更加紧凑的主板。它可以用于小空间、相对低成本的计算机，如用在汽车、机顶盒及网络设备中的计算机内。ITX 主板也可以用于制造瘦客户机。ITX 主板的体积非常小，其尺寸为 6.75 寸×6.75 寸（170 毫米×170 毫米），电源功率小于 100W。

（3）EATX：EATX 主板是一种尺寸比 ATX 主板的尺寸还要大的主板。EATX 主板的结构布局与 ATX 主板的结构布局一致，但考虑到高端用户的高性能与扩展需求，因此其会配置更多的扩展能力。EATX 主板主要被 X299、X399、TRX40 等芯片组采用。

3.2.2　按照使用的 CPU 接口分类

在 Pentium II 以前，不同品牌的 CPU 采用的接口都是相同的，如 Intel 公司的 Pentium 系列处理器和 AMD 公司的 K5 处理器采用的都是 Socket 7 插座，也就是说，当时不同品牌的 CPU 之间是兼容的。但是到了 Pentium II 时代，Intel 公司改用了 Slot 1 插槽并申请了专利，随后 AMD 公司推出了类似的 Slot A 接口，从此不同品牌的 CPU 之间不再兼容。

1. Intel 处理器的接口

① LGA 775 型（Socket T）：采用这种接口的处理器有 LGA 775 封装的单核的 Pentium 4、Pentium 4 EE、Celeron D 及双核的 Pentium D、Pentium EE、Core 2 等。与以前采用 Socket 478 接口的处理器不同，采用 LGA 775 接口的处理器的底部没有传统的针脚，而是 775 个触点，即并非针脚式而是触点式，通过与对应的 LGA 775 接口内的 775 根触针接触来传输信号。LGA 775 接口不仅可以有效地提升处理器的信号强度，提升处理器频率，还可以提高处理器生产的良品率，降低生产成本。

② LGA 1156 型（Socket T）：触点阵列封装，用来取代 LGA 775（Socket T）接口，第 1 代酷睿 i7、酷睿 i5、酷睿 i3 处理器采用这种接口，目前已被淘汰。

③ LGA 1155 型：第 2 代、第 3 代酷睿 i7、酷睿 i5、酷睿 i3 处理器采用这种接口。

④ LGA 1366 型：早期酷睿 i7 处理器采用这种接口，未能形成完整的产品体系，相应处理器可视为第 1 代酷睿处理器。

⑤ LGA 1150 型：第 4 代酷睿处理器采用这种接口。

⑥ LGA 1151 型：第 6~9 代酷睿处理器采用这种接口。

⑦ LGA 1200 型：第 10 代和第 11 代酷睿处理器采用这种接口。

⑧ LGA 1700 型：第 12 代酷睿处理器采用这种接口。

⑨ LGA 2011 型：第 3 代酷睿 i7 处理器的部分产品（高端 6 核）采用这种接口。

⑩ LGA 2011-v3 型：第 5 代和第 6 代酷睿 i7 处理器的部分产品（高端 6 核、8 核）采用这种接口。

⑪ LGA 2066 型：酷睿 i9 X 系列处理器采用这种接口。

2. AMD 处理器的接口

① Socket FM1 型：AMD 速龙系列处理器和 APU 产品采用这种接口。

② Socket FM2+ 型：AMD 速龙系列处理器和 APU 产品采用这种接口。

③ AM3+ 型：AMD 新一代 32nm AMD FX 处理器采用这种接口。

④ AM4 型：Ryzen 1000 系列、Ryzen 2000 系列、Ryzen 3000 系列和 Ryzen 5000 系列处理器采用这种接口。

⑤ AM5 型：Ryzen 7000 系列处理器采用这种接口。

⑥ TR4 型：AMD 旗舰级产品 Ryzen Threadripper 处理器、第 2 代和第 3 代 Ryzen Threadripper 处理器采用这种接口。

⑦ Socket sWRX8 型：Ryzen Threadripper PRO 5000 系列处理器采用这种接口。

3.3 主板的技术指标

- ✓ 知识目标：掌握主板的各项技术指标；理解芯片组（南桥芯片）在计算机系统中的作用。
- ✓ 能力目标：掌握 PCI-E 总线的作用；理解数据带宽的含义；理解数据处理能力、数据吞吐量、数据通信能力的关系。

1. 芯片组

主板的芯片组经历了多芯片组合和双芯片组合的发展过程。双芯片芯片组由北桥芯片和南桥芯片组成，靠近 CPU 的是北桥芯片。伴随 FSB 总线架构的淡出，迎来的是单芯片芯片组时代。芯片组是主板的核心，芯片组的性能优劣和高低将决定 CPU 的类型、内存的速度和容量、通道数、显示系统的接口带宽和数量、USB 接口的数量和类型、M.2 接口的规格和数量、SATA 接口的数量和类型等。

在如图3-4（a）所示的FSB总线架构中，北桥芯片的作用是协调数据吞吐量最大的CPU、内存、显示系统接口之间的数据交换，南桥芯片的作用是将剩余的速度较慢的硬盘、网卡、键盘、鼠标、USB接口设备等设备的数据集中在一起后再通过北桥芯片送到CPU进行处理。在这种架构中，北桥芯片到CPU的数据交换能力是系统是否存在瓶颈的关键。也就是说，在购买CPU和主板时，一定要保证CPU的FSB总线与主板北桥芯片的FSB总线一致。传统的主板都采用FSB总线架构，如图3-4（b）所示。

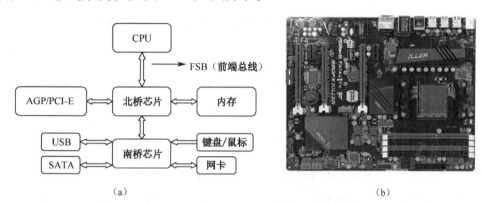

图3-4　FSB总线架构及采用FSB总线架构的主板

通过上述介绍可以发现，进出CPU的数据都要通过北桥芯片，这样的结构容易造成系统瓶颈（尤其是在多核心共用内存时），所以随着制造工艺的不断进步，人们将北桥芯片的功能部件逐步放到了CPU的内部，使得CPU、内存和显示系统的数据交换更直接和快速，从而大大降低了出现系统瓶颈的概率。目前，CPU内部的核心与核心之间、CPU与缓存之间、缓存与内存之间的数据总线被称为QPI总线，QPI总线架构如图3-5（a）所示，而传统意义上的南桥芯片到北桥芯片的总线被称为DMI总线。目前，支持Intel和AMD两大平台的主板上已经找不到北桥芯片了，如图3-5（b）所示。

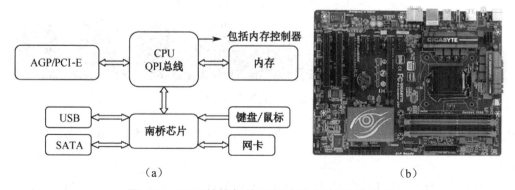

图3-5　QPI总线架构及没有北桥芯片的主板

2. SATA

SATA（Serial ATA）是Intel公司于2000年在IDF（Intel Developer Forum，英特尔开发者论坛）上发布的接口类型。它一改过去ATA标准的并行数据传输方式，以连续串行的方式传送数据。这样在同一时间点内只会有 1 位数据传输，这种做法将接口的针脚数减少至 4 个针（第一针发送、第二针接收、第三针供电、第四针接地）。

SATA 接口有以下 3 种规范：

① SATA 1.0，该规范定义的数据传输率为 150MB/s。

② SATA 2.0，该规范定义的数据传输率为 300MB/s。

③ SATA 3.0，该规范可以实现 600MB/s 的最大数据传输率。

市场上的所有主板都支持采用 SATA 3.0 规范的硬盘，通常主板提供 4～8 个 SATA 接口。

3. USB

USB 意为"通用串行总线"。目前，绝大多数的外设都采用 USB 接口，其是外设与主机的主要连接方式，常见的 USB 接口如图 3-6 所示。USB 接口有以下几种规范：

① USB 1.0，该规范定义的数据传输率为 1.5Mbps（186KB/s），电力供应规范为 5V/0.1A。

② USB 1.1，该规范定义的数据传输率为 12Mbps（1.5MB/s），电力供应规范为 5V/0.1A。

③ USB 2.0，该规范定义的数据传输率为 480Mbps（60MB/s），电力供应规范为 5V/0.5A。

④ USB 3.0（也称 USB 3.1 Gen1），该规范定义的数据传输率为 5Gbps（480MB/s），电力供应规范为 5V/0.9A，编码标准为 8b/10b 编码，即在传送的 10bit 资料中，只有 8bit 是真实的资料，剩余的 2bit 作为检查码，传输损耗率高达 20%（2/10）。

⑤ USB 3.1（也称 USB 3.1 Gen2），该规范定义的数据传输率可以提升至 10Gbps（实际的有效带宽大约为 7.2Gbps，保留了部分带宽用来支持其他功能），电力供应规范为 20V/5A，编码标准为 128b/132b 编码，即在传送的 132bit 资料中，只需使用 4bit 作为检查码，传输损耗率下降为 3%（4/132），所以 USB 3.1 规范不仅可以提升带宽，还可以提高传输效率。

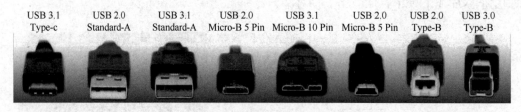

图 3-6 常见的 USB 接口

采用 USB 3.1 规范的接口有 Type-A（Standard-A）、Type-B（Micro-B）及 Type-C，如图 3-7 所示。

标准的 Type-A 接口是目前应用最广泛的接口，如图 3-7（a）所示；Type-B 接口主要应用于智能手机和平板电脑等设备，如图 3-7（b）所示；新定义的 Type-C 接口主要面向更轻薄、更纤细的设备，如图 3-7（c）所示。Type-C 接口大幅度缩小了实体外型，正反均可以正常连接使用。另外，Type-C 接口还有电磁干扰与射频干扰抑制特性。

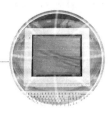

（a） （b） （c）

图 3-7　采用 USB 3.1 规范的接口

需要注意的是，USB 3.0 从 2008 年发布之后就多次改名，并且改到最后没有规律可言，关键 USB 3.0 还"升级"到了 USB 3.2，只不过加上了后缀"Gen1"。在 2019 年世界移动通信大会（MWC2019）上，USB-IF 组织将 USB 3.1 Gen1 改名为"USB 3.2 Gen1"，其定义的数据传输率为 5Gbps；将 USB 3.1 Gen2 改名为"USB 3.2 Gen2"，其定义的数据传输率为 10Gbps；新增了 USB 3.2 Gen2×2，其定义的数据传输率为 20Gbps。图 3-8 所示为主板 I/O 接口处采用不同规范的 USB 接口。

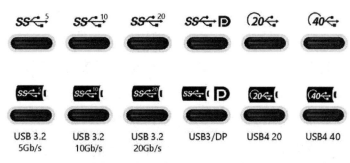

图 3-8　主板 I/O 接口处采用不同规范的 USB 接口

随后，USB4 发布，注意这次"USB"和"4"之间没有空格，"4"的后面没有小数点，而是分成了 USB4 Gen2×2（其定义的数据传输率为 20Gbps）和 USB4 Gen3×2（其定义的数据传输率为 40Gbps）。

2022 年 10 月，USB 联盟正式发布了 USB4 Version 2.0 规范（该规范的图标见图 3-9），这是一项重大更新，可以通过 USB Type-C 电缆和连接器实现高达 80 Gbps 的数据性能。而我们熟知的雷电 4 和雷电 3 的数据传输率也不过 40Gbps。除了发布 USB4

图 3-9　USB4 Version 2.0 规范的图标

Version 2.0 规范，USB 联盟还带来了全新的命名体系，USB 接口将统一以传输带宽命名，具体情况如下。

- USB4 Version 2.0：USB 80Gbps。
- USB4：USB 40Gbps。
- USB 3.2 Gen2×2：USB 20Gbps。
- USB 3.2 Gen2：USB 10Gbps。
- USB 3.2 Gen1：USB 5Gbps。

4. 显示系统

在 Pentium II 之前，因为显卡处理的数据量不多，所以主板上没有专门为显卡设置的插槽（总线）。但是随着 3D 应用的引入，显卡将原本 CPU 完成的部分工作任务承担了过来，为了满足显卡的数据带宽，从 Pentium II 开始为显卡量身打造了 AGP 总线。它有 AGP 1.0、AGP 2.0、AGP 3.0 这 3 种规范，其中 AGP 3.0 规范的带宽达到了 2.1GB/s。

PCI 总线是一种总线频率为 33MHz、位宽为 32bit（或者总线频率为 66MHz、位宽为 64bit）的并行总线，总线带宽为 133MB/s～533MB/s，连接在 PCI 总线上的所有设备共享 133MB/s～533MB/s 带宽。随着计算机和通信技术的进一步发展，新一代的 I/O 接口大量涌现，如千兆位（GE）、万兆位（10GE）以太网技术的应用，使得 PCI 总线的带宽已经无法满足计算机系统内部大量高带宽并行读/写的要求，PCI 总线也成为系统性能提升的瓶颈，于是就出现了 PCI Express（PCI-E）总线。

PCI-E 总线的设计目的是取代计算机系统内部原有的总线传输接口。除了显示接口，CPU 与固态硬盘、网卡、南桥芯片之间都是通过 PCI-E 总线连接的。PCI-E 总线采用串行方式互连，以点对点的形式进行数据传输，支持双向传输。每个设备都可以单独的享用带宽，不仅大大提高了传输速率，还为更高的频率提升创造了条件。

PCI-E 总线支持数据分通道传输模式，即 PCI-E 总线的×1、×2、×4、×8、×16 等多通道模式，每个传输通道独享带宽。其中×1 通道模式可以安装独立网卡等通用设备，×4 通道模式目前主要用于连接固态硬盘，×8 与×16 通道模式用于显卡。CPU 与南桥芯片之间的 DMI 总线的本质是由 4 个 PCI-E 总线构成的数据通道，在支持第 12 代酷睿处理器的 Z690 芯片组上组建 DMI 总线的 PCI-E 总线通道数扩充到了 8 个。

PCI-E 总线技术在当今新一代的系统中已经得到普遍应用。PCI-E 总线的规范是为了提升计算机内部所有总线的速度，其频宽有多种不同规格标准。

PCI-E 总线的规范如表 3-1 所示。

表 3-1　PCI-E 总线的规范

版本	发布时间	码型	传输率	单通道单工模式带宽	单通道双工模式带宽	16 通道双工模式带宽
1.0	2003	8b/10b	2.5GT/s	250MB/s	500MB/s	8GB/s
2.0	2007	8b/10b	5GT/s	500MB/s	1GB/s	16GB/s
3.0	2010	128b/130b	8GT/s	1GB/s	2GB/s	32GB/s
4.0	2017	128b/130b	16GT/s	2GB/s	4GB/s	64GB/s
5.0	2019	128b/130b	32GT/s	4GB/s	8GB/s	128GB/s
6.0	2022.01		64GT/s	8GB/s	16GB/s	256GB/s
7.0	2022.06		128GT/s	16GB/s	32GB/s	512GB/s

　　PCI-E 通道按照是否与 CPU 直接连接分为直连 PCI-E 通道和非直连 PCI-E 通道，主板厂

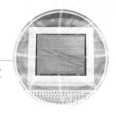

商根据主板的市场定位可以灵活设计和使用直连 PCI-E 通道或非直连 PCI-E 通道。

目前，Intel 600 和 Intel 700 系列的主板和 AMD 600 系列的主板都能支持 PCI-E 5.0 规范。相信在不久的将来，支持 PCI-E 5.0 规范的显卡和固态硬盘等设备会陆续面市并普及，到时 PC 系统的整体性能将会再次提升。

5. 双通道技术

目前，高端 CPU（如酷睿 i7 处理器）的内部采用 QPI 总线技术后数据带宽提高至 25.6GB/s（QPI 总线频率为 6.4GT/s 的总带宽=6.4GT/s×2Byte×2），而主流的多核心处理器在进行复杂运算时需要在核心与核心之间、核心与内存之间进行频繁和巨量的数据交换。多个核心根据实际需求同时访问内存的情况也时有发生。

然而，通过简单计算可以得知，单条内存的实际带宽是十分有限的。例如，DDR4-3200 的带宽=3200MHz×64bit÷8=25 600MB/s=25.6GB/s，DDR5-4800 的带宽=4800MHz×64bit÷8= 38 400MB/s=38.4GB/s。由此可知，读写速度最快的内存也只能满足 1～2 个核心的数据请求，也就是出现了瓶颈现象。双通道内存技术就是一种低成本、高性能解决瓶颈问题的方案。

双通道内存技术是一种内存控制和管理技术，它依赖内存控制器（在 CPU 内部）发生作用，在理论上能够使两条同等规格的内存所提供的带宽增加一倍，数据存取速度也相应增加一倍。流行的双通道内存构架是由两个位宽为 64bit 的 DDR 内存控制器构筑而成的，其位宽可达 128bit，以此达到提高内存带宽的目的。

随着北桥芯片被淘汰，目前内存控制器被集成在 CPU 内部。由于 Intel 酷睿 X 系列处理器内部集成了 4 个内存控制器，因此其支持 4 通道内存模式。而 AMD 公司最新的 Ryzen Threadripper 处理器最多支持 8 通道内存模式，比以前多了一倍。

6. M.2 接口

M.2 接口是 Intel 公司为超极本（Ultrabook）量身定做的新一代接口标准，以取代原来的 mSATA 接口。无论是规格尺寸还是传输性能，M.2 接口都远胜于 mSATA 接口。目前，M.2 接口已在台式机和笔记本电脑上得到普及。与 mSATA 接口相比，M.2 接口主要有速度方面和体积方面的优势。

1）速度方面

M.2 接口有两种类型：Socket 2（B key—NGFF）和 Socket 3（M key—NVMe）。其中，Socket 2 支持 SATA、PCI-E ×2 接口，而如果采用 PCI-E ×2 接口，则读取速度最大可以达到 700MB/s，写入速度可以达到 550MB/s；Socket 3 可以支持 PCI-E ×4 接口，理论带宽可以达到 4GB/s，随着支持 PCI-E 4.0 规范的固态硬盘的普及，其理论最高读/写速度提升到了 8GB/s。在未来，随着支持 PCI-E 5.0 规范的设备的面市，读/写速度会达到 16GB/s。

2）体积方面

虽然采用 mSATA 接口的固态硬盘的体积已经足够小了，但相比采用 M.2 接口的固态硬盘，采用 mSATA 接口的固态硬盘仍然没有任何优势。多数采用 M.2 接口的固态硬盘的尺寸会标注为"2280"，表示"宽度为 22mm，长度为 80mm"，而厚度视单双面则分别是 2.75mm 和 3.85mm。采用 M.2 接口的固态硬盘如图 3-10 所示。

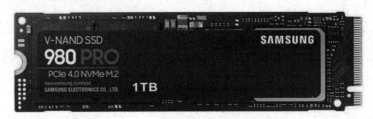

图 3-10　采用 M.2 接口的固态硬盘

M.2 接口还有 22110、2260、2242 等规格，表示宽度为 22mm，长度分别为 110mm、60mm、42mm 等。

7. BIOS 与 CMOS

BIOS（Basic Input Output System，基本输入/输出系统）是一组固化到计算机主板上 ROM 芯片的程序，它保存着计算机最重要的基本输入/输出程序、系统设置程序、开机后自检程序和系统自启动程序。它的主要功能是为计算机提供底层的、最直接的硬件设置和控制。

由于 BIOS 存放在只读存储器（ROM）中，因此通过 BIOS 程序设置的结果（如系统日期、系统时间、启动顺序、开机密码等信息）无法保存到 BIOS 中。为了保存设置结果，在主板上另外设置了一个独立的存储器——CMOS（Complementary Metal Oxide Semiconductor，互补金属氧化物半导体）存储器，它属于随机存储器，为了长期保存设置结果，主板上使用了一个纽扣电池为其供电（见图 3-1 中的 CMOS 电池）。

8. UEFI

UEFI（Unified Extensible Firmware Interface，统一的可扩展固件接口）是一种详细描述全新类型接口的标准。UEFI 用于操作系统自动从预启动的操作环境加载到一种操作系统上，从而使开机程序化繁为简，节省时间。

我们知道，BIOS 是固化到主板上 ROM 芯片内的由基本输入/输出程序、系统设置程序、开机后自检程序和系统自启动程序构成的程序组，是一种所谓的"固件"，负责在开机时进行硬件启动和检测等工作，并且担任操作系统控制硬件时的中介角色。然而，那些都是过去 DOS 时代的事情，自从 Windows NT 和 Linux 系统出现后，操作系统内置了硬件控制程序，不再需要调用 BIOS 功能。因为硬件发展迅速，传统的 BIOS 成为进步的包袱，现在已发展出最新的 EFI（Extensible Firmware Interface，可扩展固件接口），与传统的 BIOS 相比，未来将是一

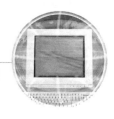

个"没有特定 BIOS"的计算机时代。

UEFI 初始化模块和驱动执行环境（Driver Execution Environment，DXE）通常被集成在一个只读存储器中，就像 BIOS 固化程序一样。UEFI 初始化模块在系统开机时最先得到执行，它负责最初的 CPU、北桥芯片、南桥芯片及存储器的初始化工作，当这部分设备就绪后，紧接着就载入 UEFI 驱动执行环境。当 DXE 被载入时，系统就可以加载硬件设备的 UEFI 驱动程序。DXE 使用了枚举的方式加载各种总线及设备驱动程序，UEFI 驱动程序可以放置于系统的任何位置，只要保证其按照顺序被正确枚举即可。借助这一点，可以把众多设备的驱动程序放置在磁盘的 UEFI 专用分区中，当系统正确加载这个磁盘后，这些驱动程序就可以被读取并应用。在这个特性的作用下，即使新设备再多，UEFI 也可以轻松地一一支持，由此克服了传统 BIOS 控制硬件设备捉襟见肘的情形。UEFI 能够支持网络设备并轻松联网的原因就在于此。

目前，所有的主板厂商都已经放弃了传统的 BIOS，取而代之的是简便易懂的 UEFI。

9. 系统架构实例

众所周知，决定计算机系统性能的主要有处理器、内存和显卡，其次就是外存。如果想要更深入地探讨这个话题，就需要了解系统架构（或框架）了。下面通过具体的例子帮助大家深入了解一下。

1）Intel 公司的 Z690 芯片组

CPU 每年都会更新换代，除核心数、缓存容量有变化以外，还有什么不一样呢？而随着 CPU 每次换代推出的高档、中档、低档芯片组又有哪些关键点需要用户知晓呢？下面通过解读图 3-11 中所示的 Intel Z690 芯片组来介绍几个要点。

- 直连 PCI-E 通道的使用比较灵活，在 Z690 芯片组中，由 16 个支持 PCI-E 5.0 规范的 PCI-E 通道组成显示系统。可以在 1 条 16 通道 PCI-E 总线模式和 2 条 8 通道 PCI-E 总线模式之间自由选择。在选择 2 条 8 通道 PCI-E 总线模式时，第一个 PCI-E 插槽自适应 8 通道模式工作。
- 在 Z690 芯片组中，另有 4 个支持 PCI-E 4.0 规范的直连 PCI-E 通道被用作安装固态硬盘的 M.2 接口，在有多个 M.2 固态硬盘接口时，安装在这个直连 PCI-E 通道的固态硬盘的性能最佳。
- Z690 芯片组可以支持 DDR4 内存和 DDR5 内存，但是厂商只能二选一，因为 DDR4 内存和 DDR5 内存不能共存。
- Z690 芯片组的 DMI 总线由 8 个 PCI-E 4.0 通道组成，而 B660 芯片组的 DMI 总线则只有 4 个 PCI-E 4.0 通道；在带宽方面，Z690 芯片组的带宽也比上一代只支持 PCI-E 3.0 规范的旗舰级 Z590 芯片组的带宽翻了一倍。这使得 Z690 芯片组出现系统瓶颈的可能性大幅度降低。

- Z690 芯片组共有 28 个非直连 PCI-E 通道可用，其中 16 个是 PCI-E 4.0 通道、12 个是 PCI-E 3.0 通道。这么多的非直连 PCI-E 通道给厂商提供了诸多的设计方案，方便满足不同的用户需求。

- Z690 芯片组直接支持 8 个 SATA 3.0 接口，结合诸多的非直连 PCI-E 通道，可以提供丰富的存储服务。

- Z690 芯片组最大支持 14 个 USB 接口，厂商可以在 USB 3.2 Gen1、USB 3.2 Gen2、USB 3.2 Gen2×2 之间进行灵活配置。

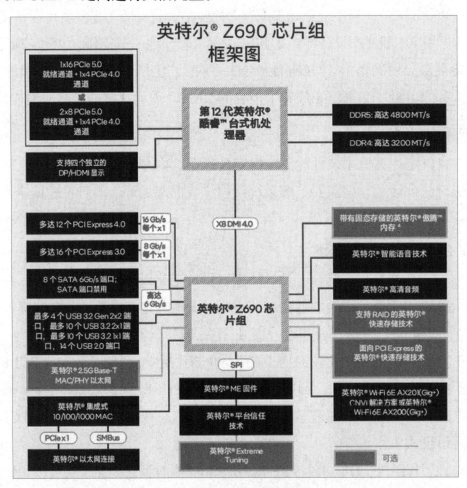

图 3-11　Intel Z690 芯片组框架图[①]

我们可以把南桥芯片当作处理器的一个外设，反之亦可。系统的运行就是在 CPU↔外设↔南桥芯片↔外设之间进行复杂的数据传输↔运算↔存储↔传输的过程。想要系统运行高效、流畅，首要的工作就是提高 CPU 性能、内存性能、GPU 性能，更不能忽视的是数据传输性能。PCI-E 总线就是要实现数据在外设、外存储器、芯片组、处理器间的有效输送，不同芯片组的数据传输能力差异较大。所以，根据实际需求选择芯片组既是实现系统性能均衡的关键

① 本书图片中的"PCIe"为错误写法，正确写法应为"PCI-E"。后文同。

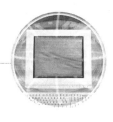

点，也是新一代芯片组是否能够超越上一代产品的关键环节。

2）AMD 公司的 X570 芯片组

和 Intel 公司的芯片组不同的是，AMD 公司的芯片组的生命周期都比较长，这在给用户带来便利的同时节省了更换主板的预算。X570 芯片组作为旗舰级芯片组已经在市场上活跃了 3 年，其支持除第 1 代锐龙处理器以外的所有锐龙处理器。下面结合图 3-12 与图 3-13 对 X570 芯片组的重要特性做一些介绍。

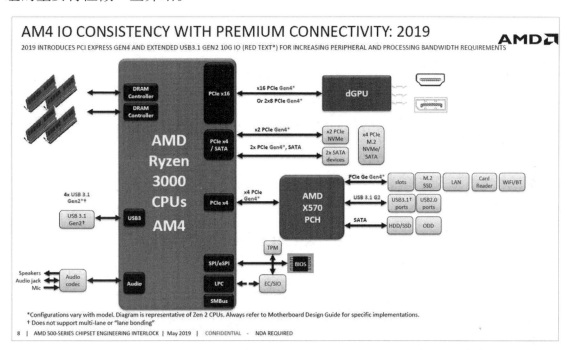

图 3-12　Ryzen 3000 处理器及 X570 芯片组框架图

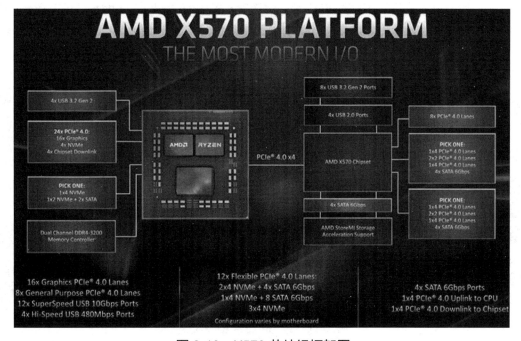

图 3-13　X570 芯片组框架图

- Ryzen 3000 处理器内置两个内存控制器，每个通道支持两个内存插槽，最大支持 128GB 内存。

- Ryzen 3000 处理器有 16 个处理器直连 PCI-E 4.0 通道用于连接显卡，可以在 1×16 和 2×8 两种模式之间进行选择。

- 4 个支持 PCI-E 4.0 规范的直连 PCI-E 通道既可以被设计成一个连接高速固态硬盘的接口（4×PCI-E 4.0 模式），也可以被设计成一个固态硬盘接口（4×PCI-E 3.0 模式）和两个 SATA 3.0 接口。

- Ryzen 3000 或 Ryzen 5000 处理器还支持直连 4 个 USB 3.2 Gen2 接口，避免通过芯片组进行数据传输的延迟，在一定程度上提升了移动存储的性能。

- Ryzen 3000 或 Ryzen 5000 处理器与 X570 芯片组通过 4 条 PCI-E 4.0 总线连接，与先前的 4 条 PCI-E 3.0 总线相比，带宽提高了一倍。但是 Z690 芯片组的 DMI 总线的规格为 8×PCI-E 4.0，领先 AMD X570 芯片组。

- X570 芯片组还支持连接 4 个 USB 2.0 接口和 8 个 USB 3.2 Gen2 接口，加上 CPU 直连的 4 个 USB 接口，在上限 12 之下可以有多种组合，这取决于主板的定位。

- X570 芯片组给厂商（用户）留了 12 个 PCI-E 4.0 通道，厂商（用户）可以自由地制定存储方案。较常见的方案是 2 个支持 PCI-E 4.0 规范的 M.2 接口加上 4 个 SATA 3.0 接口，或者是 1 个支持 PCI-E 4.0 规范的 M.2 接口加上 8 个 SATA 3.0 接口（见图 3-13）。

有兴趣的读者可以参考 B660、Z590、Z490 和 B550、A520、X470 等芯片组的规格及框架图来加深对系统架构的理解。例如，图 3-14 所示为 B550 芯片组框架图。

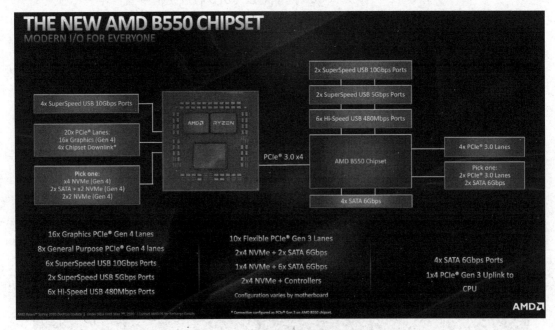

图 3-14　B550 芯片组框架图

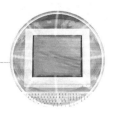

 思政驿站 桥是用来连通河两岸的人与物的，南桥芯片因此得名"桥"。北桥芯片虽然看不见了，但是它仍活跃在 CPU 内部，依然起着"桥"的作用。中华民族绵延 5000 年，就是存在一个桥一样的纽带，现在我们所说的"中华民族共同体意识"就是这个纽带，它是国家统一之基、民族团结之本、精神力量之魂。有了这样的纽带，我们的力量就能汇聚在一起，无坚不摧。芯片组有优劣、有强弱，我们中华民族在历史长河中有过鼎盛、屈辱，那是因为没有以民为本的统一、核心价值取向引领。现在的我们有中华民族共同体意识凝聚力量，有科技兴国、强国有我的思想指导，党和政府就是我们的"高性能南桥芯片"，坐镇中央，指挥有度，领导各民族团结进步、各行各业兴盛繁荣，我们正以矫健的步伐走在实现中国梦的大道上。

3.4 主流主板芯片组与代表产品

✓ 知识目标：掌握主流芯片组的定位与参数特点。

✓ 能力目标：理解主板技术的发展趋势；合理配置 CPU 与主板；解读新技术、新产品。

3.4.1 支持 Intel CPU 的芯片组

1. 支持入门级 CPU 的芯片组

入门级 CPU 主要指酷睿 i3 处理器，目前市场上有第 10 代、第 11 代、第 12 代这 3 种 i3 处理器。Intel 公司每次发布新一代处理器产品时都会发布配套的芯片组来满足不同用户的实际需求。表 3-2 所示为第 8～12 代酷睿 i3 处理器对应的芯片组的规格参数。

表 3-2　第 8～12 代酷睿 i3 处理器对应的芯片组的规格参数

芯片组	H310	H410	H510	H610
发布时间	2018 年第 2 季度	2020 年第 2 季度	2021 年第 1 季度	2022 年第 1 季度
推荐 CPU 类型	第 8 代和第 9 代酷睿 i3	第 10 代酷睿 i3	第 11 代酷睿 i3	第 12 代酷睿 i3
插座类型	LGA 1151	LGA 1200	LGA 1200	LGA 1700
内存类型	DDR4	DDR4	DDR4	DDR4
内存插槽数	2	2	2	2
双通道内存	支持	支持	支持	支持
USB 接口数	6	10	6	6
USB 2.0 接口	支持	支持	支持	支持
USB 3.2 Gen1 接口数	4	0		

续表

USB 3.2 Gen2 接口数		4	4	4
M.2 接口	支持	支持	支持	支持
SATA 3.0 接口数	4	4	4	4
PCE-E×16 插槽规范	PCI-E 2.0	PCI-E 3.0	PCI-E 3.0	PCI-E 4.0
PCE-E 配置	×1；×2；×4	×1；×2；×4	×1；×2；×4	×1；×2；×4
非直连 PCI-E 通道数	6	6	6	12
典型产品	华硕 PRIME H310M-A	圣旗 H410M-D3V/M.2	华擎 H510M-ITX/ac	梅捷 SY-经典 H610M
参考价格（元）	399	629	699	599

　　入门级主板采用入门级芯片组，建议配合入门级 CPU，主板通常采用 Micro-ATX 板型，主板命名中多半会带字母 M，如图 3-15 所示。由于其定位为入门级，因此用料、扩展性都会被大幅度缩减。例如，梅捷 SY-经典 H610M 主板（见图 3-15 右图）用料扎实、做工规整，除南桥芯片以外没有散热设计；该主板包含一个显卡插槽、一个 M.2 接口、两个内存插槽，性价比较高。

华擎 H610M-HDV/M.2 主板

梅捷 SY-经典 H610M 主板

图 3-15　入门级主板

2. 支持主流级 CPU 的芯片组

　　一直以来，酷睿 i5 处理器都是公认的主流级处理器，第 12 代酷睿处理器之所以备受关注，就是因为混合架构普及到了 i5 级别处理器。酷睿 i5-12600K 处理器搭配 B660 芯片组，具有支持 PCI-E 5.0 规范、支持 DDR5 内存、支持内存超频等特性，使得酷睿 i5-12600K 处理器的性能直逼上一代旗舰级产品酷睿 i9-11900K 处理器的性能。实用的 Micro-ATX 板型更突显其超高的性价比。表 3-3 所示为第 8～12 代酷睿 i5 处理器对应的芯片组的规格参数。

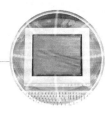

表 3-3　第 8～12 代酷睿 i5 处理器对应的芯片组的规格参数

芯片组	B365	B460	B560	B660
发布时间	2018 年第 4 季度	2020 年第 2 季度	2021 年第 1 季度	2022 年第 1 季度
推荐 CPU 类型	第 8 代和第 9 代酷睿 i5	第 10 代酷睿 i5	第 11 代酷睿 i5	第 12 代酷睿 i5
支持超频	否	否	否	是（内存）
插座类型	LGA 1151	LGA 1200	LGA 1200	LGA 1700
内存类型	DDR4	DDR4	DDR4	DDR4 或 DDR5
内存插槽数	4	4	4	4
双通道内存	支持	支持	支持	支持
DMI 总线	4 通道 PCI-E 3.0 总线	4 通道 PCI-E 3.0 总线	4 通道 PCI-E 3.0 总线	4 通道 PCI-E 4.0 总线
USB 接口数	12	12	12	12
USB 2.0 接口数	6	4	2	2
USB 3.2 Gen1 接口数	8	8	6	6
USB 3.2 Gen2 接口数			4	4
M.2 接口	支持 PCE-E 3.0 规范			支持 PCE-E 4.0 规范
SATA 3.0 接口数	6	6	6	4
PCE-E×16 插槽规范	PCI-E 3.0	PCI-E 3.0	PCI-E 3.0	PCI-E 5.0
PCE-E 配置	×1；×2；×4	×1；×2；×4	×1；×2；×4	×1；×2；×4
CPU 直连 PCI-E 通道数	16	16	16+4	16+4
非直连 PCI-E 通道数		6	12	14
典型产品	映泰 B365GTA	七彩虹 CVN B460M GAMING PRO V20	华擎 B560M Pro4/ac	影驰 B660 金属大师 D4 Wi-Fi 白金版
参考价格（元）	738	749	889	799

　　由于 DDR5 内存的价格仍处于高位，因此基于 B660 芯片组的主板以支持 DDR4 内存为主。相信当 DDR5 内存的价格降至合理区间时，各大主板厂商会陆续推出基于支持 DDR5 内存的 B660 芯片组的主板。到时，采用 i5 级别处理器的计算机系统的性能会有一定的提升。

　　对于想体验第 12 代酷睿处理器能效核极致性能的用户来讲，最大的问题就是接受不了较高的价格。影驰 B660 金属大师 D4 Wi-Fi 白金版主板（见图 3-16）比较人性化地解决了这个难题，搭配 DDR4 内存使其性价比提升了不少，牺牲掉的内存性能可以通过两条支持超频的高性能内存来弥补。

　　影驰 B660 金属大师 D4 Wi-Fi 白金版主板配备两个 ×16 插槽，其中靠近 CPU 的那个插槽采用 PCI-E 4.0 ×16 规范，另一个插槽为 PCI-E 3.0 ×16 插槽。该主板提供的两个 M.2 接口全部搭配高品质的铝合金散热片。其中，靠近 CPU 的 M.2 接口的带宽由 CPU 提供，另一个 M.2 接口的带宽都由 B660 芯片组提供，规格均为 PCI-E 4.0 ×4。建议用户优先使用靠近 CPU 的 M.2 接口，以保证系统性能最优。

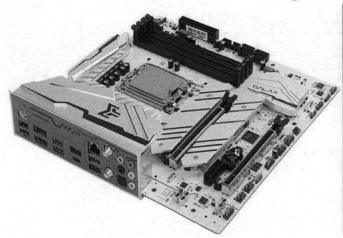
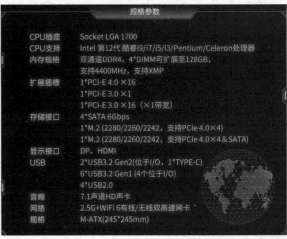

图 3-16　影驰 B660 金属大师 D4 Wi-Fi 白金版主板及参数

3. 支持高端 CPU 的芯片组

针对酷睿 i7 和酷睿 i9 处理器，Intel 公司都是用同一款芯片组来应对的。以第 12 代酷睿处理器为例，无论用户是选择酷睿 i7-12700K 处理器还是选择酷睿 i9-12900K 处理器，都建议配套使用定位高端的基于 Z690 芯片组的主板。对于第 11 代酷睿处理器，如果用户选择酷睿 i7-11700K 处理器或酷睿 i9-11900K 处理器，则推荐使用基于 Z590 芯片组的主板，这为用户解决了选择的困扰。表 3-4 所示为第 8～12 代部分酷睿处理器对应的芯片组的规格参数。

表 3-4　第 8～12 代部分酷睿处理器对应的芯片组的规格参数

芯片组	Z390	Z490	Z590	Z690
发布时间	2018 年第 4 季度	2020 年第 2 季度	2021 年第 1 季度	2021 年第 4 季度
推荐 CPU 类型	第 8 代和第 9 代酷睿 i5	第 10 代酷睿 i5	第 11 代酷睿 i5	第 12 代酷睿 i7、i9
支持超频	是	是	是	是
插座类型	LGA 1151	LGA 1200	LGA 1200	LGA 1700
内存类型	DDR4	DDR4	DDR4	DDR4 或 DDR5
内存插槽数	4	4	4	4
双通道内存	支持	支持	支持	支持
DMI 总线	4 通道 PCI-E 3.0 总线	4 通道 PCI-E 3.0 总线	4 通道 PCI-E 3.0 总线	8 通道 PCI-E 4.0 总线
USB 接口数	14	14	14	14
USB 2.0 接口数	14	10	14	最多 14
USB 3.2 Gen1 接口数	10	6	10	最多 10
USB 3.2 Gen2 接口数	6	10	10	最多 10
USB 3.2 Gen2×2 接口数			3	最多 4
M.2 接口	支持 PCE-E 3.0 规范			支持 PCE-E 4.0 规范
SATA 3.0 接口数	6	6	6	8
PCE-E×16 插槽规范	PCI-E 3.0	PCI-E 3.0	PCI-E 3.0	PCI-E 5.0

续表

PCE-E 配置	×1；×2；×4	×1；×2；×4	×1；×2；×4	×1；×2；×4
CPU 直连 PCI-E 通道数	16	1×16 或 2×8	16+4	16+4 或 2×8+4
非直连 PCI-E 通道数		6	12	28
典型产品	华擎 Z390M Pro4	七彩虹网驰 Z490M-PLUS V20	映泰 Z590GTA	华硕 ROG MAXIMUS Z690 FORMULA
参考价格（元）	849	899	1199	1699

例如，图 3-17 所示的华硕 ROG MAXIMUS Z690 FORMULA 主板采用标准 ATX 板型，能兼容大部分机箱；主板正面采用全覆盖式装甲，装甲涂装采用月耀白配色，PCB 板部分保持黑色涂装；背板采用全金属散热，在加固 PCB 板的同时使得 PCB 板不易弯曲变形。

图 3-17　华硕 ROG MAXIMUS Z690 FORMULA 主板

华硕 ROG MAXIMUS Z690 FORMULA 主板最高可以支持 128GB 的 DDR5 6400 内存，确保不会有内存瓶颈。在显示系统方面，有 3 个 PCI-E ×16 长插槽：上面两个插槽直连 CPU，支持 PCI-E 5.0 规范，规格为×16 或×8+×8，并装备金属装甲加固；剩下一个插槽支持 PCI-E 4.0 规范，通道数为 16。

华硕 ROG MAXIMUS Z690 FORMULA 主板共提供 5 个 M.2 接口，其中 3 个 M.2 接口在主板装甲下方，支持 PCI-E 4.0 规范，另两个 M.2 接口通过固态硬盘拓展卡（见图 3-18）实现，里面的一个有标识的插槽支持 PCI-E 5.0 规范。固态硬盘拓展卡沿用了与主板白色系一致的月耀白配色。

华硕 ROG MAXIMUS Z690 FORMULA 主板预装一体化 I/O 背板（见图 3-19），该背板提供 1 个 HDMI 接口、3 个 USB 2.0 接口、6 个 USB 3.2 Gen2 Type-A 接口（其中 1 个接口支持 BIOS FlashBack，搭配旁边的快捷按钮，能实现免 CPU、内存升级 BIOS，即在关机状态下更新 BIOS）。该主板的背板共有 3 个 Type-C 接口，其中一个是 USB 3.2 Gen2 接口，另两个带雷电标志的是 Thunderbolt 4 接口（雷电 4），接口的带宽为 40Gbps。

4. 支持 X 系列酷睿 i9 处理器的芯片组 X299

X 系列酷睿 i9 处理器相比其他系列产品线差了连续性，主要有第 7 代和第 10 代两个系列，与之对应的只有 X299 芯片组。在基于混合架构的第 12 代酷睿处理器面市后，其卓越的性能已超越 X 系列旗舰级产品酷睿 i9-10980XE 处理器的性能了，如图 3-20 所示。

图 3-18　华硕 ROG MAXIMUS Z690 FORMULA
主板的固态硬盘拓展卡

图 3-19　华硕 ROG MAXIMUS Z690 FORMULA
主板的背板

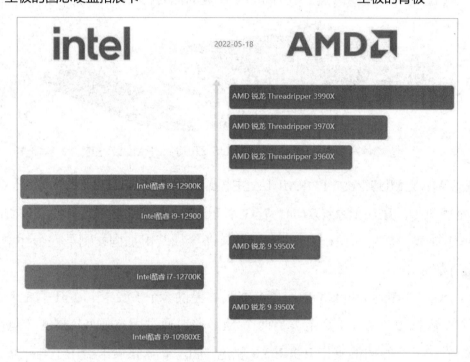

图 3-20　CPU 天梯图

　　采用 X299 芯片组的处理器的性能这么高的原因是什么呢？首先，X 系列处理器具有核心和线程多、缓存容量大两个显著特性；其次，支持 4 通道内存技术，44 条直连 PCI-E 通道可以灵活配置多显卡的显示系统，这使采用 X299 芯片组的处理器的性能成为 Intel 处理器的性能天花板。例如，图 3-21 所示为微星 Creator X299 主板及其背板。

　　现在，新 CPU 架构的不断改良和制造工艺水平的提升，使基于混合架构的第 12 代酷睿处理器的性能已全面超越 X 系列旗舰级产品酷睿 i9-10980XE 处理器的性能，主要原因总结如下：

- 8 个性能核加 8 个能效核共 16 个核心的组合，只比酷睿 i9-10980XE 处理器少两个核心。

- 主频方面，无论是基础频率还是睿频，都比酷睿 i9-10980XE 处理器高 30%，使单核性能有跨越式的提高。

- 二级缓存和三级缓存共计 44MB，超过酷睿 i9-10980XE 处理器的 42.75MB 缓存容量。

- 支持双通道 DDR5 内存，虽然比酷睿 i9-10980XE 处理器的四通道差一些，但是 DDR5 内存的高频率可以弥补通道数少的不足。

- 全面支持 PCI-E 4.0 和 PCI-E 5.0 规范，在系统平衡性方面远超基于 X299 芯片组的主板的 PCI-E 3.0 总线系统。

- 显示系统方面，在 PCI-E 4.0 规范的支持下可以说是以一敌二，16 个 PCI-E 4.0 通道的数据带宽相当于酷睿 i9-10980XE 处理器的 32 个 PCI-E 3.0 通道的数据带宽。将来随着支持 PCI-E 5.0 规范的显卡和固态硬盘的面市，基于混合架构的平台的性能会迎来再次提升。

- CPU 直连支持 PCI-E 4.0 规范的固态硬盘，数据传输速度比基于 X299 芯片组的平台所采用的支持 PCI-E 3.0 规范的固态硬盘快一倍，加上 28 个支持 PCI-E 3.0 规范的非直连 PCI-E 通道，可以为用户提供高性能的存储体验。

图 3-21　微星 Creator X299 主板及其背板

3.4.2　支持 AMD CPU 的芯片组

自 2017 年以来，AMD 公司连续发布了重量级处理器及配套芯片组。和 Intel 公司的芯片组不同的是，AMD 公司的芯片组的生命周期比较长。新一代处理器往往能在上一代平台上得到很好的支持，这给升级换代的用户节省了不少预算。下面针对不同市场定位介绍几款芯片组。

1. 支持中低端 CPU 的芯片组

中低端 CPU 主要指 Ryzen 3 和 Ryzen 5 两个级别处理器，对应的芯片组有 A320、B350、B450 和 A520、B550 等。对没有太多扩展需要、对性能没有极致追求的用户来讲，这类芯片组可以提供较廉价的系统方案。表 3-5 所示为支持中低端 CPU 的芯片组的规格参数。

表 3-5　支持中低端 CPU 的芯片组的规格参数

芯片组	A320	B350	B450	A520	B550
发布时间	2017 年第 1 季度	2017 年第 1 季度	2018 年第 3 季度	2020 年第 2 季度	2020 年第 2 季度
推荐 CPU 类型	第 1 代和第 2 代 Ryzen 3	第 1 代和第 2 代 Ryzen 5	第 2 代 Ryzen 5	第 3 代和第 5 代 Ryzen 3	第 3 代和第 5 代 Ryzen 5
插座类型	AM4	AM4	AM4	AM4	AM4
内存类型	DDR4	DDR4	DDR4	DDR4	DDR4
内存插槽数	2	4	4	2	4
双通道内存	支持	支持	支持	支持	支持
USB 接口数	9	10	12	12	12
USB 2.0 接口数	6	6	2	6	6
USB 3.2 Gen1 接口数	2	2	8	5	6
USB 3.2 Gen2 接口数	1	2	2	1	6
M.2 接口	支持	支持	支持	支持	支持
SATA 3.0 接口数	2	2	6	4	6
PCE-E×16 插槽规范	PCI-E 3.0	PCI-E 3.0	PCI-E 3.0	PCI-E 3.0	PCI-E 4.0
非直连 PCI-E 通道数	4	6	6	6	14
典型产品	翔升 A320M-K	七彩虹战斧 C.AB350M-HD	圣旗 B450M-D3V	昂达 A520SD4	华硕 ProArt B550-CREATOR
参考价格（元）	359	439	390	379	2599

这一级别的芯片组实际可被规划使用的非直连 PCI-E 通道都很少。以 B550 芯片组为例（框架图见图 3-14），其共配置了 14 条 PCI-E 3.0 总线。其中 4 条用于和 Ryzen 3000 或 Ryzen 5000 处理器互连，4 条用作 4 个 SATA 3.0 接口，4 条连接网卡等外设，剩下的两条 PCI-E 3.0 总线可以再扩展成两个 SATA 3.0 接口。

当 A520 芯片组（框架图见图 3-22）和 B550 芯片组搭配 Ryzen 5000 系列处理器时，有 4 个直连 PCI-E 4.0 通道可以配置固态硬盘接口，能够提升系统性能的平衡性，满足一般用户的实际需求。

华硕 ProArt B550-CREATOR 主板（见图 3-23）以黑色为主基调，金色线条作为主板时尚设计元素的勾勒，低调中带着十足的底气。有 4 个 DIMM 内存插槽，单个 DIMM 内存插槽最高支持 32GB 容量，最高可以组建 128GB 的双通道内存系统。

华硕 ProArt B550-CREATOR 主板的背板（见图 3-24）提供 4 个 SATA 接口和两个 M.2 固态硬盘接口。其中 M.2_1 接口是基于 Zen 3 架构的处理器提供的 PCI-E Gen4 ×4 高速接口；M.2_2 接口是 B550 芯片组分配的 PCI-E Gen3 ×4 接口，其性能比前者的性能差一半。

华硕 ProArt B550-CREATOR 主板设计的亮点是其 I/O 设备接口，其提供双雷电 4 Type-C 接口和双 2.5Gbps 高速网口，这是许多高端主板也无法比拟的。

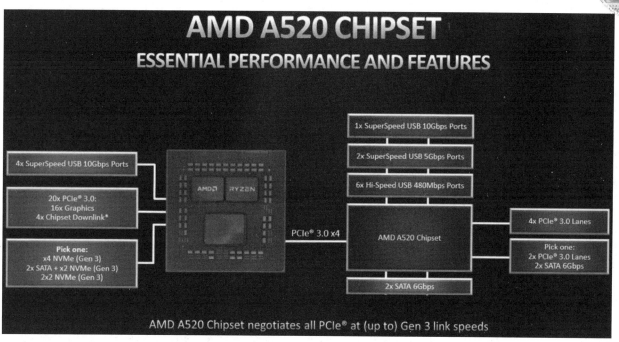

图 3-22　AMD A520 芯片组框架图

图 3-23　华硕 ProArt B550-CREATOR 主板

图 3-24　华硕 ProArt B550-CREATOR 主板的背板

2. 支持高端 CPU 的芯片组

X570 芯片组始终是 AMD 阵营的旗舰级产品，是 Ryzen 9-5950X 处理器最理想的配套芯片组。X570 芯片组在 X370 芯片组和 X470 芯片组的基础上有哪些喜人的升级和改进呢？我们可以通过表 3-6 所示的规格参数来更好地了解 X570 芯片组。

表 3-6　支持高端 CPU 的芯片组的规格参数

芯片组	X370	X470	X570
发布时间	2017 年第 1 季度	2018 年第 2 季度	2019 年第 3 季度
CPU 超频	支持	支持	支持
推荐 CPU 类型	不支持 Ryzen 5000	Ryzen 全系列	Ryzen 3000 或 Ryzen 5000
插座类型	AM4	AM4	AM4

续表

内存类型	DDR4	DDR4	DDR4
内存插槽数	4	4	4
双通道内存	支持	支持	支持
USB 接口数	14	12	14
USB 2.0 接口数	6	6	4
USB 3.2 Gen1 接口数	6	6	10
USB 3.2 Gen2 接口数	2	4	8
M.2 接口	支持 4×PCI-E 3.0 规范		支持 4×PCI-E 4.0 规范
SATA 3.0 接口数	4	4	12
PCE-E×16 插槽规范	1×16 / 2×8 PCI-E 3.0	1×16 / 2×8 PCI-E 3.0	1×16 / 2×8 PCI-E 4.0
非直连 PCI-E 通道数	8 个 PCI-E 2.0 通道	8 个 PCI-E 2.0 通道	16 个 PCI-E 4.0 通道
典型产品	映泰 X370GT5	华擎 X470 Master SLI	微星 MEG X570S ACE MAX
参考价格（元）	499	799	3499

　　X570 芯片组的主要优势是全面支持 PCI-E 4.0 规范，系统带宽是 PCI-E 3.0 规范的两倍。例如，16 个 PCI-E 3.0 通道正好能满足 RTX 2080 Ti 的算力，而现在只需要 8 个 PCI-E 4.0 通道即可。这表示高端用户可以配置双卡（2×8 PCI-E 4.0）交火的系统，让 GPU 的算力与 PCI-E 总线带宽得到充分匹配。

　　相比于 X370 芯片组和 X470 芯片组的 8 个 PCI-E 2.0 通道，X570 芯片组的非直连 PCI-E 通道为 16 个，并且全部都是 PCI-E 4.0 通道。质与量的提升分别是 4 倍和 2 倍，总带宽是过去的 8 倍。这使得 X570 芯片组可以配置很多的固态硬盘接口、USB 接口、SATA 接口，保障高端用户的复杂应用运行流畅。

　　例如，图 3-25 所示的微星 MEG X570S ACE MAX 主板提供 3 个显卡长插槽，全部装备了金属保护装甲，在搭配高端独立显卡时，不容易因为显卡过重而造成插槽弯曲损坏。配送的 M.2 XPANDER-Z Gen4 拓展卡可以安装 2 个支持 PCI-E 4.0 规范的固态硬盘，加上主板上的 4 个 PCI-E 4.0 固态硬盘插槽，一共可以插 6 个支持 PCI-E 4.0 规范的固态硬盘。该主板采用优化过的 X570S 芯片组，有效降低了电压和功耗，无须配置专门的南桥芯片散热风扇。

　　微星 MEG X570S ACE MAX 主板预装了 I/O 背板，如图 3-26 所示，该背板提供 4 个 USB 2.0 接口、4 个 USB 3.2 Gen1 5Gbps Type-A 接口、3 个 USB 3.2 Gen2 10Gbps Type-A 接口、1 个 USB 3.2 Gen2×2 20Gbps Type-C 接口，还有 2 个 DIY 快捷按钮，可用于 BIOS 重置和免 CPU 升级 BIOS（在关机状态但不切断电源的情况下进行）。同时，I/O 接口处搭载的 Wi-Fi 网卡为最新的 Wi-Fi 6E 无线网卡，集成蓝牙 5.2，与 2.5Gbps 有线网口组成新一代网络解决方案。

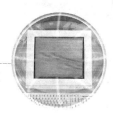

图 3-25　微星 MEG X570S ACE MAX 主板

图 3-26　微星 MEG X570S ACE MAX 主板的背板

3. 支持发烧级 CPU 的芯片组

Ryzen Threadripper 处理器始终是 AMD 公司的发烧级处理器，与之配套的芯片组因处理器的更迭而换代 3 次。支持发烧级 CPU 的芯片组的规格参数如表 3-7 所示。

表 3-7　支持发烧级 CPU 的芯片组的规格参数

芯片组	X399	TRX40	WRX80
发布时间	2017 年第 3 季度	2019 年第 4 季度	2022 年第 1 季度
CPU 超频	支持	支持	支持
推荐 CPU 类型	第 1 代和第 2 代 Ryzen Threadripper	第 3 代 Ryzen Threadripper	第 5 代 Ryzen Threadripper
插座类型	TR4（Socket 4094）	sTRX4（Socket 4094）	sWRX8
内存类型	DDR4	DDR4	DDR4
内存插槽数	8	8	8
4 通道内存	支持	支持	支持 8 通道内存技术
USB 接口数	最多 14	最多 14	14
USB 2.0 接口数	6（来自 X399）+0（CPU）	4	4
USB 3.2 Gen1 接口数	6（来自 X399）+8（CPU）		
USB 3.2 Gen2 接口数	2	8（来自 TRX40 芯片组）+4（CPU）	8（来自 TRX40 芯片组）+4（CPU）
M.2（NVMe）接口	支持 PCI-E 3.0	2 个直连 4×PCI-E 4.0	2 个直连 4×PCI-E 4.0
SATA 3.0 接口数	12	12	20
DMI 总线	4 通道 PCI-E 3.0 总线	8 通道 PCI-E 4.0 总线	8 通道 PCI-E 4.0 总线
直连 PCI-E 通道数	66 个 PCI-E 3.0 通道	56 个 PCI-E 4.0 通道	128 个 PCI-E 4.0 通道
非直连 PCI-E 通道数	2 个 PCI-E 3.0 通道+8 个 PCI-E 2.0 通道	16 个 PCI-E 4.0 通道	8 个 PCI-E 4.0 通道
典型产品	华擎 X399 Fatal1ty Gaming 9	微星 Creator TRX40	华硕 ASUS Pro WS WRX80E-SAGE SE WIFI
参考价格（元）	3499	9999	16 999

支持 Ryzen Threadripper 处理器的芯片组中的 WRX80 芯片组被视为工作站级别的芯片组。下面以如图 3-27 所示的微星 Creator TRX40 主板为例对 TRX40 芯片组做一些介绍。

图 3-27　微星 Creator TRX40 主板

微星 Creator TRX40 主板是一款 EATX 板型的主板，采用 16+3 相的供电设计，用料考究，万兆+千兆的网络配置，无线网卡也从 Wi-Fi 5 升级到了 Wi-Fi 6，并且增加了 USB 3.2 Gen2×2 接口，配送的固态硬盘拓展卡支持 PCI-E 4.0 规范。

巨大的 Socket sTRX4 插槽占据了主板很大一部分空间，两侧各有 4 个 DDR4 内存插槽，全部都是单边卡扣设计并且装备金属装甲，基于 Zen 2 架构的处理器支持 DDR4-4666 内存，最大内存容量达 256GB。

该主板上有 3 个 M.2 接口，其中一个 M.2 接口支持 M.2 22110 规格，另两个 M.2 接口支持 M.2 2280 规格，全部支持 PCI-E 4.0 ×4 模式和 SATA 6Gbps 模式。在 M.2 接口处都有正反面双重散热片，如果安装的是单面固态硬盘，借助两层导热贴的厚度（高度），导热贴才能贴合到固态硬盘 PCB 板的背面。但如果安装的是双面固态硬盘，因为额外增加了反面闪存芯片的厚度，所以会导致无法安装的情况出现，这时就需要取下一层导热贴才能正常安装固态硬盘。

图 3-28　微星 Creator TRX40 M2 主板上的 M.2 接口的出处

在主板 PCB 板上写着 M.2 接口是哪里提供的，微星 Creator TRX40 主板上位于 PCI-E 插槽之间的两个 M.2 接口是直连 CPU 的，而内存插槽旁边的 M.2 接口则是由南桥芯片提供的，如图 3-28 所示。

微星 Creator TRX40 主板的背板提供 4 个 USB 3.2 Gen1 接口、5 个 USB 3.2 Gen2 接口、1 个 USB 3.2 Gen2×2 Type-C 接口；

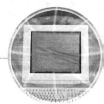

提供 1 个 Intel I211AT 千兆网卡、1 个 Aquantia AQC107 万兆网卡、1 个 Intel AX200 无线网卡（支持 Wi-Fi 6 和蓝牙 5.0）；在音频接口方面，提供 1 个光纤 S/PDIF 输出接口和两个镀金的 3.5mm 接口；还提供两个按键，分别是清空 CMOS 和 Flash BIOS Button，配合旁边白色框的 USB 2.0 接口，可以在不安装 CPU、内存、显卡的情况下刷入新 BIOS。

3.5 主板的选购

- ✓ 知识目标：理解主板选配原则；了解主流主板品牌。
- ✓ 能力目标：掌握主板与 CPU 的匹配原则；根据需求规划配置方案。

1. 注意技术参数的匹配

计算机的硬件系统有很高的兼容性要求，而满足兼容性只是配置方案的入门要求。在预算范围内合理匹配 CPU、内存、显卡、固态硬盘的性能，使系统性能均衡才是目的。因此，应注意以下几点：

（1）先根据使用需求确定 CPU，再根据 CPU 类型、性能特点确定主板芯片组。

（2）根据实际应用需求来确定是选择集成显卡还是选择独立显卡。一般来讲，如果是办公应用、普通家庭浏览网页、基础的游戏应用等需求，则选择集成显卡就可以；如果有大量视频处理、3D 应用、大型 3D 游戏等需求，则应考虑中高端独立显卡，同时要注意显卡和主板 PCI-E 总线的规格和速度要一致。

（3）在内存方面，建议配置双通道内存，保证带宽够高。

（4）所选的 CPU 最好是该主板能支持的最高级别的产品。

（5）充分理解 SATA 3.0 接口、USB 3.2 Gen2 接口、M.2（NVMe）接口、PCI-E 4.0（5.0）总线、DDR5 内存等新技术的价值，非必要不必追新。

2. 主板扩展性的考虑

主板往往集成千兆位网卡、声卡，对一般用户而言，再扩展的需求已经很小，所以在选择主板时不用太多考虑未来的扩展性而去购买标准 ATX 主板，在满足使用需求的前提下可以选择性价比高的 Micro-ATX 主板。

3. 品牌

主板是一种将高科技、高工艺融为一体的集成产品。一个有责任心的品牌厂商为了推出让用户放心使用的主板，会从产品的设计、选料、工艺控制、生产流程、成品测试到包装、运送等方方面面进行十分严格的把关。

目前，市场上流通的主板品牌有几十种，一线品牌有微星和华硕，二线品牌有华擎、微星、七彩虹、铭瑄、影驰、圣旗、双敏、映泰、梅捷等。

4．价格

价格是用户最关心的因素之一。不同产品的价格与该产品的市场定位有密切的关系，大厂商的产品往往性能好一些，但价格也相对高一些。有的产品的用料、做工都比较差一些，成本和价格也就相对低一些。用户应根据自身的需要和经济能力选择性价比高且适合自己的产品，完全抛开价格因素而比较不同产品的性能、质量或功能是不合理的。

5．服务方式及保障

如果所购买的产品所属的厂商和经销商能够提供快捷的维修、咨询服务，并且拥有便于下载最新 BIOS 程序的网站，就比较理想了。

3.6 实践出真知

实训任务 1：认识主板 I/O 接口并掌握接插技术

准备工作：一台计算机，消除静电，切断电源。

操作流程：依次拔出机箱尾端（I/O 面板）外设连接线并仔细观察接口的形状与颜色；观察结束后依次将外设连接线安插复原；按照以上流程反复操作，直至熟悉、熟练；接通电源，启动计算机，确认正常运行即可。

注意事项：在操作过程中认真观察接口的颜色、形状等，要熟知名称、功能等。

拓展思考：结合图 3-8 和对 USB 接口规范的理解，思考一下在连接采用 USB 接口的键盘、鼠标、打印机等设备时应该如何与主板 I/O 面板的技术规格相匹配；观察周边计算机的连线情况并做出优化操作。

实训任务 2：观察机箱内部及走线

准备工作：一台计算机，消除静电，切断电源，十字螺丝刀。

操作流程：用十字螺丝刀拆卸机箱左侧面板，观察机箱内部构造及部件、各部件与主板的连接形式、主板与机箱的安装固定方式、各部件连接线及接插方式等，观察结束后扣盖还原即可。

拓展思考：机箱内部看似错综复杂，实则脉络清晰。通过学习理论知识和认真观察，就可以发现其清晰的脉络。在学习的过程中，观察和尝试是必不可少的环节。

习题 3

1. 主板的输入/输出（I/O）接口有哪些？分别可以连接什么设备？

2. 上网了解当前主板所采用的板型有哪些？

3. 上网了解当前 Intel 公司与 AMD 公司主流 CPU 的插槽类型，仔细观察其形状与相应标识。

4. 上网了解主板行情并根据要求填写以下表格。

价格	500 元以下		800～1200 元		1500 元以上	
平台	Intel	AMD	Intel	AMD	Intel	AMD
主板名称						
主板芯片组						
CPU 插槽						
主板板型						
内存类型						
PCI-E 规范						
M.2 接口数						
Type-C 接口数						

5. 主板芯片组的作用是什么？

6. 主板的 USB 接口、SATA 接口、PCI-E 接口的最高规格是什么？它们的数据带宽分别是多少？

7. 双通道内存技术的作用是什么？

8. BIOS 和 UEFI 有什么作用？当计算机开机时，按 DELETE 键查看 UEFI 界面，并尝试修改开机密码和启动顺序等。

9. 上网了解本章中提到的所有主板（微星 Creator TRX40、微星 MEG X570S ACE MAX、华硕 ProArt B550-CREATOR、微星 Creator X299 主板、华硕 ROG MAXIMUS Z690 FORMULA、影驰 B660 金属大师 D4 Wi-Fi 白金版主板、华擎 H610M-HDV/M.2、梅捷 SY-经典 H610M）的技术规格及行情。

10. 运行 CPU-Z，通过"主板"选项卡了解自己所用计算机的主板信息。

11. 运行鲁大师，查看自己所用计算机的主板、网卡、声卡、显卡等设备的品牌型号信息。

第 **4** 章
内 存

知识要点

- 内存概述。
- 内存的分类。
- 内存的性能指标。
- 内存的发展历程。
- 主流内存与选购原则。

内容摘要

　　理解内存的性能指标，懂得内存-CPU-外存的工作流程是选配内存的关键。如果不了解内存性能，不理解内存在系统中的工作过程，则在组装计算机的过程中就无法选配适合的内存，在进行硬件维护时，也无法准确判断出内存的故障所在。

4.1　内存概述

- ✓ **知识目标**：理解内存在系统中的作用；掌握内存容量单位的使用。
- ✓ **能力目标**：理解 CPU 核心、一级缓存、二级缓存、三级缓存之间进行数据交换的机制。

内存（Memory）也称内存储器或主存储器，主要用于存取计算机的程序和数据，是 CPU 与外存之间进行数据交换的通道和桥梁。所以，内存的数据吞吐量（带宽）会在很大程度上影响 CPU 性能的发挥。内存在系统中的作用如图 4-1 所示。

图 4-1　内存在系统中的作用

1. 位（bit）

通常所说的计算机泛指数字电子计算机，这类计算机中的数据在存储、传输、处理等过程中是以二进制代码的形式存在的。在二进制中，只有 0 和 1 两个数码，并且将一个 0 或一个 1 称为 1 位（bit），习惯用小写字母 b 来表示。

2. 字节（Byte）

在计算机系统中，将 8 位二进制数称为一个字节（Byte），用大写字母 B 来表示，1B=8b。字节是计算机系统中最小的存储单位，常用的容量单位有 KB、MB、GB、TB，它们的关系是：1KB=1024B，1MB=1024KB，1GB=1024MB，1TB=1024GB。

4.2　内存的分类

- ✓ **知识目标**：掌握内存的分类方法；理解不同种类内存的特性。
- ✓ **能力目标**：掌握各类内存在计算机系统中的实际应用。

在一般情况下，人们认为内存就是内存条，如图 4-2 所示的威刚万紫千红 8GB DDR5 4800 内存条。事实上，内存在计算机系统中还以其他形式扮演着重要角色。

图 4-2　威刚万紫千红 8GB DDR5 4800 内存条

4.2.1　只读存储器（ROM）

只读存储器（Read-Only Memory，ROM）最大的特点是一旦存储资料就无法再将其改变或删除，通常用于不需要经常变更资料的计算机系统中，并且资料不会因为电源关闭而消失。所以，在计算机系统中，ROM 用于存放基本输入/输出系统，也就是常说的 BIOS。

随着技术的发展和使用要求的变化，传统意义上（不能改写）的 ROM 已不能满足用户的需求，所以陆续出现了其他形式的 ROM，比较常见的有以下几种。

1. 可擦除可编程只读存储器（EPROM）

可擦除可编程只读存储器（Erasable Programmable Read-Only Memory，EPROM）也称可擦除可编程 ROM，EPROM 芯片可以重复擦除和写入数据，解决了 ROM 芯片只能写入一次数据的弊端。EPROM 芯片有一个很明显的特征，在其正面的陶瓷封装上有一个玻璃窗口，通过该窗口可以看到其内部的集成电路，紫外线通过该窗口照射内部芯片就可以擦除其中的数据，完成芯片擦除的操作要用到 EPROM 擦除器。EPROM 芯片和 EPROM 擦除器如图 4-3 所示。

 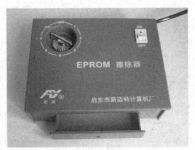

图 4-3　EPROM 芯片和 EPROM 擦除器

2. 电可擦除可编程只读存储器（EEPROM）

电可擦除可编程只读存储器（Electrically-Erasable Programmable Read-Only Memory，EEPROM）也称电可擦写 ROM，它的工作原理与 EPROM 类似，但是擦除的方式是使用高电场。

3. 闪存（Flash Memory）

闪存是一种长寿命的非易失性（在断电情况下仍能保持所存储的数据）的存储器，数据删除不是以单个字节为单位的，而是以固定的区块为单位的，区块大小一般为 256KB～20MB。闪存是 EEPROM 的变种，但与 EEPROM 不同的是，闪存能在字节水平上进行删除和重写，而不是擦写整个芯片，这样闪存就比 EEPROM 的更新速度快。由于其断电时仍能保存数据，因此闪存通常被用来保存设置信息，如用于计算机的 BIOS 中。

4.2.2　随机存取存储器（RAM）

随机存取存储器（Random Access Memory，RAM）是易挥发性随机存取存储器，可高速存取，读/写时间相等。这种存储器在断电时将丢失其存储内容，所以主要用于存储短时间使用的程序。按照 RAM 的内部结构不同，随机存取存储器又分为静态随机存取存储器（Static RAM，SRAM）和动态随机存取存储器（Dynamic RAM，DRAM）。

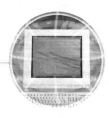

1. 静态随机存取存储器

所谓静态是相对动态来说的，只要电源不撤除，写入 SRAM 的信息就不会消失，不需要刷新电路，同时在读取信息时不破坏原来存放的信息，信息一经写入可以多次读取。它的最大优点是读/写速度快，但是由于其结构复杂、成本高、功耗大，因此它只适用于容量小、要求高速读/写的场合。所以，SRAM 在计算机系统中用在 CPU 的内置一级缓存、二级缓存、三级缓存（Cache）上。

2. 动态随机存取存储器

动态随机存取存储器是利用场效应管的栅极对及其衬底间的分布电容来保存信息的，以存储电荷的多少即电容端电压的高低来表示"1"和"0"。因为保存在 DRAM 中的信息就是场效应管的栅极分布电容里的信息，信息会随着电容器的漏电而逐渐丢失（一般信息的保存时间为 2ms 左右），所以为了保证 DRAM 中数据的安全，必须在其因漏电丢失数据之前进行一次刷新（充电的过程）。因此，采用 DRAM 的计算机必须配置动态刷新电路，以防止信息丢失。

DRAM 的优点是结构简单、集成度较高、成本低，能实现大容量存储。

DRAM 的缺点是因为周期性地做刷新操作，所以效率低、数据读/写速度慢。

结合 DRAM 的优点和缺点，它在计算机系统中被用作主内存，也就是常说的内存。

 所谓"存在即合理"，内存的分类是因为各自有各自的特点和不可替代的作用。我们在走上工作岗位前要有追求和理想，要通过理论学习和实训来达到理想岗位要求的技术水平。不切实际的理想容易变成"假大空"的泡沫，因此我们的理想要符合现实、"量身定做"。务实可行的理想才能让我们有价值地存在、不可替代地存在、不分高低地存在。

4.3 内存的性能指标

✓ **知识目标**：理解内存的性能指标；掌握内存带宽的计算方法。

✓ **能力目标**：合理规划和配置内存的使用需求；掌握内存条的安装与拆卸技术。

1. 容量

内存所能存储的数据总量就是它的容量。早期的内存容量只有 64KB、128KB、256KB、512KB，目前主流的计算机系统采用的内存容量为 8GB、16GB 和 32GB，甚至达到了 64GB。

2. 位宽

内存的位宽是指内存与 CPU 交换数据时一次传输的二进制数的位数。现在 DDR 内存的位宽全部为 64 位。用户如果配置了双通道内存，则内存的位宽将达到 128（2×64）位。

3. 频率

内存的数据传输率可以从两个方面来描述：一是两次独立的存取操作之间所需的最短时间，又称存储周期，现在内存的存储周期一般以纳秒（ns）为单位；二是有效数据传输频率，现在主流 DDR4 内存的有效数据传输频率达到了 3200MHz，最高频率可以达到 5333MHz，如图 4-4 所示的金士顿 FURY Renegade 16GB（2×8GB）DDR4 5333 内存条。

图 4-4　金士顿 FURY Renegade 16GB（2×8GB）DDR4 5333 内存条

2021 年第 2 季度批量生产下线的 DDR5 内存的起步频率为 4800MHz，目前最高规格为 6400MHz。在第 13 代酷睿处理器和 Ryzen 7000X 系列处理器陆续发布后，DDR5 内存将得到普及。

4. 带宽

将单位时间内内存的最大理论数据吞吐量称为内存带宽。那么每个内存的带宽到底是多少呢？内存带宽的计算公式为：内存的带宽=有效数据传输频率×位宽÷8。例如，DDR4-3200 内存的带宽=有效数据传输频率×位宽÷8=3200MHz×64bit÷8=25.6GB/s，DDR5-4800 内存的带宽=有效数据传输频率×位宽÷8=4800MHz×64bit÷8=38.4GB/s。

4.4 内存的发展历程

- ✓ **知识目标**：了解内存的发展历程。
- ✓ **能力目标**：理解内存的发展趋势、规律；熟悉内存条的安装与拆卸操作。

在个人计算机诞生初期并不存在内存条的概念，最早的内存是以磁芯的形式排列在线路

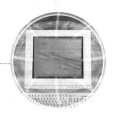

上的，每个磁芯与晶体管组成一个双稳态电路并作为一比特（bit）的存储器，每一比特都有玉米粒大小，可以想象一间机房只能装下不超过100KB的容量。后来才出现了焊接在主板上的集成内存芯片，以内存芯片的形式为计算机的运算提供直接支持。那时的内存芯片的容量都特别小，最常见的是256KB×1bit、1MB×4bit，虽然如此，但是这相对于当时的运算任务来说已经绰绰有余了。内存的发展过程如图4-5所示。

图4-5　内存的发展过程

4.4.1　内存条的诞生

内存芯片的状态一直沿用到80286计算机时代初期，由于它存在着无法拆卸和更换的弊病，这对计算机的发展造成了现实的阻碍。鉴于此，内存条便应运而生了。将内存芯片焊接到事先设计好的印刷电路板（PCB）上，同时计算机主板上也改用内存插槽，这样就把内存难以安装和更换升级的问题彻底解决了。

在80286计算机时代，内存并没有被人重视，这时的内存是直接固化在主板上的，并且容量只有64KB～256KB，对于当时PC所运行的程序来说，这种内存的性能及容量足以满足当时软件和程序运行的需要。不过随着新一代80286硬件平台的出现，系统对内存性能提出了更高要求，为了提高内存的读写速度并扩大容量，内存必须以独立的封装形式出现，因此诞生了"内存条"的概念。

在基于Intel 80286处理器的计算机系统刚被推出时，内存条采用了30线SIMM（Single In-line Memory Modules，单边接触内存模组）接口，容量为256KB，必须由8个数据位和1个校验位组成1个内存插槽。正因如此，30线SIMM内存条在与具有16位数据总线的Intel 80286处理器搭配使用时需要同时配置两条才可以正常使用，在与具有32位数据总线的Intel 80386处理器搭配使用时需要配置4条才可以正常使用。自1982年PC进入民用市场开始一直到现在，搭配Intel 80286处理器的30线SIMM内存条是内存领域的"开山鼻祖"，如图4-6所示。

图4-6　30线SIMM内存条

4.4.2 72 线 SIMM 内存（DRAM、EDO DRAM）

1988—1993 年，个人计算机开始走进家庭，也就是 80386 和 80486 计算机时代，此时 CPU 的字长已经向 32bit 发展，所以 30 线 SIMM 内存再也无法满足需求，其较低的内存带宽已经成为亟待解决的瓶颈，此时 72 线 SIMM 内存出现了。72 线 SIMM 内存支持 32bit 快速页模式存取，内存带宽得以大幅度提升。72 线 SIMM 内存条（见图 4-7）单条容量一般为 1～4MB，在与 Intel 80386 处理器和 Intel 80486 处理器搭配使用时配置单条即可，在与具有 64 位数据总线的 Pentium 处理器搭配使用时需要配置两条才可以正常使用。由于 72 线 SIMM 内存与 30 线 SIMM 内存的位宽不同，不能共用，因此 30 线 SIMM 内存退出了历史舞台。

图 4-7　72 线 SIMM 内存条

4.4.3 168 线 SDRAM 内存

1996 年，Intel 公司推出了 Pentium MMX 系列处理器，以及在 AMD K6 处理器问世后，EDO DRAM 内存就变成了计算机系统的瓶颈，这又一次推动了内存技术的提升，能够满足新一代 CPU 架构需求的 SDRAM 内存应运而生。图 4-8 所示为 SDRAM 内存条。

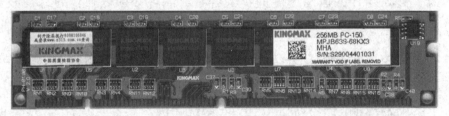

图 4-8　SDRAM 内存条

SDRAM 内存采用 168 线双列直插式存储模块（Dual-Inline-Memory-Modules，DIMM）。SDRAM 内存有 PC66、PC100、PC133 这 3 种规范，标识的数字表示它们的工作频率。它的位宽也由过去的 32 位升级到了 64 位，所以带宽分别达到了 533MB、800MB、1066MB。

4.4.4 RDRAM 内存

RDRAM（Ram bus DRAM）是美国的 RAMBUS 公司开发的一种全新概念的内存。与 SDRAM 内存条不同，RDRAM 内存条（见图 4-9）采用串行的数据传输模式。在推出时，因为其彻底改变了内存的传输模式，无法保证与原有的制造工艺兼容，而且内存厂商要生产 RDRAM 内存条还必须交纳一定的专利费用，再加上其本身的制造成本，所以导致 RDRAM

内存条从一问世就价格高昂，让普通用户无法接受。而同时期的 DDR 内存条则以较低的价格、不错的性能逐渐成为主流。虽然 RDRAM 内存条曾受到 Intel 公司的大力支持，但是其始终没有成为主流。

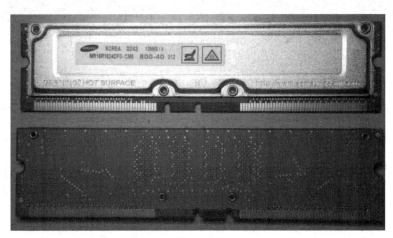

图 4-9　RDRAM 内存条

RDRAM 内存的数据存储位宽是 16 位，远低于 DDR 内存和 SDRAM 内存的 64 位。但 RDRAM 内存的频率则远远高于 DDR 内存和 SDRAM 内存的频率，可以达到 800MHz 乃至更高。RDRAM 内存在一个时钟周期内能够传输两次数据，在时钟的上升期和下降期各传输一次数据，内存带宽能达到 800MHz×(16bit÷8)×2=3.2GB/s。

尽管采用 PC133 规范的 SDRAM 内存的带宽可以提高到 1066MB/s，但是面对 Intel 公司推出的 Pentium 4 处理器所需的 3.2GB 带宽，SDRAM 内存无法满足要求。此时，Intel 公司为了达到扩大市场份额的目的，与 Rambus 公司联合在 PC 市场推广 RDRAM 内存+Pentium 4 处理器组合。

4.4.5　DDR SDRAM 内存（184 线）

DDR SDRAM 是 Double Data Rate Synchronous Dynamic Random Access Memory（双倍数据速率同步动态随机存取存储器）的缩写，人们习惯将其称为 DDR，它是 RDRAM 内存的替代者。从生产的角度来看，DDR 内存条与 SDRAM 内存条基本一样，可以在相同的生产线上生产，这大大降低了它的成本和销售价格。而区别在于：SDRAM 内存在一个时钟周期内只传输一次数据，并且是在时钟的上升期进行数据传输的；而 DDR 内存则在一个时钟周期内传输两次数据，它能够在时钟的上升期和下降期各传输一次数据。DDR 内存条如图 4-10 所示。

随着制造工艺的进步，DDR 内存的频率从起初的 100MHz 逐步提升到了 133MHz、166MHz 和 200MHz，使得它的带宽从 100MHz×(64bit÷8)×2=1.6GB/s 提升到了 200MHz×(64bit÷8)×2=3.2GB/s。

图 4-10　DDR 内存条

4.4.6　DDR2 内存（240 线）

DDR2 内存是在 DDR 内存基础上的改进，但是 DDR2 内存一次预读 4bit 数据，是 DDR 内存（一次预读 2bit 数据）的两倍，因此，它的倍增系数是 2×2=4，所以在相同的工作频率下，DDR2 内存的带宽比 DDR 内存的带宽高 1 倍。以如图 4-11 所示的 DDR2-800 内存条为例，DDR2-800 内存的带宽=有效数据传输频率×位宽=800MHz×(64bit÷8)=6.4GB/s。

图 4-11　DDR2-800 内存条

4.4.7　DDR3 内存（240 线）

DDR3 内存一次预读 8bit 数据，是 DDR2 内存的两倍，是 DDR 内存的 4 倍，因此，它的倍增系数是 2×2×2=8，所以在相同的工作频率下，DDR3 内存的带宽比 DDR2 内存的带宽高 1 倍，现在主流配置的 PC 全都支持 DDR3 内存。以如图 4-12 所示的 DDR3-1600 内存条为例，DDR3-1600 内存的带宽=有效数据传输频率×位宽=1600MHz×(64bit÷8)=12.8GB/s。

图 4-12　DDR3-1600 内存条

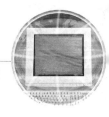
4.4.8　DDR4内存（288线）

DDR4内存采用一次预读16bit数据的机制（DDR3内存一次预读8bit数据），在同样的内核频率下，其理论读写速度是DDR3内存的两倍。DDR4内存的起步频率为2133MHz，更高的频率有2400MHz、2800MHz、3000MHz、3200MHz等。在外观方面，DDR4内存的厚度从1mm增至1.2mm，原因是PCB层数增加了；金手指的数量也增加到了288针，并且金手指的缺口位置也有所不同；工作电压降为1.2V，更节能。图4-13所示为DDR4内存条。

图4-13　DDR4内存条

4.4.9　DDR5内存（288线）

2021年2月，深圳市嘉合劲威电子科技有限公司旗下品牌阿斯加特发布首款DDR5内存条。2021年4月26日，首批DDR5内存条批量生产下线。但是，量产的DDR5内存条一直到2021年第4季度第12代酷睿处理器发布才有了用武之地。DDR5内存的起步频率为4800MHz，目前最高频率为6400MHz。图4-14所示为阿斯加特DDR5-4800内存条。

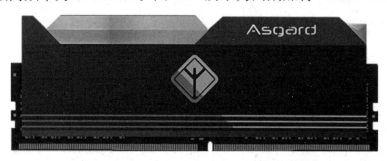

图4-14　阿斯加特DDR5-4800内存条

与DDR4内存相比，DDR5内存具有等效频率更高、支持更大容量和更低工作电压（1.1V）等特性。DDR5内存将内部的64位数据分成两个分别为32位（如果考虑ECC因素，则为40位）的可寻址通道，如图4-15所示的影驰金属大师DDR5-5200内存条，从而有效地提高了内存控制器进行数据访问的效率，同时减少了延迟。因此，在使用CPU-Z对支持双通道内存的酷睿i9-12900K处理器进行检测时显示四通道内存模式（见图2-19）。

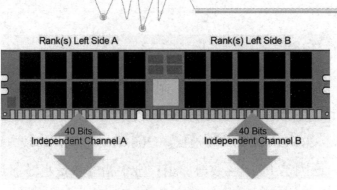

图 4-15　影驰金属大师 DDR5-5200 内存条

DDR5 内存和 DDR4 内存一样都是 288 线内存，但它们的防呆缺口的位置不同，也就意味着两者在物理方面互不兼容，升级 DDR5 内存必须更换主板。

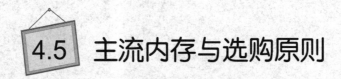

4.5　主流内存与选购原则

- ✓ **知识目标**：了解主流内存品牌；理解内存带宽，并掌握内存带宽的计算方法。
- ✓ **能力目标**：了解内存市场，并掌握内存的性能指标和定位；理解内存的应用需求，并结合预算情况合理配置 CPU、主板和内存。

4.5.1　主流内存介绍

当前的主流内存产品仍然是 DDR4 内存条，最常见的频率是 3200MHz，最高频率是 5333MHz。市场上 DDR5 内存的占有率还不高，但在不久的将来，DDR5 内存将会取代 DDR4 内存，成为新一代主流内存。

1. 影驰 HOF DDR4-4000 内存条

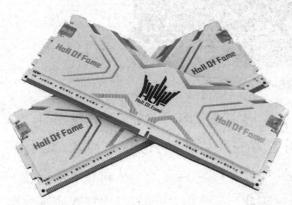

图 4-16　影驰 HOF DDR4-4000 内存条

影驰 HOF DDR4-4000 内存条（见图 4-16）的散热片非常有特色，银色条纹，采用批花工艺制作的文字与 LOGO，再经过电泳工艺进行磨砂处理，外观更加酷炫，也更有金属质感，此外，采用 10 层 PCB 设计，顶部是白色 LED 的灯管，可以实现影驰 HOF 特色的匀光效果；并采用了特挑高体质 DRAM 颗粒，同时全系列 100% 采用三星原厂颗粒与 3 倍压力测试，保证出厂稳定性。

内存散热片的整体高度比普通内存条略

高，这可能与大型风冷塔式散热器冲突。这款内存条的频率可以达到 4000MHz，时序为 CL 19-25-25-45，工作电压为 1.4V，由于频率超高，因此时序与工作电压都被拉高了。

影驰是中国香港 GALAXY Technology（嘉威科技）公司的主打产品，取"极速、强劲"之意，彰显产品优秀的品质与决胜市场的信念。1999 年，嘉威科技公司携手 NVIDIA 一起拓展计算机显卡市场，正式成为 NVIDIA 的 AIC（亲密合作伙伴）客户。基于雄厚的经济实力和长远的发展规划，凭借扎实的工程研发能力，嘉威科技公司将研发中心和制造工厂设立于中国内地，成为行业内中高端显卡的制造商之一。影驰品牌旗下还有固态硬盘、电源、平板电脑、手机、移动电源、电视盒等产品，2015 年进军内存市场后获得市场认可。

2. 威刚 XPG 威龙 DDR5 5200

威刚 XPG 威龙 DDR5 5200 内存条的运行频率高达 5200MHz，一举突破 DDR4 内存的频率瓶颈；内建电源管理芯片与 ECC 等技术让威刚 XPG 威龙 DDR5 5200 内存条可以更快、更稳定地运行。

威刚 XPG 威龙 DDR5 5200 内存条（见图 4-17）采用 XPG 经典风格散热马甲片，散热马甲整体厚度达到 1.95mm，散热性能出众。威刚 XPG 威龙 DDR5 内存条是专门为电竞玩家与超频玩家所设计的，并且支持最新的 Intel XMP 3.0 自动超频功能，无须在 BIOS 中进行烦琐的电压与速度设定，一键加载设定，即可轻松超频。

图 4-17　威刚 XPG 威龙 DDR5 5200 内存条

威刚科技（ADATA）公司设立于 2001 年 5 月，创办人陈立白先生担任董事长兼执行长职务。陈立白先生创立威刚科技公司之初即怀抱成为"全球记忆体应用产品之领导品牌厂商"的理想，该公司初期以内存模组为主要产品线，随后着眼于闪存的应用推广，投入闪存产品开发。

威刚科技公司深知专业与创新才能创造产品竞争优势。因此，威刚科技公司的产品从工业设计、原料采购到生产制程、品质检验都通过威刚科技公司专业人员最严密的执行与检验；威刚科技公司以不断创新的精神努力开发差异化的优质产品，并荣获"精品奖国家产品形象奖"和"CES 产品创新奖"等诸多国内外奖项。经过 20 年的发展，威刚科技公司取得"亚洲第一大记忆体模组厂"、"中国台湾地区科技 100 强第三名"和"2006 年中国台湾第十四大国际品牌"等卓越成果，在存储器行业写下了一页传奇与经营典范。

4.5.2 内存选购原则

1．容量大小

一般来讲，内存的容量需求是根据用户的软件环境来决定的。

① 操作系统决定基础内存容量，以 Windows 10 系统为例，应配备至少 2GB 的内存。

② 另外，要看用户常用的软件中对内存要求最高的软件类型，如 3D 游戏《CS:GO》的玩家就可以在其官网上查看配置表，如图 4-18 所示，用户可以根据配置表选择是升级配置还是放弃该游戏。

	基本配置	流畅配置	高级配置	超高配置
操作系统	Windows® 7/8/10/Vista/XP			
CPU	英特尔® 酷睿™2 双核E6600或AMD弈龙™ X3 8750 处理器或更好	英特尔酷睿i3-7350k	英特尔酷睿i7-7700K	英特尔酷睿i9-7900x
内存	2 GB RAM	4 GB RAM	8 GB RAM	16 GB RAM或更高
图形	显卡至少为256MB或更高，兼容DirectX 9并支持像素着色器3.0	推荐GTX 1050 Ti或者同等级NVIDIA显卡	推荐GTX 1060 或者同等级NVIDIA显卡	推荐GTX 1080或者更高级别NVIDIA显卡
DirectX	9.0c			
存储空间	需要 15 GB 可用空间			

图 4-18　3D 游戏《CS:GO》的配置要求

2．速度或带宽

内存的带宽是容易被忽视的一个方面，当 CPU 的带宽和内存的带宽不匹配时会严重影响系统性能的正常发挥。所以，在选购内存之前要对有意向的 CPU、主板、显卡的带宽有准确的了解，避免内存瓶颈的出现。

3．品牌

目前，不同品牌的内存产品在品质和价格上都存在一定的差异，所以用户可以根据自身定位和使用需求来选择内存产品。常见内存品牌如图 4-19 所示。

| 英睿达 影驰 阿斯加特 科赋 海盗船 瑞势 芝奇 金泰克 金邦科技 特科芯 金士顿 威刚 宇瞻 三星 光威 现代 创见 十铨科技 |
| 博帝 PNY 国惠 惠普 昱联 金百达 七彩虹 海力士 玖合 美商海盗船 雷克沙 联想 酷兽 铭瑄 协德 Acer宏碁 记忆科技 铨兴 |

图 4-19　常见内存品牌

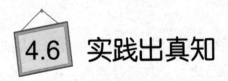

4.6　实践出真知

实训任务 1：清除 CMOS 信息

准备工作：一台计算机（预先设置好开机密码），十字螺丝刀，消除静电，切断电源。

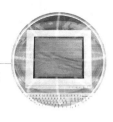

操作流程：

方法1：消除静电，切断电源，用十字螺丝刀拆卸机箱左侧面板；在主板上找到CMOS电池，用手或镊子将电池底座卡销向外侧按压，取下CMOS电池，如图4-20所示，用十字螺丝刀对电池底座正负极进行短路操作，3～5秒后完成放电操作，将电池重新安装到位；通电并开机测试，如果开机无密码提示，即可关机、切断电源，并安装机箱左侧面板。

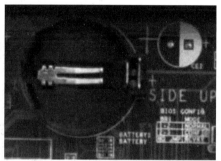

图 4-20　拆卸电池

方法2：在拆卸机箱左侧面板后，在主板上找到"CLR_CMOS"（清CMOS）跳线，如图4-21所示，用十字螺丝刀或跳线帽进行清CMOS操作，清除完成后把跳线还原至初始状态，然后安装机箱左侧面板即可。

> **注意**："CLR_CMOS"（清CMOS）跳线有两种形式，两针跳线或三针跳线。前者用十字螺丝刀短路一下两个针脚即可；后者把默认位置（如1～2针）上的跳线帽取下来扣在第二状态（如2～3针）上就行。（需先还原至初始状态再安装机箱左侧面板。）

图 4-21　"CLR_CMOS"（清CMOS）跳线

进阶思考：CMOS是存放诸如开机密码、启动顺序等用户通过BIOS设定的用户信息的存储器，是一个容量很小的随机存储器。所以，当出现忘记开机密码的情况时，我们的思路就是让计算机也和我们一样"失忆"。计算机存放"记忆"的地方当然就是存储器，这里就是单指CMOS，而它的本质是随机存储器，所以可以用拔出供电电池的方法来实现计算机的"失忆"。那么，这个操作会不会破坏用户数据呢？

实训任务2：拆卸和安装内存条

准备工作：一台计算机，十字螺丝刀，消除静电，切断电源。

操作流程：

（1）拆卸内存条：打开机箱左侧面板，找到内存条并观察内存条安装情况，双手大拇指同时向外侧掰开内存卡扣（约60°角），待内存条自动弹出后，取下内存条观察其芯片、金手指、防呆缺口位置等。

（2）安装内存条：确认内存卡扣向外侧打开，将内存条按正确方向（观察防呆缺口位置）放置在内存插槽内，双手拇指同时用力垂直按压内存条，待内存插槽卡扣自动复位即可，如图 4-22 所示。

图 4-22　安装内存条时卡扣（卡榫）的状态

友情提示：近两年主流主板流行单边卡扣内存插槽，操作方法大同小异，如图 4-23 所示。

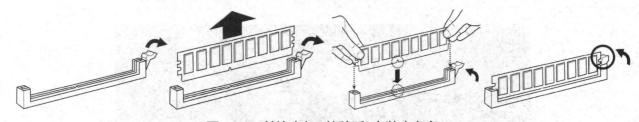

图 4-23　单边卡扣时拆卸和安装内存条

思政驿站　实训操作需要先对操作规范理解到位，然后按照实训指导做好各项准备工作，最后在上述基础之上仔细观察和大胆地动手操作，这就是掌握知识和技能的基本过程。党和国家也是如此，面对方方面面的困难与压力，党和政府都起到了带头和核心作用。一方面要保障社会的安定团结，另一方面要努力在科研、经济、教育、医疗、军事等各个领域不断尝试和突破，才让我国在世界上的话语权与影响力不断提升。

习题 4

1. 在计算机中，内存的主要作用是什么？

2. 内存的主要性能指标有哪些？

3. 目前，常用的内存条接口有哪些类型？

4. 简述内存的选购原则。

5. ROM 在计算机硬件系统中的应用是什么？

6. 静态随机存取存储器在计算机硬件系统中用于哪里？

7. 动态随机存取存储器有什么特点？计算机硬件系统中的什么属于动态随机存取存储器？

8. 选用多大内存容量应考虑的因素有哪些？

9. 运行 CPU-Z，检测所用计算机内存的容量及通道数。

10. 运行鲁大师，检测所用计算机内存的品牌及容量。

11. 上网查阅资料，了解不同版本的 Windows 系统（如 Windows 10 或 Windows 7 等）在内存支持方面的差异。

第章

外存储器

知识要点

🔑 硬盘的结构和分类。

🔑 硬盘的性能指标和工作原理。

🔑 硬盘厂商及其代表产品。

🔑 移动存储器。

🔑 固态硬盘。

内容摘要

　　掌握硬盘的主要性能指标及工作原理、采用不同类型接口的固态硬盘的速度差异，以及移动存储器的分类和工作原理。

　　外存储器的种类较多，常见的外存储器有硬盘、固态硬盘、U 盘、移动硬盘等。硬盘是其中历史悠久、容量最大、性价比最高的一种外存储器。因为硬盘具有复杂的机械构造，所以其也被叫作机械硬盘。

　　硬盘驱动器（Hard Disk Driver，HDD）简称硬盘，是一种速度快、容量大的外部存储设备，由一个或多个金属碟片组成，被密封、固定在腔体中。硬盘是计算机主要的存储媒介之一，硬盘中的数据在断电后不会丢失。硬盘的外部结构和内部结构如图 5-1 所示。在计算机的存储设备中，硬盘是使用率最高、最主要的存储介质，它担负着与内存交换数据的任务。另外，无论是操作系统、应用软件还是用户数据，都是安装和存放在硬盘上的，硬盘相当于计算机存放数

据的仓库。因此，如果没有硬盘，则计算机几乎什么都做不了。

图 5-1　硬盘的外部结构和内部结构

5.1　硬盘的结构和分类

✓ 知识目标：掌握硬盘的内部结构；了解硬盘的分类。

✓ 能力目标：理解硬盘的构造特性；理解硬盘结构与 CPU、主板、内存的本质区别。

5.1.1　硬盘的结构

在了解硬盘的性能指标前，需要了解硬盘的内部结构和外部结构。

1．内部结构

硬盘是计算机中容量最大的外存储器，其内部结构比较复杂，如图 5-2 所示。

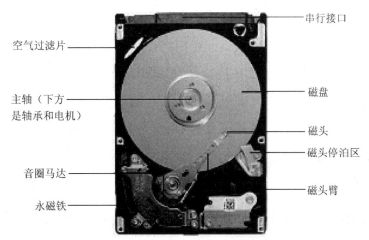

图 5-2　硬盘的内部结构

通常将磁性物质附着在金属盘片上，并将盘片安装到主轴电机上，当硬盘开始工作时，主轴电机将带动盘片一起转动，盘片表面悬浮的磁头在电路和磁头臂的控制下进行移动，并将指定位置的数据读取出来，或者将数据存储在指定的位置上。

2．外部结构

硬盘的外部结构比较简单，其正面一般记录了硬盘的相关信息，背面是集成主控芯片的PCB板，后侧则是硬盘的电源接口和数据接口，如图5-3（左）所示。

硬盘正面贴有产品标签，主要包括厂商信息和产品信息，如商标、型号、序列号、生产日期、容量、参数和主从设置方法等，如图5-3（右）所示，这些信息是正确使用硬盘的基本说明。

图5-3　硬盘的电源接口和数据接口及产品标签

5.1.2　硬盘的分类

1．按照物理尺寸分类

硬盘产品按照内部盘片直径大小可以分为5.25英寸、3.5英寸、2.5英寸、1.8英寸、1英寸等硬盘，目前市场上用于个人计算机的是3.5英寸硬盘。

2．按照接口类型分类

按照接口类型，硬盘可以分为IDE接口硬盘、SCSI接口硬盘、SATA接口硬盘这3种。IDE接口硬盘被应用于早期的个人计算机中；SCSI接口硬盘主要被应用于服务器中；SATA接口硬盘是新的硬盘类型，在个人计算机领域中已经替代了IDE接口硬盘的地位。在硬盘的发展过程，其内部构造、工作原理没有变化，变化的是其接口部分。

1）IDE接口硬盘

IDE（Integrated Drive Electronics，电子集成驱动器）接口技术从诞生之日起就在不断发展，性能也在不断提高，并且其拥有价格低廉、兼容性强的特点，由此获得了其他类型硬盘无法替代的地位。

IDE 是较早出现的硬盘接口类型（此前还有过 ST506 接口），如图 5-4 所示，这种类型的接口随着接口技术的发展已经被淘汰了，而其后发展出的更多类型的硬盘接口（如 ATA、Ultra ATA、DMA、Ultra DMA 等接口）都是在早期 IDE 接口的基础上升级得来的。

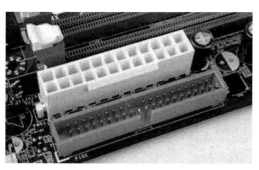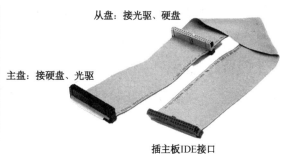

从盘：接光驱、硬盘
主盘：接硬盘、光驱
插主板IDE接口

图 5-4   IDE 接口

ATA 其实是 IDE 设备的接口标准，硬盘、光驱使用的都是 ATA 接口。IDE 接口硬盘和光驱用 40 线或 80 线排线连接到主板，它们是以并行（一次传送 16 位数据）的方式进行数据传输的，所以也把这类 IDE 设备称为并行 ATA 设备，其最大数据传输率为 133MB/s。

2）SCSI 接口硬盘

SCSI（Small Computer System Interface，小型计算机系统接口）是与 IDE 接口完全不同的接口。IDE 接口是普通 PC 的标准接口，但 SCSI 接口不是专门为硬盘设计的接口，而是一种广泛应用于小型机上的高速数据传输接口。SCSI 接口具有应用范围广、任务多、带宽大、CPU 占用率低及支持热插拔等优点，但较高的价格使 SCSI 接口硬盘很难如 IDE 接口硬盘那样普及，因此 SCSI 接口硬盘主要应用于中高端服务器和高档工作站中。图 5-5 所示为 SCSI 接口。

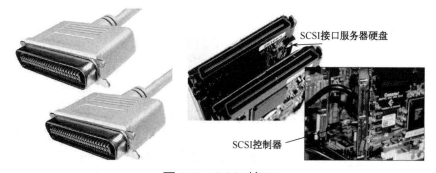

SCSI接口服务器硬盘
SCSI控制器

图 5-5   SCSI 接口

3）SATA 接口硬盘

使用 SATA（Serial ATA，串行 ATA）接口的硬盘又称串口硬盘，目前被广泛应用于 PC 中。

SATA 接口采用串行连接方式，使用嵌入式时钟信号，具备更强的纠错能力。与以往的硬盘接口相比，其最大的特点是具有数据传输可靠、结构简单、支持热插拔等优点。

相对于并行 ATA 接口来说，串行 ATA 接口具有非常多的优势。首先，SATA 接口以连续串行的方式传送数据，一次只会传送 1 位数据，这样能减少 SATA 接口的针脚数目，使连接电缆的数目变少，效率也会更高。实际上，SATA 接口仅用 4 支针脚就能完成所有的工作，这 4 支针脚分别用于连接电缆、连接地线、发送数据和接收数据，同时这样的架构还能降低系统能耗和系统复杂性。其次，SATA 接口的起点更高，发展潜力更大。例如，SATA 1.0 接口的数据传输率可达 150MB/s，比并行 ATA（即 ATA 133）接口所能达到的最大数据传输率（133MB/s）还大；SATA 2.0 接口的数据传输率可以达到 300MB/s；目前 SATA 3.0 接口可以实现 600MB/s 的最大数据传输率，SATA 3.0 接口硬盘已是市场上的主流产品。图 5-6 所示为 SATA 接口及供电线缆。

图 5-6　SATA 接口及供电线缆

5.2　硬盘的性能指标和工作原理

✓　**知识目标**：掌握硬盘的各项性能指标，以及硬盘的数据存取机制。

✓　**能力目标**：理解磁头悬浮工作的必要性；分析进一步提高主轴电机转速的可行性。

5.2.1　硬盘的主要性能指标

硬盘的性能指标（或称性能参数）决定了整块硬盘所具备的功能及性能的高低。在选购硬盘的过程中，需要对硬盘的性能指标有所了解。

1. 容量

容量（Volume）是绝大多数用户比较关注的性能指标。硬盘的容量以 GB 和 TB 为单位，早期的硬盘容量小，以 MB（兆字节）为单位。早期的硬盘如图 5-7 所示。

1956 年 9 月，IBM 公司制造的世界上第一块硬盘的容量只有 5MB，而现在，具有数 TB 容量的硬盘也已普及到个人计算机。目前常见的硬盘容量有 1TB、2TB、3TB、4TB，随着硬盘技术的发展，具有更大容量的硬盘将不断推出。硬盘作为计算机系统的数据存储器，容量是硬盘最主要的参数之一，容量越大越好。硬盘厂商在标称硬盘容量时通常取 1GB=1000MB，因此，在 BIOS 中或在格式化硬盘时看到的容量会比硬盘厂商标称的容量值小。

图 5-7　早期的硬盘

2．转速

转速（Rotational Speed 或 Spindle Speed）是指硬盘盘片每分钟转动的圈数，单位为 rpm，有时也用 r/min 表示，转速是决定硬盘内部数据传输率的决定性因素之一，也是区分硬盘档次的主要标志。转速是硬盘内主轴电机的旋转速度，也就是硬盘盘片在一分钟内所达到的最大转数。硬盘的转速越快，其寻找文件的速度也就越快，相应地，硬盘的数据传输率也会得到提高。

从 IDE 接口硬盘到 SCSI 接口硬盘，硬盘的转速经历了 2400rpm、3600rpm、4500rpm、5400rpm、7200rpm 的过程。目前，主流硬盘的转速为 7200rpm，更高的转速会带来发热量高、抗震性下降等问题，所以很少有硬盘采用更高的转速。

3．数据传输率

1）内部传输率

内部传输率（Internal Transfer Rate）也称持续传输率（Sustained Transfer Rate），是指磁介质（磁盘）到硬盘缓存间的最大数据传输率。内部传输率（单位为 MB/s）主要依赖于硬盘的旋转速度。

2）外部传输率

外部传输率（External Transfer Rate）也称突发数据传输率（Burst Data Transfer Rate）或接口数据传输率，它标称的是系统总线与硬盘缓存之间的数据传输率。外部传输率（单位为 MB/s）与硬盘接口类型和硬盘缓存的大小有关。

4．平均访问时间

平均访问时间（Average Access Time）是指磁头从起始位置到达目标磁道位置且从目标磁道上找到要读/写的数据扇区所需要的时间。

平均访问时间体现了硬盘的读/写速度，它包括硬盘的寻道时间和等待时间，即平均访问时间=平均寻道时间+平均等待时间，单位为毫秒（ms）。

硬盘的平均寻道时间（Average Seek Time）是指硬盘的磁头移动到盘面指定磁道所需要的时间，这个时间越小越好。目前，硬盘的平均寻道时间通常为8～12ms。

硬盘的等待时间又称潜伏期（Latency），是指磁头已处于要访问的磁道，等待所要访问的扇区旋转至磁头下方的时间。平均等待时间为盘片旋转一周所需时间的1/2，一般应在4ms以下。

5. 缓存

缓存（Cache Memory）是硬盘控制器上的一块内存芯片，它具有极快的数据存取速度，是硬盘内部存储（盘片）和外界接口之间的缓冲器。

高速缓存（单位为KB、MB）是硬盘与外部总线交换数据的场所，当磁头从硬盘盘片上将磁记录转换为电信号时，硬盘会临时将数据保存到数据缓存内，当数据缓存内的暂存数据传输完成后，硬盘会清空缓存，然后进行下一次的填充与清空。目前，主流硬盘的高速缓存有32MB、64MB、128MB、256MB等规格。

6. 单碟容量

单碟容量是指硬盘单个盘片的存储容量，由单位记录密度（每平方英寸）决定，提高单碟容量可以缩短寻道时间和等待时间，并极大地降低硬盘的成本。单碟容量提高可以降低成本、缩短平均访问时间、简化内部结构、提高可靠性等。

7. 磁头数

磁头（Head）的作用是读取或修改盘片上磁性物质的状态，一般来说，每个磁面都会有一个磁头，从最上面开始，从0开始编号。磁头在工作时呈飞行状态，但在停止工作时，磁头与磁盘是接触的，磁头在盘片的着陆区接触式启停。着陆区不存放任何数据，磁头在该区域启停，不存在损伤任何数据的问题。在读取数据时，盘片高速旋转，由于对磁头运动采取了精巧的空气动力学设计，磁头处于与盘面数据区保持一定高度的"飞行状态"，既不与盘面接触造成磨损，又能可靠地读取数据。硬盘的磁头数与硬盘体内的盘片数有关。由于每个盘片均有两个磁面，每个磁面都应有一个磁头，因此，磁头数一般为盘片数的两倍。

8. 柱面

硬盘通常由重叠的一组盘片（1～5片）构成，每个盘片的磁面都被划分为数目相等的磁道，并从外道向内道由"0"开始编号，具有相同编号的磁道形成一个圆柱，称为硬盘的柱面。

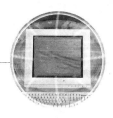

9. 每磁道的扇区数

把划分好的磁道沿径向划分为多个扇形存储区域，这样的扇形存储区域就是扇区（Sector），每个扇区可以存放的数据量为 0～512B。格式化后，硬盘的容量由 3 个参数决定，即硬盘容量＝磁头数×柱面数×扇区数×512B。

10. 交错因子

交错因子就是每两个连续逻辑扇区之间所间隔的物理扇区数。交错因子是在对硬盘进行低级格式化时需要给定的一个主要参数，取值范围为 1∶1～5∶1，具体数值视硬盘类型而定。交错因子对硬盘的数据存取速度有很大影响。

11. MTBF

MTBF 即连续无故障工作时间，它是指硬盘从开始使用到第一次出现故障的最长时间，单位是小时。该指标关系到硬盘的使用寿命，一般硬盘的 MTBF 至少为 30 000 小时～40 000 小时。如果硬盘按每天工作 10 小时计算，则其寿命至少是 8 年。

12. NCQ 技术

NCQ（Native Command Queuing，全速命令排队）技术是一种硬盘内部优化工作负荷执行顺序的技术，它通过对内部队列中的命令进行重新排序来实现智能数据管理，改善硬盘因机械部件而受到的各种性能制约。该技术从 SATA 2.0 接口硬盘开始使用。

思政驿站　消费市场的硬盘的转速在提高到 7200rpm 以后始终停滞不前，这使得硬盘的数据读/写速度得不到有效提升。我们国家的经济增长连续多年保持 7%以上，已经是世界超一流的水平了。不盲目追求更高、更快的发展速度，是因为发展过程中还要考虑"求稳"。党和政府深知稳健的发展才是有效的发展，在发展过程中不断发现问题、修补不足，在发展过程中保障和改善民生，提高人民群众的获得感、幸福感、自豪感。硬盘也一样，转速不能继续提升了，否则容易发生故障，得不偿失。

5.2.2　硬盘的工作原理

1. 数据存放机制

为了读/写数据方便，在硬盘的盘片上划分了很多存储单元，具体划分如图 5-8 所示。首先在盘片上划出多个同心圆，也就是磁道，编号从外向里，最外面的磁道为 0 磁道。之后是沿直径方向划出多个扇形区域，也就是所谓的扇区，从 1 开始编号，每个扇区最多可以存放 512B 数据。

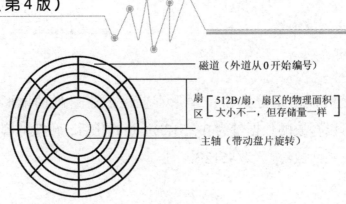

图 5-8　硬盘盘片数据区划分示意图

还需要说明的是，每个盘片都有正反两个磁面，磁面数为盘片数的两倍，磁面的编号也是从 0 开始的，如 0 磁面 0 磁道 1 扇区。

2. 硬盘的寻道过程

现在的硬盘，无论是 IDE 接口硬盘还是 SATA 接口硬盘，采用的都是温彻斯特（Winchester）技术。磁头、磁盘及运动机构是密封在硬盘体内的。在为硬盘加电后，主轴电机高速旋转（7200rpm），磁头在音圈马达、永磁铁和控制电路的共同作用下从磁头着陆区（磁头启停区）移出并进入磁盘表面。可以使磁头沿磁盘表面做径向运动，这就是人们常说的寻道。需要强调的是，磁头在强大气流的作用下（空气动力学原理）并不与磁盘表面相接触，而是悬浮在磁盘表面的上方，也就是处于一种"飞行状态"，其飞行高度为 0.1~0.3μm。

磁头工作时不直接与盘片接触，所以磁头精度高，检测磁道能力强。盘片的表面光滑平整，并且涂有磁性材料，而一粒灰尘就足以造成严重损坏，所以硬盘内部要求非常洁净。而在硬盘工作过程中，对机箱的移动或磕碰所带来的震动都会使磁头与盘片相接触，导致出现大量坏磁道，造成数据丢失。

3. 定位到扇区

前面说到想要找到数据就要把磁头定位到指定的磁面、磁道、扇区，磁道的选取是靠磁头臂的动作来实现的。而扇区的选取过程则非常简单，在寻道结束后，盘片在主轴电机的带动下旋转，目标扇区会自动旋转到磁头的下方，此时由控制电路发出读取或写入的指令来分别完成读或写操作。

5.3　硬盘厂商及其代表产品

✓ **知识目标**：了解主流存储设备市场。

✓ **能力目标**：正确识别硬盘的品牌及主要参数。

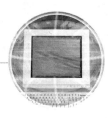

5.3.1 希捷

希捷（Seagate）公司成立于 1979 年，该公司的总部位于美国加利福尼亚州斯科茨谷市，是全球最大的硬盘、磁盘和读/写磁头制造商，希捷公司在硬盘设计、制造和销售领域居全球领先地位。希捷 Barracuda 2000GB（7200 rpm）是希捷公司众多产品中的一员，它采用 SATA 3.0 接口，数据传输率达到 6GB/s，平均寻道时间只有 9ms，内部为两片装，单碟容量达到 1TB，并且提供高达 64MB 的缓存，是目前市场上的主流硬盘产品。

5.3.2 西部数据公司

西部数据公司（Western Digital Corporation）是全球知名的硬盘厂商，成立于 1970 年，目前该公司的总部位于美国加利福尼亚州。长期以来，西部数据公司一直致力于为全球个人计算机用户提供完善的存储解决方案，而作为全球存储器行业内的先驱及长期领导者，西部数据公司在为用户收集、管理与使用数字信息的组织方面不仅具有丰富的服务经验，还具有良好的口碑。WD Caviar Black 1TB 7200 转 64MB SATA3（WD1002FAEX）是一块入门级硬盘，数据传输率为 6GB/s，单碟容量达到 512GB，内部为两片装，提供 64MB 的缓存。

5.4 移动存储器

✓ 知识目标：掌握移动存储设备的特性；理解移动存储设备的使用要点。

✓ 能力目标：熟练使用各类移动存储设备；熟悉新型移动存储设备的特性与应用。

5.4.1 闪盘（U 盘）

早期，人们用软盘实现数据的异地传输，但是因为它的数据读/写速度慢（几十 KB 每秒）、可靠性差、容量小（1.44MB）、相对价格高，所以被闪盘取代。

闪盘也称 U 盘，采用 USB 接口，可热插拔。1998 年闪盘面市时采用 USB 1.0 接口，容量为 16MB，是当时主流移动存储器（软盘）容量的 11 倍。随着技术的发展，闪盘的容量不断提升，数据读/写速度快，保存时间长（达 10 年之久），可重复擦写 100 万次以上，耐高低温，不怕潮，体积小，重量轻，便于携带，特别适用于 PC 之间较大容量文件的转移存储。采用 USB 3.0 接口的闪盘的外观如图 5-9 所示。

图 5-9 采用 USB 3.0 接口的闪盘的外观

5.4.2 移动硬盘

移动硬盘（Mobile Hard Disk）是强调便携性和大容量的存储设备，方便实现计算机之间交换大容量数据。移动硬盘多采用 USB 接口，有 1.8 英寸、2.5 英寸、3.5 英寸等规格，目前主流产品的容量已经达到 500GB 和 1TB，而采用 USB 3.0 接口的移动硬盘的实际数据传输率达到了 30MB/s 以上。西部数据公司生产的移动硬盘的外观如图 5-10 所示。

图 5-10　西部数据公司生产的移动硬盘的外观

5.4.3 使用移动存储设备的注意事项

1. 确保供电充足

供电不足是很多移动硬盘不被识别的主要原因，当供电不足时，还会使硬盘读/写性能降低、出现数据坏点等。在使用移动硬盘前要保证接口能提供足够的电量（好的主机电源和主板），通常高版本的 USB 接口的供电更充足，应优先试用。长期供电不稳定或不足，容易造成移动硬盘坏道。

2. 移动硬盘分区不宜过多

移动硬盘分区的数量最好是 2～3 个，不宜过多，否则在启动移动硬盘时将会增加系统检索和等待的时间。使用 Full Speed USB 2.0（以前称 USB 1.1）传输接口的用户更应注意这个问题，否则将浪费掉许多宝贵的时间。

3. 不要混用供电线缆

由于移动硬盘的供电线缆存在专用现象，供电线缆接口电压可能有所不同，因此如果混用供电线缆，则容易造成不良后果。

4. 避免 USB 接口松动

在使用移动硬盘前要保证 USB 接口插接到位，另外，有些 USB 接口在使用较长的时间后会变得松动，接触不良的 USB 接口会导致移动硬盘启动不好，严重时会使移动硬盘内部电路板数据紊乱，并且造成移动硬盘不工作。

5. 尽量缩短使用时间

移动硬盘的主要作用应该是数据的搬运，而不是永久保存，其可靠性远不如固态硬盘和普通机械硬盘，所以重要数据要进行多重备份。同时，不建议将移动硬盘插在主机上长期工作，特别是直接在硬盘上读取文件并长时间工作，因为它不是一个本地硬盘，所以应该尽量缩短工作时间。正确的使用方法是：从移动硬盘上读取数据，断开之后在本地硬盘进行工作；或者在本地硬盘上工作后，当要写入数据时才接入移动硬盘进行数据写入，而不是不分状态全天候将移动硬盘插在机器上使用。

6. 使用完之后正常退出

移动硬盘接入计算机后，在系统任务栏的右下角会出现一个即插即用设备，在退出前一定要关闭与移动硬盘有关的所有程序和文件窗口，然后移除移动硬盘，等系统出现提示可安全退出后再拔出移动硬盘。需要注意的是，当受到计算机系统或不良软件的影响，不能有效地移除移动硬盘时，可以停止桌面进程进行退出操作。

7. 严禁碰撞、摔跌和在工作状态下挪动移动硬盘

移动硬盘的盘芯内部结构非常精密，千万注意不要大力碰撞和摔跌移动硬盘，否则，90%会导致移动硬盘报废。同时，在工作状态下不要随意挪动移动硬盘，否则会导致数据线接口松动和引发移动硬盘的盘片出现坏道。

8. 不要频繁地进行磁盘整理

磁盘整理属于对磁盘内部进行"大搬家"的操作，会给磁盘带来较大的负担。频繁地进行磁盘整理不仅会降低移动硬盘的寿命，还会损害移动硬盘。

5.5 固态硬盘

- ✓ **知识目标**：理解固态硬盘的技术特性；掌握各类固态硬盘的优点、缺点和适用场景。
- ✓ **能力目标**：正确识别与使用各类固态硬盘；掌握机械硬盘和固态硬盘的本质区别；掌握各类固态硬盘与主板的配套、兼容问题；掌握各类固态硬盘的安装与拆卸操作。

传统的硬盘和移动硬盘都采用 IBM 公司的温彻斯特技术，其特点是涂有磁性材料的金属盘片在密封的腔体内高速旋转。它们的数据读/写速度在很大程度上取决于硬盘转速的快慢，而 7200rpm 已经是硬盘正常工作的极限转速，所以想要得到更快的数据读/写速度就要另辟蹊径。

固态硬盘（Solid State Disk，SSD）是采用半导体存储技术，用固态电子存储芯片阵列制成的硬盘，由控制单元和存储单元（Flash 芯片）组成。固态硬盘的接口在规范和定义、功能及使用方法上与普通硬盘（SATA 接口硬盘）完全相同，在产品外形和尺寸上也与普通硬盘完全一致。虽然目前固态硬盘的成本较高，但是也正在逐渐普及。新一代的固态硬盘普遍采用 SATA 2.0 接口及 SATA 3.0 接口。固态硬盘的存储介质有 DRAM 和闪存（Flash 芯片）两种。

1. 基于 DRAM 的固态硬盘

基于 DRAM 的固态硬盘采用 DRAM 作为存储介质，目前应用范围较窄。它仿效传统硬盘的设计，可以被绝大部分操作系统的文件系统工具进行卷设置和管理。它是一种高性能的存储器，而且使用寿命很长，美中不足的是它需要独立电源来保护数据安全。基于 DRAM 的固态硬盘属于非主流的设备。

2. 基于闪存的固态硬盘

基于闪存的固态硬盘采用 Flash 芯片作为存储介质，这是通常所说的固态硬盘。这种固态硬盘的数据读/写速度快，不需要单独供电，能适应各种环境，价格也在不断下降，很适合个人用户使用。在多年的发展过程中，固态硬盘的接口也在不断进化革新，像主流的固态硬盘就有 SATA 接口、PCI-E 接口、M.2 接口和 mSATA 接口等。这 4 种常见的接口有什么不同？又适合什么样的平台使用呢？下面一一进行介绍。

（1）SATA 接口：作为目前应用最多的硬盘接口，SATA 3.0 接口最大的优势就是技术成熟。普通 2.5 英寸的固态硬盘及机械硬盘都使用这种接口，理论传输带宽为 6Gbps。相比于机械硬盘的 100MB/s 左右的数据读/写速度，其 500MB/s 左右的数据读/写速度也算是不小的改善了。

2017 年，金士顿公司发布了基于 SATA 接口、面向大众市场的 A400 系列固态硬盘，标称容量分别为 120GB、240GB、480GB。在核心元件上，采用群联 Phison S11 主控芯片，以及东芝原厂 15nm TLC 闪存颗粒。标称容量分别为 120GB、240GB、480GB 的固态硬盘的数据读取速度都是 500MB/s，数据写入速度分别是 320MB/s、350MB/s 和 450MB/s。例如，金士顿 A400 240GB 固态硬盘的外观如图 5-11 所示。

图 5-11　金士顿 A400 240GB 固态硬盘的外观

在传统 SATA 接口硬盘中，当进行数据操作时，会先将数据从硬盘读取到内存，再将数据提取至 CPU 内部进行计算，计算后再反馈给内存，最后写入硬盘；而 PCI-E 接口固态硬盘则不同，数据直接通过 PCI-E 总线与 CPU 直连，省去了 CPU 将硬盘数据调入内存后再调用的过程，传输效率与速度都成倍提升。很显然，PCI-E 接口固态硬盘的数据传输速度会远大于 SATA 接口固态硬盘的数据传输速度。

（2）PCI-E 接口：早期的 PCI-E 接口固态硬盘是为了满足没有 M.2 接口的主板的升级需求的"应急"方案。例如，图 5-12 所示的金士顿 HyperX Predator PCI-E 固态硬盘是众多 PCI-E 接口固态硬盘中的一员，它采用 PCI-E 2.0 ×4 接口，数据读取和写入速度分别达到了 1400MB/s 和 1000MB/s，其性能远超 SATA 接口固态硬盘产品的性能。

目前，在发烧级的主板上又悄然兴起了加装固态硬盘拓展卡的情况。例如，图 5-13 所示的微星 Creator TRX40 主板的固态硬盘拓展卡可以同时加装 4 个支持 PCI-E 4.0 规范的 M.2 接口固态硬盘，可以实现高规格的磁盘阵列。需要注意的是，该卡是占满 16 通道的长卡，因为其每个固态硬盘都支持 PCI-E 4.0 ×4，所以该卡可以让具备 16 个通道的 PCI-E 插槽满负载工作。

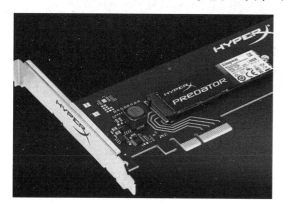

图 5-12　金士顿 HyperX Predator PCI-E 固态硬盘

图 5-13　微星 Creator TRX40 主板的 固态硬盘拓展卡

（3）M.2 接口：M.2 是 Intel 公司推出的一种替代 mSATA 的接口规范。采用 M.2 接口的固态硬盘具有尺寸小巧的特点，其宽度为 22mm，单面厚度为 2.75mm，双面闪存布局的固态硬盘的厚度也仅为 3.85mm。M.2 接口有两种类型：Socket 2（B key—NGFF）和 Socket 3（M key—NVMe）。虽然这两者都是 M.2 接口，但是它们却采用完全不同的通信协议，因此导致两者的性能有很大差别。

采用 Socket 2 规范的 M.2 接口支持 SATA 或 PCI-E ×2 通信协议，其理论数据读/写速度为 600 MB/s 或 700MB/s。

采用 Socket 3 规范的 M.2 接口支持 NVMe 通信协议，通过 PCI-E 总线传输数据。因为其早期支持 PCI-E 3.0 ×4，所以其理论数据读/写速度达到 4000MB/s。随着 PCI-E 4.0 和 PCI-E 5.0 规范的普及，数据读/写速度达到 8000MB/s 的固态硬盘产品也陆续面市。采用 M.2 接口的固态硬盘的规格如表 5-1 所示。

表 5-1　采用 M.2 接口的固态硬盘的规格

类型	接口	通信协议	数据通道（总线）	读速（理论/实际）	写速（实际）
Socket 2	M.2	SATA/PCI-E ×2	SATA 3.0	600MB/s，550MB/s	500MB/s
Socket 3	M.2	NVMe	PCI-E 2.0	2000MB/s，1500MB/s	1300MB/s
			PCI-E 3.0	4000MB/s，3400MB/s	3000MB/s
			PCI-E 4.0	8000MB/s，6000MB/s	5200MB/s

三星 860 EVO 系列固态硬盘定位于消费级市场，可以满足日常生活、办公等应用需求。其在尺寸上采用 2280 标准尺寸（即 22mm×80mm），支持 SATA 传输协议（官方标称最大数据读取速度超过 550MB/s）。三星 860 EVO 250GB 固态硬盘如图 5-14 所示。

图 5-14　三星 860EVO 250GB 固态硬盘

图 5-15 所示的英睿达 P2 1TB 固态硬盘是一款 QLC 固态硬盘，其采用美光原厂的 96 层 3D QLC NAND 闪存，以及群联 PS5013-E13-31 主控芯片，闪存接口的速度为 800MT/s，最高顺序读与写速度分别可达到 2400MB/s 和 2100MB/s。

图 5-15　英睿达 P2 1TB 固态硬盘

群联 PS5013-E13-31 主控芯片内置 SRAM 嵌入缓存，支持 HMB 缓冲技术，可以直接将系统内存作为动态缓存使用，不再需要单独的 DRAM 缓存，并且提供 5 年质保。

AMD 公司的基于 Zen 2 架构的第 3 代锐龙处理器把 PCI-E 4.0 规范带进了消费级平台，随着 Intel 公司第 12 代酷睿处理器的发布，支持 PCI-E 4.0 规范的固态硬盘变成了标配，诸多品牌厂商都发布了支持 PCI-E 4.0 规范的存储方案。例如，图 5-16 所示为惠普 FX900 Pro 固态硬盘。

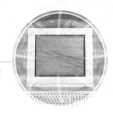

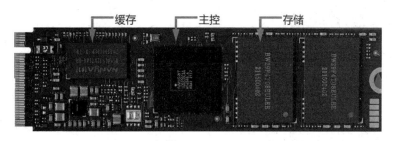

图 5-16　惠普 FX900 Pro 固态硬盘

惠普 FX900 Pro 是一款旗舰级 PCI-E 4.0 固态硬盘。这款旗舰级 PCI-E 4.0 固态硬盘是基于 PCI-E 4.0 规范设计的，官方数据显示，这款固态硬盘的数据读取速率可达 7400MB/s，几乎是 PCI-E 4.0 总线的速度极限（PCI-E 4.0 总线的可用传输带宽大约是 7.5GB/s）。惠普 FX900 Pro 1TB 容量固态硬盘的价格在 1000 元以内，2TB 容量固态硬盘的价格不到 2000 元，性价比较高。

（4）mSATA 接口：早期，为了适应超极本这类超薄设备的使用环境，针对便携式设备开发的 mSATA（mini SATA）接口应运而生。可以把 mSATA 接口看作标准 SATA 接口的 mini 版本，其物理接口与 mini PCI-E 接口一样。

如果想要升级较旧的笔记本电脑，则金士顿 MS200 系列 mSATA 接口固态硬盘是不错的选择，它采用高品质 MLC 闪存芯片，数据读取速度可达 550MB/s，数据写入速度可达 530MB/s，是一款兼顾性能和高耐久度的固态硬盘产品。例如，金士顿 MS200 240GB 固态硬盘如图 5-17 所示。

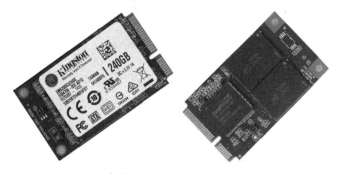

图 5-17　金士顿 MS200 240GB 固态硬盘

如今是 M.2 接口固态硬盘大展宏图的时代，性能落后、外观与尺寸不理想的 SATA 接口固态硬盘或 mSATA 接口固态硬盘逐渐被人们冷落甚至放弃。

5.6　硬件助手

✓ 知识目标：掌握硬盘测试软件的应用方法；理解不同的硬盘测试软件的侧重点。

✓ **能力目标**：熟悉硬盘测试软件的下载、安装、运行；理解机械硬盘和固态硬盘的本质差异；掌握各类固态硬盘的安装与拆卸操作。

1．HD Tune

HD Tune 是一款小巧易用的硬盘检测软件，其主要功能有硬盘传输速率检测、健康状态检测、温度检测，以及磁盘表面扫描、存取时间、CPU 占用率等检测。另外，它还能检测出硬盘的固件版本、序列号、容量、缓存大小及当前的 Ultra DMA 模式等。虽然其他软件也具有这些功能，但是这款软件却把这些功能集于一身，而且非常小巧，速度又快，更重要的是，它是免费软件，可以自由使用。HD Tune 的界面如图 5-18 所示。

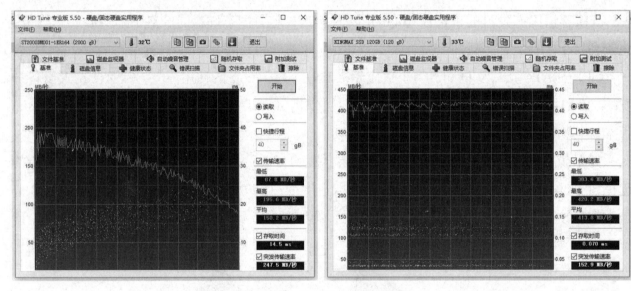

图 5-18　HD Tune 的界面

在该软件的主界面上，首先是基准检测功能，直接单击"基准"选项卡中右侧的"开始"按钮可以马上执行检测操作，该软件将花费一段时间检测硬盘的传输速率、存取时间等，让用户可以直观地判断硬盘的性能。如果用户的系统中安装了多个硬盘，则可以通过该软件主界面左上方的下拉列表进行切换，包括移动硬盘在内的各种硬盘都能够被 HD Tune 检测。用户可以通过 HD Tune 的检测来了解硬盘的实际性能与标称值是否吻合，以及了解各种移动硬盘设备在实际使用中能够达到的最大数据读/写速度。

如果希望进一步了解硬盘的信息，则可以选择"磁盘信息"选项卡，该软件将提供系统中各个硬盘的详细信息，如支持的功能与技术标准等，用户可以通过该选项卡来了解硬盘是否能够支持更高的技术标准，从多方面评估如何提高硬盘的性能。此外，切换到"健康状态"选项卡，可以查阅硬盘内部存储的运作记录，评估硬盘的状态是否正常。用户不必担心不懂得如何了解这些信息，该软件将直观地以状态好坏来告诉用户。如果怀疑硬盘有可能存在安全因素，用户还可以切换到"错误扫描"选项卡，检查硬盘上是否有存取问题。

2．CrystalDiskMark

CrystalDiskMark（简称 CDM）是一款硬盘测试软件，因为传统机械硬盘测试软件的局限性太大（以测试持续传输速度为主），所以为了表现出固态硬盘的随机性能强，必须对测试项目稍做改良（增加 4KB 随机性能测试）。而 CrystalDiskMark 软件针对固态硬盘进行了相应的改良与完善，测试结果更准确，其界面如图 5-19 所示。

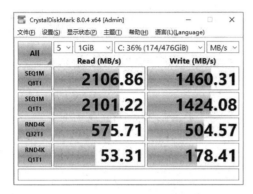

XPG GAMMIX S11L

影驰 HOF EXTREME

图 5-19　CrystalDiskMark 的界面

在使用该软件对固态硬盘进行测试前，由用户设定产生一个测试文件。测试文件越大，数据缓存起到的干扰越小，测试成绩越能反映固态硬盘的真实性能。不过这种操作会影响固态硬盘的耐久度，也就是使用寿命，因此不宜频繁对固态硬盘进行测试。

 5.7　实践出真知

实训任务 1：HD Tune 的下载、安装及使用

准备工作：一台计算机。

工作任务：自行下载并安装硬盘检测软件 HD Tune；运行 HD Tune 对所有硬盘进行检测。

操作流程：下载并安装 HD Tune，运行该软件，在该软件主界面左上方的下拉列表中选择要检测的硬盘，然后在"基准测试"选项卡中单击"开始"按钮执行检测操作，检测对比如图 5-20 所示。

友情提示：（1）在进行检测前尽量关闭所有其他工作任务，在检测期间不进行任何其他操作。

（2）不建议初学者进行其他进阶操作。

拓展思考：（1）观察机械硬盘的速度曲线，思考速度先快后慢的原因是什么。

（2）观察机械硬盘的存取时间分布规律，思考其和速度曲线的关系。

（3）观察固态硬盘的速度曲线，考虑其曲线是起伏大比较好？还是尽量没有起伏比较好？

（4）有兴趣的读者还可以测试U盘等其他外存储器。

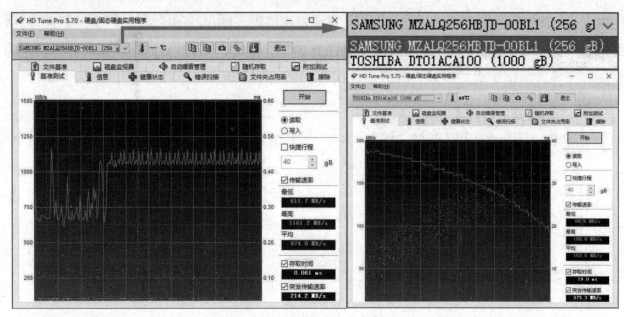

图 5-20　HD Tune 检测对比

实训任务 2：CrystalDiskMark 的下载与安装；测试所有硬盘的性能

准备工作：一台计算机。

操作流程：下载并安装 CrystalDiskMark，运行该软件，在该软件界面右上方的下拉列表中选择要测试的硬盘，然后单击左侧的 All 按钮开始测试，测试对比如图 5-21 所示。

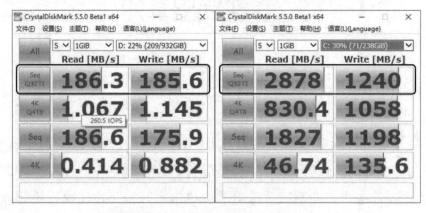

图 5-21　CrystalDiskMark 测试对比

界面介绍：（1）在进行测试前可以自定义测试次数，建议按照默认 5 次测试即可。

（2）在进行测试前可以自定义测试数据大小，建议按照默认 1GB 测试即可。

（3）在进行测试前选择测试盘。

数据解读：初学者只需关心图 5-21 中线框内的数据即可，这些数据表示硬盘的数据读/写速度。

拓展思考：（1）根据自己测试的数据，结合图 5-19 和图 5-21 总结机械硬盘与固态硬盘的性能特征。

（2）对比图 5-18 和图 5-20 中的两款机械硬盘的性能，试分析其性能高度吻合的原因。

实训任务3：掌握硬盘的安装与连线技术；观察机箱内部的走线，并分析走线的合理性

准备工作：一台计算机，十字螺丝刀（带磁性），消除静电，切断电源。

操作流程：

（1）消除静电，切断电源，用十字螺丝刀拆卸机箱两侧的面板，在机箱内找到硬盘，观察硬盘的连线和走线，以及硬盘在机箱内的安装方式。

（2）尝试拔除硬盘电源线（见图 5-6 里的中图），这需要比较用力操作，捏住硬盘数据线的防脱落卡扣拔除数据线（见图 5-6 中的右图），观察电源线和数据线，按照正确方式连接数据线和电源线，反复操作直至熟练。

（3）拔除电源线和数据线，用十字螺丝刀拆卸固定硬盘两侧的螺丝（4 个），取出硬盘观察接口及固定螺丝的位置（轻拿轻放）；尝试通过标签了解硬盘的品牌、容量、转速等主要参数；将硬盘固定到硬盘支架上（可以考虑先连线），连接数据线和电源线，通电测试，关机断电后安装机箱两侧的面板。

在计算机硬件技术的演变过程中，机箱的构造也有诸多的优化。在传统机箱内安装硬盘用硬盘螺丝（主板、硬盘、显卡、电源、侧面板的螺丝都不一样）固定即可，简单、实用。而用户永远都想要更好的体验，机箱厂商也在外观和细节处不断进行着改进。下面以硬盘安装为例做一些介绍。

图 5-22 所示为一款 3.5 英寸规格的可堆叠式硬盘支架及其安装效果，该硬盘支架需要和与其匹配的机箱配套使用。该硬盘支架具有以下优点：

- 不需要螺丝固定，拆卸方便。采用滑轨和卡销结构，推拉即可安装与拆卸。
- 硬盘上架不需要螺丝，对准安装位推入即可。硬盘支架的安装位处有橡胶垫圈保护，抗震效果好。
- 按需配置硬盘支架的数量，升级无障碍。

图 5-23 所示为一款 2.5 英寸规格的 SSD 硬盘支架及其安装效果。该硬盘支架具有以下特点：

- 固态硬盘上架安装需要 4 个螺丝在两侧固定，此处无橡胶垫圈。
- 将装有固态硬盘的硬盘支架直接对准机箱挂架推入下压一下即可。观察图 5-23，考虑好硬盘接口的方向和上架时的方向，对准安装位推入即可。挂架有橡胶垫圈保护，避免产生共振或使噪声加剧。

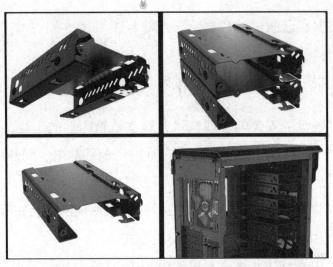

图 5-22　3.5 英寸规格的可堆叠式硬盘支架及其安装效果

图 5-23　2.5 英寸规格的 SSD 硬盘支架及其安装效果

图 5-24 所示为 M.2 接口固态硬盘插座及规格，只需将 M.2（Socket 3）接口固态硬盘的缺口对应插座防呆凹槽插入即可。M.2 接口固态硬盘的固定方式通常有螺钉固定和卡扣固定，如图 5-25 所示，卡扣通常是塑料材质，时间长了容易老化，不易安装与拆卸。

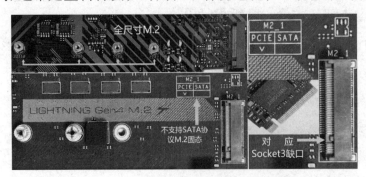

图 5-24　M.2 接口固态硬盘插座及规格

图 5-25　螺钉固定和卡扣固定

总结思考：（1）计算机硬件操作切记先消除自身静电再切断电源，保证设备与人员安全。

（2）多数操作不需要用力，基本可以通过观察和操作提示就能完成操作。

（3）个别操作需要比较用力才能完成，如拔除硬盘电源线、拔除主板供电线缆等。

（4）主板都有配套说明书，一般用户的问题都可以得到解答。

（5）主板 PCB 板上有简易说明，要养成阅读 PCB 板的习惯。

（6）通过严谨的实训过程培养阅读说明、观察思考、小心尝试的习惯。

习题 5

1. 温氏硬盘（机械硬盘）的主要性能指标有哪些？

2. 机械硬盘的内部结构由哪几部分组成？

3. 机械硬盘的外部结构由哪几部分组成？

4. 机械硬盘是如何工作的？

5. 固态硬盘和传统机械硬盘相比有哪些特性？

6. 固态硬盘的存储介质有哪几种？

7. 固态硬盘的接口在不断进化革新，目前固态硬盘有哪几种接口？

8. 机械硬盘工作过程中最忌讳什么？

9. 机械硬盘速度慢的原因是什么？

10. 固态硬盘的数据读/写速度比机械硬盘的数据读/写速度快的原因是什么？

11. 机械硬盘和固态硬盘有什么区别？两者应如何选购？

12. 上网了解各种硬盘的行情，做出自己选用硬盘的方案并说明原因。

13. 运行 HD Tune，检测所用计算机硬盘的数据读/写速度。

14. 在所用计算机上运行 HD Tune，检测采用不同 USB 规范的存储设备的数据读取速度，并分析原因。

第 6 章
显卡和显示器

知识要点

- 显卡的结构和分类。
- 显卡的性能指标。
- 显卡的选购。
- 主流显示芯片及显卡代表产品。
- 显示器。

内容摘要

　　本章将主要介绍显卡的结构、分类和主要性能指标，主流显示芯片及显卡代表产品，以及显示器的分类、工作原理及主要技术指标等。从早期只能显示文字、数字，到现在可以显示多姿多彩的三维画面，显卡和显示设备的迅速发展让用户的视觉享受得到了质的飞跃。了解当前的一些主流产品和选购方法非常重要。

　　显示接口卡（Video Card 或 Graphics Card）又称显示适配器（Video Adapter），简称显卡。在 Pentium MMX 处理器出现之前，显卡的主要用途是将计算机系统所需的显示信息进行转换（将数字信号转换为模拟信号，即 D/A 转换），并向显示器提供扫描信号，控制显示器的正确显示。随着各种 3D 应用的出现和普及，CPU 的负担日益加重，为了提高系统的整体性能，NVIDIA 公司提出了 GPU（Graphic Processing Unit，图形处理器）的概念，首款产品代号为 GeForce 256。GPU 使显卡减少了对 CPU 的依赖，并完成部分原本 CPU 的工作，尤其是在处理 3D 图形时。GPU 所采用的核心技术有硬件 T&L（几何转换和光照处理）、立方环境材质贴

图和顶点混合、纹理压缩和凹凸映射贴图、双重纹理四像素 256 位渲染引擎等，其中的硬件 T&L 技术可以说是 GPU 的标志。GPU 主要由 NVIDIA 与 AMD 这两家公司生产。

6.1 显卡的结构和分类

- ✓ 知识目标：了解显卡的各个组成部分；掌握显卡的分类方法。
- ✓ 能力目标：理解集成显卡、独立显卡的性能优点与缺点；了解显卡的接口类型。

6.1.1 显卡的结构

显卡主要由显示芯片（GPU）、显存、HDMI 接口、DP 接口、PCI-E 接口等关键部件和一些电子元件、散热装置组成，如图 6-1 所示。

图 6-1 显卡的结构

1. 显示芯片

显示芯片也叫图形处理芯片，也就是常说的 GPU，它是显卡的"大脑"，负责绝大部分的计算工作。在整个显卡中，GPU 负责处理由计算机发来的数据，最终将产生的结果显示在显示器上。一块显卡采用何种显示芯片，就大致决定了该显卡的市场定位和基本性能。现在市场上的显卡大多采用 NVIDIA 和 AMD（ATI）两家公司的显示芯片，如 NVIDIA GeForce RTX 3090 Ti、AMD Radeon RX 6800 XT 等就是显卡显示芯片的名称。

显示芯片是显卡的核心部件，它的性能优劣决定了显卡性能的高低，它的主要任务是处理系统输入的视频信息，并将其进行构建和渲染。不同的显示芯片，无论是内部结构还是性能，都存在着差异，而且价格差别也很大。消费市场上的显卡都采用单芯片设计的显示芯片，而部分专业的工作站显卡则采用多个显示芯片组合的设计方案。

下面介绍两个主流的显示芯片厂商。

1）AMD-ATI

ATI（Array Technology Industry）是世界著名的显示芯片生产商，和 NVIDIA 公司齐名，中文名为"冶天"。其在 1985—2006 年是全球重要的显示芯片公司，总部设在加拿大安大略省万锦市，直至被美国 AMD 公司收购后成为该公司的一部分，该公司致力于为 PC 和工作站用户提供顶级的显示芯片。例如，图 6-2（a）所示为显示芯片 AMD Radeon RX 6800 XT。

2）NVIDIA

NVIDIA（NVIDIA Corporation）的中文名为"英伟达"，创立于 1993 年 1 月，是一家以设计显示芯片和主板芯片组（现在不做芯片组了）为主的半导体公司。NVIDIA 公司的总部设在美国加利福尼亚州，主要产品是 GeForce 系列显示芯片。从第一代的 GeForce 256 到早期的 GeForce 5、GeForce 6、GeForce 7、GeForce 8、GeForce 9、GeForce 10 系列和 GeForce GTX 9、GeForce GTX 10 系列，再到现在的 GeForce RTX 2000、GeForce RTX 3000、GeForce RTX 4000 系列，它的一些创新产品正在改变着视觉丰富和运算密集型领域。NVIDIA 公司的各代显卡都遵循了由高端至低端的命名规则：RTX>GTX>GTS>GT>GS。例如，图 6-2（b）所示为显示芯片 NVIDIA GeForce RTX 3090 Ti。

（a）AMD Radeon RX 6800 XT　　　（b）NVIDIA GeForce RTX 3090 Ti

图 6-2　显示芯片

NVIDIA 公司同时设计游戏机内核，如 Xbox 和 PlayStation。NVIDIA 公司最出名的产品线是为游戏设计的 GeForce 系列显示芯片、为专业工作站设计的 Quadro 系列显卡和用于计算机主板的 nForce 系列芯片组。

2. 显卡内存

虽然显示芯片决定显卡的市场定位和基本性能，但是只有配备合适的显卡内存才能使显卡的性能完全发挥出来。

显卡内存简称显存，通常用来存储显示芯片所处理的数据信息及材质信息。当显示芯片

处理完数据后会先将数据输送到显存中，然后 RAMDAC（随机存取存储器数模转换器）从显存中读取数据，并将数字信号转换为模拟信号，最后输出到显示器屏幕上。因此，显存的容量和速度直接关系到显卡性能的优劣，高速的显示芯片对显存的容量要求也要高一些。例如，图 6-3 所示为 RTX 3090 Ti 24GB GPU 与显存。

图 6-3　RTX 3090 Ti 24GB GPU 及显存

3. 显卡 BIOS

显卡 BIOS 是显卡的基本输入/输出系统，主要用于存放显示芯片与驱动程序之间的控制程序，还存有显卡的型号、规格、生产厂商及出厂时间等信息。

4. 显卡 PCB 板

PCB（Printed Circuit Board）的中文含义为"印刷电路板"，显卡 PCB 板就是显卡的电路板，也是显卡的"躯体"，如图 6-4 所示。显卡的一切元器件都安装和焊接在 PCB 板上，因此 PCB 板的好坏直接决定着显卡电气性能的好坏和是否稳定，显卡多采用 8 层、10 层甚至 14 层的 PCB 板。

图 6-4　显卡 PCB 板

5. RAMDAC

RAMDAC（RAM Digital to Analog Converter，随机存取存储器数模转换器）的作用是将显存中的数字信号转换为能够用于显示的模拟信号，RAMDAC 的速度对在显示器屏幕中显示的图像有很大的影响，这主要是因为显示器的刷新频率依赖于显示器所接收到的模拟信号，而这些模拟信号正是由 RAMDAC 提供的。RAMDAC 的转换速率决定了刷新频率的高低。

显卡产生的信号都是用数字 0、1 表示的，但是所有的 CRT 显示器都是以模拟方式进行工作的，无法识别数字信号。数字信号与模拟信号如图 6-5 所示。所以，必须有设备将数字信号转换为模拟信号，RAMDAC 就是将数字信号转换为模拟信号的设备。RAMDAC 的转换速率用 MHz 表示，决定了刷新频率（类似于显示器"带宽"的含义）的高低。主流显卡 RAMDAC 的转换速率可以达到 400MHz。

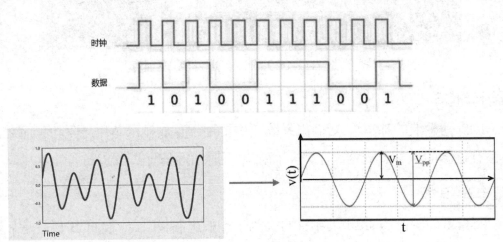

图 6-5　数字信号（上）与模拟信号（下）

现在的显示器以 HDMI 接口和 DP 接口为主，已经不需要数模转换这一环节。但是因为现在还有大量的 VGA 接口显示设备在被使用，所以 RAMDAC 还不能完全淘汰。

6. 显卡的输出接口

常见的显卡输出接口主要有 VGA 接口、DVI 接口、HDMI 接口、DP 接口，如图 6-6 所示（顺序从左到右）。

图 6-6　显卡的输出接口

1）VGA 接口

VGA（Video Graphics Array，视频图形阵列）接口也叫 D-Sub 接口，是计算机显示器上最传统的显示接口，从 CRT 显示器时代开始，VGA 接口就被使用并沿用至今。很多人觉得

只有 HDMI 接口才能进行高清信号的传输，其实这是一个误区，因为通过 VGA 接口的连接同样可以显示 1080P 的图像，甚至分辨率可以达到更高，所以用 VGA 接口连接显示设备观看高清视频是没有问题的，而且虽然它是模拟接口，但是由于 VGA 接口将视频信号分解为 R、G、B 三原色和 HV 行场同步信号进行传输，因此在传输中的损耗相当小。

2）DVI 接口

DVI（Digital Video Interface，数字视频接口）是 1999 年由 Silicon Image、Intel（英特尔）、Compaq（康柏）、IBM、HP（惠普）、NEC、Fujitsu（富士通）等公司共同组成的 DDWG（Digital Display Working Group，数字显示工作组）推出的接口标准。DVI 接口有 3 种类型 5 种规格，接口尺寸为 39.5mm×15.13mm。

3）HDMI 接口

HDMI（High Definition Multimedia Interface，高清晰度多媒体接口）是一种数字化视频/音频接口技术。HDMI 接口是适合影像传输的专用数字化接口，可以同时传送音频和影像信号，最大数据传输率为 5Gbps，同时不需要在信号传送前进行数模转换。

这里先了解一下显示分辨率、刷新频率和数据传输率的关系。显示器是通过视频接口和视频线缆接收来自显卡的显示数据并显示在屏幕上的。用户在 Windows 系统中设置显示分辨率和刷新频率，被设定的参数经过显卡运算并输出到显示器。在显示器支持用户设定的显示分辨率和刷新频率的前提下，中间的传输过程就是我们现在关心的问题：传输线缆、线缆与显卡之间的接口、线缆与显示器之间的接口是否有能力传输巨量的数据。如果单位时间内能够传输的数据量大于来自显卡的输出数据量，则可以实现用户的设定。

以 1080P 60Hz 显示模式和 4K 120Hz 显示模式为例（24 位真彩色）计算数据传输率：1080P 60Hz 显示模式的数据传输率为 1920×1080×24×60÷1024÷1024÷1024=2.781Gbps，4K 120Hz 显示模式的数据传输率为 3840×2160×24×120÷1024÷1024÷1024=22.247Gbps。

由上述计算结果可知，当某款显示器被设定为 1080P 60Hz 显示模式时，显卡至显示器的实际数据传输率只要大于 2.781Gbps 即可满足需求，而早期的 5Gbps 版的 HDMI 接口就能支持 1080P 60Hz 显示模式。

同理，当某款显示器被设定为 4K 120Hz 显示模式时，显卡至显示器的实际数据传输率要大于 22.247Gbps 才能满足需求。在 4K 模式逐渐成为主流的情况下，HDMI 组织又推出了 HDMI 2.0 和 HDMI 2.1 规范，其技术参数如下。

- HDMI 1.4：该规范定义的数据传输率为 5Gbps，支持 1080P 60Hz 显示模式。
- HDMI 2.0：该规范定义的数据传输率为 18Gbps，支持 4K 60Hz 显示模式。
- HDMI 2.1：该规范定义的数据传输率为 48Gbps，支持 4K 120Hz 和 8K 60Hz 显示模式。

在显卡领域，HDMI 接口的使用率较低，以 DP 接口为主。多数显卡都采用 1 个 HDMI 2.1 接口和 3 个 DP 1.4 接口的组合。HDMI 2.1 接口更多出现在高端电视机上。因为无论是索尼的 PS 还是微软的 Xbox，都只支持 HDMI 协议，不支持 DP 协议。这意味着，如果想感受次世代平台带来的 4K 120Hz 视觉体验，就必须购买一台符合 4K 分辨率、120Hz 刷新频率且具备 HDMI 2.1 接口的电视机。

4）DP 接口

DP（DisplayPort）也是一种高清数字显示接口标准。DP 接口既可以连接计算机和显示器，也可以连接计算机和家庭影院。和 HDMI 接口一样，DP 接口也允许音频与视频信号共用一条线缆传输，支持多种高质量数字音/视频格式。DP 接口规范的发展过程如表 6-1 所示。

表 6-1　DP 接口规范的发展过程

版本	发布时间	带宽	有效带宽	支持的视频格式
1.0	2006 年 5 月	10.8Gbps	8.64Gbps	1080P（1920 像素×1080 像素）
1.2	2009 年 12 月	21.6Gbps	19.28Gbps	4K（3840 像素×2160 像素），60Hz
1.3	2014 年 9 月	32.4Gbps	25.92Gbps	4K，120Hz 5K（5120 像素×2880 像素），60Hz 8K（7680 像素×4320 像素），30Hz
1.4	2016 年 2 月	32.4Gbps	25.92Gbps	8K，60Hz
2.0	2019 年	80Gbps	64Gbps	4K，240Hz 双屏 4K，144Hz 10K（10240 像素×4320 像素），60Hz 无损 16K（15360 像素×8640 像素），60Hz

2014 年 9 月发布的 DP 1.3 规范的总带宽提升到了 32.4Gbps（4.05GB/s），4 条通道各分配 8.1Gbps，是 DP 1.0 规范的总带宽的 3 倍。在排除各种冗余、损耗之后，DP 1.3 规范可以提供的实际数据传输率也能达到 25.92Gbps（3.24GB/s），只需 1 条数据线就能搞定无损高清视频和音频，轻松支持 5K（5120 像素×2880 像素）级别的显示设备。

结合显示设备和实际应用情景，DP 1.4 规范已经能够满足多数用户的使用需求。

6.1.2　显卡的分类

显卡一般分为集成显卡和独立显卡这两类。

1．集成显卡

集成显卡是将显示芯片集成到 CPU 内部（过去在主板北桥芯片上），没有专用的显存，而是使用系统的一部分主内存作为显存，所以在性能方面无法与独立显卡相提并论。集成显卡的接口如图 6-7 所示。

图 6-7　集成显卡的接口（DP/HDMI）

（1）集成显卡的优点如下：

- 价格低廉，功耗低，发热量小。对用户而言，不必花费额外的资金购买显卡，性价比较高。
- 兼容性较好。由于集成显卡和 CPU 整合在一起，因此厂商会在研发时进行兼容性测试，发生硬件冲突的可能性非常小。
- 可以满足多数用户的需求。除了少数专业的图形图像处理人员或专业的游戏玩家，很多计算机用户不会对显卡提出很高的要求，当前新一代的集成显卡的性能都不低于低端独立显卡的性能。

（2）集成显卡的缺点如下：

- 集成显卡在性能方面相当于低端的入门级显卡，所以不能满足图形图像处理人员及大型 3D 游戏玩家的需求。
- 集成显卡没有配备显存，需要分享主内存作为显存来使用。所以，除了性能方面较差，还有可能出现主内存不够用的情况。

2. 独立显卡

独立显卡是将显示芯片、显存及相关电路单独做在一块电路板上，自成一体的一块独立的板卡。根据接口不同，独立显卡可以分为 ISA 显卡、VESA 显卡、PCI 显卡、AGP 显卡、PCI-E 显卡等。例如，图 6-8 所示为一款耕升 GeForce RTX 3080 Ti 追风显卡。

图 6-8　耕升 GeForce RTX 3080 Ti 追风显卡

（1）独立显卡的优点如下：

- 性能卓越。独立显卡单独安装有高性能的大容量显存，不占用系统内存，在技术和设计理念方面也比集成显卡先进得多。与集成显卡相比，独立显卡具有更好的性能和更多的功能。

- 升级方便。因为独立显卡独立于主板，所以更换方便，直接把显卡装在主板的 PCI-E×16 扩展插槽上就可以了。

- 中高端独立显卡还支持交火（多显卡并行）等技术，能够大幅度提升显示系统的性能。

（2）独立显卡的缺点如下：

- 独立显卡的价格较高，高端显卡的价格更是高过高端 CPU 的价格。

- 独立显卡的功耗大、发热量高等。

6.2 显卡的性能指标

✓ **知识目标**：理解显卡的性能指标。

✓ **能力目标**：掌握获取显卡性能指标的方法；通过关键参数解读显卡性能。

显卡的主要性能指标包括刷新频率、显示分辨率、色彩深度、显存、流处理器、像素填充率、纹理填充率、3D API 和散热方式等。

1. 刷新频率

显卡的刷新频率是指图像在屏幕上的更新速度，即屏幕上每秒显示全画面的次数，单位是赫兹（Hz）。影响刷新频率的因素有显卡每秒可产生的像素数和显示器每秒能接收并显示的像素数。刷新频率越高，屏幕上图像的闪烁感越小，图像越稳定，视觉效果越好。一般刷新频率在达到 85Hz 以上时，人眼对影像的闪烁才不易察觉。

液晶显示器是靠后面的灯管照亮前面的液晶面板而被动发光的，只有亮与不亮、明与暗的区别，液晶显示器的刷新频率为 60Hz。所以，在讨论液晶显示器时，刷新频率的概念不被提及。随着用户对 3D 应用和 VR 体验的需求越来越高，液晶显示器领域也出现了 144Hz、160Hz、240Hz 的游戏显示器。

2. 显示分辨率

当显示器的屏幕上显示任何画面时，屏幕画面都是由排列有序的点组成的，这些点被称

为像素点（Pixel）。显示分辨率就是以"水平行点数×垂直列点数"形式展现的。例如，24 英寸宽屏显示器的最大（最佳）显示分辨率 1920 像素×1080 像素是指每条水平线（列数）上包含 1920 个像素，共有 1080（行数）条线。显示分辨率越高，显示图像所需的像素越多，图像越清晰和细腻。显示分辨率和显示器、显卡有密切的关系。

3．色彩深度

色彩深度也称色彩位数。图像中每个像素的颜色是用一组二进制数来描述的，这组描述颜色信息的二进制数的长度（位数）就是色彩深度。色彩深度越高，显示图形的色彩越丰富，越接近自然界的色彩。通常所说的 VGA 显示模式是 8 位，即在该模式下，屏幕上的图像（画面）是由 256（2^8）种颜色的颜色点（像素点）构成的；增强色（16 位）能显示 65 536（2^{16}）种颜色，也称 64K 色；真彩色（24 位或 32 位）能显示 16 777 216（2^{24}）种颜色，也称 16M 色。目前，色彩深度通常设定为 24 位色或 32 位色。色彩深度越高，所需的显存容量越大，对接口（HDMI 接口或 DP 接口）的带宽要求越高。

4．显存

显存也称帧缓存，它的主要作用是存储显示芯片处理过或即将提取的渲染数据。显存的类型、容量、速度、位宽、带宽将直接影响显卡整体性能的高低。目前市场上的显卡采用较多的是 SAMSUNG（三星）和 Hynix（海力士）公司的显存，以及 Infineon（英飞凌）、Micron（美光）等公司的显存，这些公司都是比较有实力的显存厂商，在显存产品的品质方面有保证。在具体选择显卡时应考虑以下几点。

① 显存类型是多种多样的，有 GDDR3、GDDR5、GDDR5X、GDDR6、GDDR6X 等。这些显存不仅实际频率不同，等效频率也不同。显存的实际频率和等效频率的倍率关系如表 6-2 所示。

表 6-2　显存的实际频率和等效频率的倍率关系

显存类型	倍率	常见实际频率（MHz）	等效频率（MHz）
GDDR3	2	800	1600
GDDR5	4	2000	8000
GDDR5X	8	1375	11 000
GDDR6	8	1750	14 000
GDDR6X	16	1313	21 008

市场上主流的独立显卡多采用 GDDR6、GDDR6X 类型的显存，有部分低端产品采用 GDDR5 类型的显存。建议至少选用 GDDR6 类型的显存，否则显存的带宽不足会影响 GPU 性能的发挥，从而造成显卡的整体性能大打折扣。发烧级显卡主要采用 GDDR6X 类型和

HBM2 类型的显存。

② 显存的容量应与显示器的尺寸匹配，显示器越大，需要的显存容量越大（当只限 3D 应用时）。例如，在 24 英寸宽屏（最佳分辨率为 1920 像素×1080 像素）得到普及的年代，6GB 显存应该是最保守的选择。

③ 显存的速度现在习惯用工作频率来描述。在显存类型相同的情况下，显存的工作频率越高越好。目前主流显卡采用工作频率在 14 000MHz（等效频率）以上的显存，中高端显卡采用工作频率为 18 000MHz（等效频率）的显存，发烧级显卡采用工作频率为 21 000MHz（等效频率）的显存。

④ 显存位宽是显存和 GPU 之间一次性传输数据的位数，位数越大则瞬间传输的数据量越大，这是显存的重要参数之一。目前市场上的显存位宽有 64 位、128 位、192 位、256 位、384 位、512 位、2048 位等。显存位宽越高，显存的性能越好，价格也就越高。图 6-9 所示为显存位宽为 64 位的显存。

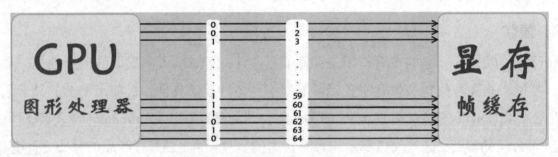

图 6-9　显存位宽为 64 位的显存

⑤ 显存带宽是指 GPU 与显存之间的数据传输率，它以"字节/秒"为单位。显存带宽是决定显卡性能和速度的最根本因素，显存带宽的大小和显存频率、显存位宽有直接关系。显存带宽的计算方法是：显存带宽=显存位宽×显存等效频率。

显卡厂商标注和宣传的往往就是显存等效频率。例如，GDDR6 类型显存的实际频率是等效频率的 1/8，GDDR5 类型显存的实际频率是等效频率的 1/4。

图 6-10 所示为使用 GPU-Z 对不同显卡进行测试的结果。先以图 6-10 中左图所示的 AMD Radeon RX 6700 XT 显卡为例，其显存的实际带宽 384.0GB/s 的计算方法是：显存带宽=显存等效频率×显存位宽÷8=显存实际频率×8×192bit÷8=2000MHz×8×192bit÷8=384 000MB/s=384.0GB/s。

再以图 6-10 中右图所示的 NVIDIA GeForce RTX 3090 Ti 显卡为例，其显存的实际带宽 1008.4GB/s 的计算方法是：显存带宽=显存等效频率×显存位宽÷8=显存实际频率×16×384bit÷8=1313MHz×16×384bit÷8=1 008 400MB/s=1008.4GB/s。

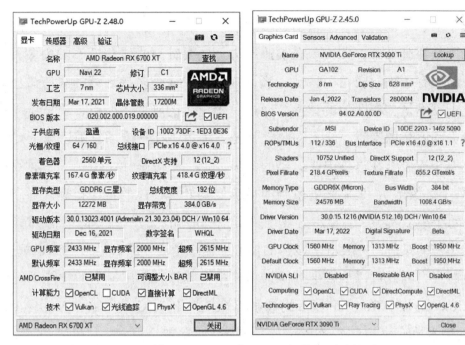

图 6-10　使用 GPU-Z 对不同显卡进行测试的结果

5. 流处理器（渲染器、着色器）

流处理器是全新的全能渲染单元，是由以前的顶点着色器（Vertex Shader，VS）和像素着色器（Pixel Shader，PS）结合而成的新一代显卡核心架构，是继 Pixel Pipelines（像素管线）和 Vertex Pipelines（顶点管线）之后新一代的显卡渲染技术指标。流处理器既可以完成 VS 运算，也可以完成 PS 运算，而且可以根据需要组成任意 VS/PS 比例，从而给开发者更广阔的发挥空间。简而言之，过去按照固定的比例组成的渲染管线/顶点单元渲染模式如今被流处理器组成的任意比例渲染管线/顶点单元渲染模式替代。

流处理器直接影响处理能力，因为流处理器是显卡的核心。流处理器的个数越多则处理能力越强，两者一般成正比关系。但这仅限于 NVIDIA 公司自家的核心或 AMD 公司自家的核心比较范畴。N 卡（指 NVIDIA 公司的显卡）和 A 卡（AMD 公司的显卡）在架构和核心设计思路上不同。早些时候，NVIDIA 公司 GPU 的每个流处理器都可以构成一个独立的处理单元，流处理器结构复杂，不利于大量堆积；而 ATI 公司 GPU 的流处理器每 5 个才构成一个完整的处理单元，流处理器结构简单，利于大量堆积。两者相比，A 卡的 5 个流处理器等于 N 卡的 1 个流处理器（随着技术革新可能有所变化）。由图 6-10 所示的内容可知，不同显卡的流处理器的数量相差很大，如 AMD Radeon RX 6700 XT 显卡的流处理器的数量为 2560 个，NVIDIA GeForce RTX 3090 Ti 显卡的流处理器的数量为 10752 个。

6. 像素填充率

3D 游戏中的人物、车辆、武器及整个外部世界都是由三维物体构成的。屏幕上的一个三维物体是由成千上万个像素点（三角形或多边形）组合而成的。当一个屏幕上的三维物体运动时，要显示原来被遮部分，抹去现在被遮部分，还要针对光线角度不同用多种色彩填充多边形。人的眼睛具有"视觉暂留"特性，当一幅图像快速被多幅连续的只有微小差别的图像替换时，视觉上就不是多幅图像的替换，而是一个连续的画面。所以，当三维图像在进行快速的生成、消失和填充像素时，给人的感觉就是三维物体在三维场景中运动。

像素填充率是指显卡在每秒内所渲染的像素数量，单位是 MPixel/s（每秒百万像素）或 GPixel/s（每秒十亿像素），是用来度量当前显卡像素处理性能的常用指标。显卡的渲染管线是显示芯片的重要组成部分，是显示芯片中负责给图形配色的一组专门通道。渲染管线越多，每组渲染管线工作的频率（一般就是显卡的核心频率）越高，那么显卡的像素填充率就越高，显卡的性能就越强，因此可以从显卡的像素填充率上大致判断出显卡的性能。例如，在图 6-10 中，AMD Radeon RX 6700 XT 显卡的像素填充率为 167.4GPixel/s，NVIDIA GeForce RTX 3090 Ti 显卡的像素填充率为 218.4GPixel/s，可谓高低立判。

7. 纹理填充率

下面通过一个简单的例子介绍纹理填充率。例如，现在通过显卡绘出一个人物。首先将这个人物的顶点信息从显存传到流处理器，流处理器就会依据这些信息绘出这个人物的轮廓；接下来像素渲染管线就会依据这个轮廓，从显存中把有关这个人物的颜色信息读出来，给这个人物上色；然后由纹理贴图单元贴上精美的图案，最后这个活灵活现的人物就绘出来了。想象一下，平时人们画画也是先画一个轮廓，然后进行修改、上色。其实显卡的工作流程和人们画画差不多，只不过其速度快到每秒画亿笔罢了。

要实现 3D 画面，只有多边形骨架是不够的，还要对它们进行纹理贴图。现在越来越多的游戏采用了多纹理贴图的方式，使画面具有更好的光影效果。纹理填充率就是指显卡在单位时间内所能处理的纹理贴图的数量，单位是 MTexel/s 或 GTexel/s。例如，在图 6-10 中，AMD Radeon RX 6700 XT 显卡的纹理填充率为 418.4GTexel/s，NVIDIA GeForce RTX 3090 Ti 显卡的纹理填充率为 655.2GTexel/s，后者的性能比前者的性能高 50%还多。

8. 3D API

API 是"Application Programming Interface"的缩写，意思是"应用程序接口"，而 3D API 是指显卡和应用程序之间的直接接口。3D API 可以让程序员设计的 3D 软件只调用其 API 中的程序，这样 API 就可以自动与硬件驱动程序进行通信，启动 3D 芯片中强大的 3D 图形处理功能，从而大大提高 3D 软件的设计效率。如果没有 3D API，则程序员在开发程序时必须了解显卡的所有特性，这样才能写出与显卡完全匹配的程序，以充分发挥显卡的性能。

有了显卡和应用程序之间的直接接口——3D API，程序员在不知道硬件具体性能和参数

的情况下，只需编写符合接口的程序代码，就能充分发挥显卡的性能，大大提高了程序的开发效率。

同样地，显示芯片厂商也是按照标准设计自己的硬件产品，从而达到 API 调用硬件资源时的最优化，获得更好的性能。有了 3D API，程序员可以完美实现 3D 硬件产品和应用程序的兼容性。比如，在设计最能体现 3D API 的游戏时，游戏设计师不必考虑某个特定显卡的特性，只需按照 3D API 的接口标准开发游戏即可。在游戏软件运行时，游戏软件通过 3D API 直接调用显卡的硬件资源。个人计算机中使用的 3D API 主要是 DirectX 和 OpenGL。

1）DirectX

DirectX（Direct eXtension，DX）是由微软公司创建的多媒体编程接口，被广泛应用于 Microsoft Windows、Microsoft Xbox、Microsoft Xbox 360 和 Microsoft Xbox One 电子游戏开发，并且只能支持这些平台。其最新版本为 DirectX 12，创建在 Windows 10 系统和更新的 Windows 系统中。DirectX 可以加强 3D 图形和声音效果，并提供给设计人员一个共同的硬件驱动标准，让游戏开发者不必为每个品牌的硬件编写不同的驱动程序，也降低了用户安装及设置硬件的复杂度。

从字面意义上说，"Direct"就是"直接"的意思，而后边的"X"则强调了很多方面的意思，从这一点上可以看出，DirectX 的出现就是为众多软件提供直接服务的。只要游戏是依照 DirectX 来开发的，那么不管显卡、声卡的型号如何，统统都能玩，而且能发挥最佳的效果。当然，前提是使用的显卡、声卡的驱动程序必须支持 DirectX。

目前市场上的显卡和游戏都支持 DirectX 12，从市场的情况来看，多数游戏开发公司发布了基于 DirectX 12 的游戏作品，所以如果用户有意装机，则应考虑购买一款支持 DirectX 12 的显卡。

2）OpenGL

OpenGL（Open Graphics Library，开放图形库）是用于渲染 2D、3D 矢量图形的跨语言、跨平台的应用程序接口（API）。这个接口由近 350 个不同的函数调用组成，用来绘制从简单的图形比特到复杂的三维景象。OpenGL 常被应用于 CAD、虚拟现实、科学可视化程序和电子游戏开发。

OpenGL 的高效实现（利用了图形加速硬件）存在于 Windows 系统、部分 UNIX 系统和 macOS 系统。OpenGL 是视频领域中用于处理 2D/3D 图形的最被广泛接纳的 API，在此基础上，为了用于计算机视觉技术的研究，从而催生了各种计算机平台上的应用功能及设备上的许多应用程序。OpenGL 独立于视窗操作系统及操作系统平台，可以进行多种不同领域的开发和内容创作。简而言之，OpenGL 能够帮助研发人员在 PC、工作站、超级计算机及各种工控机等硬件设备上实现高性能、对视觉要求极高的高视觉图形图像处理软件的开发。

9. 散热方式

显卡的散热方式分为被动式散热和主动式散热。工作频率低的显卡一般采用被动式散热方式，这种散热方式是在显示芯片上安装一个散热片；工作频率较高的显卡一般采用主动式散热方式，这种散热方式除了在显示芯片上安装散热片，还安装散热风扇。例如，图 6-11 所示为显卡散热器。

图 6-11　显卡散热器

 显卡的选购

- ✓ 知识目标：了解显卡市场；理解显卡的选购原则和选购技巧。
- ✓ 能力目标：掌握显卡与 CPU、内存、硬盘系统的合理配置。

6.3.1　显卡的选购原则

1. 确定自己的需求

在购买显卡时，用户一定要明确自己究竟有什么需求，不同的用途可以按照不同的档次进行选择，以免造成资源浪费。对一般用户而言，通常是办公、浏览网页、玩网络游戏、使用多媒体等基本需求，主流显卡都能满足。而对于游戏"发烧友"或图形专业设计人员来说，拥有一款高档次的显卡才能体验到流畅且华丽的视觉效果，经济条件允许的用户可以选择NVIDIA 公司或 AMD 公司的高端显卡产品。

2. 合理选择品牌

显卡是目前计算机中较为复杂的部件，其生产厂商有很多，在选购时主要考虑 GPU 和显存。主流的 GPU 是由 AMD 公司和 NVIDIA 公司生产的。由此产生了市面上所谓的"A 卡"

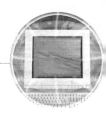

和"N卡"。

市场上的显卡品牌如图6-12所示,其中蓝宝石、华硕是在自主研发方面做得不错的品牌,蓝宝石只做A卡,华硕与AMD公司和NVIDIA公司都是核心合作伙伴关系,因此在做工和特色技术上会出色一些。

七彩虹	影驰	索泰	msi微星	耕升	铭瑄	蓝宝石	华硕	镭风	迪兰	小影霸	ASL翔升	NVIDIA	盈通	丽台
AMD	映众	簪镭	XFX讯景	瀚铠	EVGA	撼讯	蓝载	华擎	昂达	梅捷	AX电竞叛客	铭影	万丽	艾尔莎	Intel
铭鑫	旌宇	欧比亚	星齐美	双敏	苹果	网易严选	映泰	同德	HIS	技嘉

图6-12　市场上的显卡品牌

3.正确认识性能指标

显卡的性能高低由GPU和显存共同决定。决定GPU性能强弱的因素有像素填充率和纹理填充率,其数值越大越好,其大小可以使用测试软件GPU-Z测得,也可以参考流处理器的数量和GPU频率。显存方面要看显存带宽,其数值也是越大越好。决定显存带宽高低的因素有显存类型(目前以GDDR6类型为主)、显存实际频率、显存位宽。

6.3.2　显卡的选购技巧

在选购显卡时,除了要遵循6.3.1节介绍的选购原则,还需要注意以下几点。

1.显卡与整机性能相匹配

显卡良好的性能应表现在与CPU、主板、内存等整体部件之间的完美配合,达到最好的效果,而不是单方面的处理能力,在选购显卡时应整体考虑而不是只注重各项性能的指标数字。

2.仔细检查显卡的做工、材料、散热装置等

显卡优良的做工表现在合理的元器件布局、简明有序的布线、圆润的焊接点等方面,优质的材料表现在PCB板厚实且边缘平整、大量采用高质量元件(如钽电容、显存颗粒)等方面。查看散热器,要注意其做工细节、有无毛刺、散热片和热管数量等。

3.尽量选择主流品牌产品

主板和显卡类的产品虽然没有CPU和GPU的技术含量高,但对PC的稳定性起着至关重要的作用,一线大厂的产品在出厂之前都经过严格的测试,其稳定性和兼容性都做得非常好。另外,在售后服务方面也会细致周到,对于出现问题的显卡,厂商一般都会按照质保规定去严格处理。在选购显卡时,尽量选择有一定知名度的品牌产品,如映众、索泰、翔升、迪兰、盈通、蓝宝石、华硕、微星、七彩虹等品牌的产品。

6.4 主流显示芯片及显卡代表产品

✓ 知识目标：了解显卡的细分市场；理解 GPU 市场定位规则。

✓ 能力目标：掌握不同定位的显卡产品与 CPU 性能匹配思路；根据预算和需求制定 CPU、内存、硬盘、显卡的配置方案。

6.4.1 A 卡

自 2017 年以来，AMD 公司在 CPU 领域逐渐占据了更多的份额，但是在 GPU 领域始终无法与 NVIDIA 公司抗衡。2019 年，RX 5000 系列 GPU 发布，其较高的性能和合理的定价受到市场认可。2022 年，具有高性能的 RX 6000 系列 GPU 的面市，让 AMD 公司赢得了更高的市场占有率。

1. AMD 公司的入门级 GPU 及典型显卡

入门级显卡为了保证价格优势，会在一定程度上进行做工、用料、性能方面的缩水，因此可能导致性能与集成显卡的性能相差无几，这种现象在品牌机方面比较常见。但是如果用户有一定的硬件识别能力，还是有机会找到高性价比的显卡的。AMD 公司入门级 GPU 的参数如表 6-3 所示。

表 6-3　AMD 公司入门级 GPU 的参数

GPU 名称	RX 5500 XT	RX 6500 XT	RX 6600	RX 6600 XT	RX 6650 XT
发布时间	2019.12.12	2022.01.19	2021.10.13	2021.08.11	2022.05.10
制造工艺	7nm	7nm	7nm	7nm	7nm
晶体管数量	64 亿	54 亿	111 亿	111 亿	111 亿
核心频率（MHz）	1717/1845	2610/2815	2044/2491	2359/2589	2055/2635
流处理器数量	1408	1024	1792	2048	2048
像素填充率（GPixel/s）	59	90.1	159.4	165.7	168.6
光栅/纹理单元数量	32/88	32/64	64/112	64/128	64/128
纹理填充率（GTexel/s）	162.36	180.2	279	331.4	337.3
显存等效频率（MHz）	14 000	18 000	14 000	16 000	17 500
显存容量（GB）	8	4	8	8	8
显存类型	GDDR6	GDDR6	GDDR6	GDDR6	GDDR6
显存位宽	128 位	64 位	128 位	128 位	128 位
显存带宽（GB/s）	224	144~232	224	256	280~468
辅助供电	1×8Pin	1×6Pin	1×8Pin	1×8Pin	1×8Pin

续表

功率（W）	130	107	132	160	180
推荐电源功率（W）	450	400	450	500	500
接口	DP 1.4a，HDMI		DP 1.4a，HDMI 2.1		

由表 6-3 可知，GDDR6 内存已经是显存标配了，这使得入门级显卡的性能有了显著提升。受益于 7nm 制造工艺，这个级别的显卡的功率值都比较低，都在 200W 以下，配备功率值为 500W 的电源就够用了。这给预算有限的入门级用户省了一些预算。

图 6-13 所示为使用 GPU-Z 对 AMD Radeon RX 6500 XT 与 AMD Radeon RX 6600 XT 这两款 GPU 进行测试的结果。

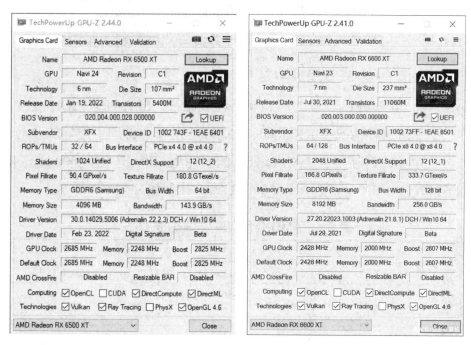

图 6-13 AMD Radeon RX 6500 XT 与 AMD Radeon RX 6600 XT 的测试结果

由图 6-13 可知，市场定位更低的 AMD Radeon RX 6500 XT 在流处理器数量、光栅/纹理单元数量上都比 AMD Radeon RX 6600 XT 少一半，导致像素填充率和纹理填充率都只能达到后者的 50%；显存位宽和显存容量是 AMD Radeon RX 6600 XT 的一半，所以显存带宽只有后者的 56%（因为显存实际频率高，所以超过了 50%）。

例如，图 6-14 所示为一款讯景非公版显卡 RX 6600 XT 海外版 OC，它是讯景非公版显卡中规格最高的显卡，低规格的显卡有黑狼版显卡和战狼版显卡等。

讯景非公版显卡 RX 6600 XT 海外版 OC 设计的一大特点就是三风扇设计，这个设计使其在以双风扇为主的入门级显卡中脱颖而出。PCB 板采用了加长设计，显卡的长度为 27.4cm。这款显卡的散热器采用了 3 个 8cm 风扇，虽然比讯景 RX 6700 XT 海外版 OC 显卡的风扇小了一圈，但是应对入门级显卡的散热需求绰绰有余。

图6-14　讯景非公版显卡RX 6600 XT 海外版 OC

通过测试，上述两款显卡在1080P模式、默认画面设置的情况下，在《极限竞速：地平线4》《极限竞速：地平线5》《F1 2020》《CS：GO》《看门狗：军团》《古墓丽影：暗影》《全境封锁2》《战争机器5》等游戏中均取得了80FPS以上的测试成绩，这说明入门级显卡在24寸显示器上实现1080P画质是可行的，可以满足普通游戏玩家的实际需求。

2. AMD公司的实用型GPU及典型显卡

早期的AMD公司在GPU领域的产品规格不成体系，没有与NVIDIA公司在高端GPU领域抗衡的实力。不过这种情况在RX 5000、RX 6000发布后得到了很好的改善，和NVIDIA公司对标的产品线也变得清晰明了。AMD公司的实用型GPU有RX 5600 XT、RX 5700、RX 6700 XT、RX 6750 XT、RX 6800、RX 6800 XT等，其参数如表6-4所示。

表6-4　AMD公司实用型GPU的参数

GPU名称	RX 5600 XT	RX 5700	RX 6700 XT	RX 6750 XT	RX 6800	RX 6800 XT
发布时间	2019.12.12	2019.07.07	2021.03.01	2022.05.10	2020.11.18	2022.05.10
制造工艺	7nm	7nm	7nm	7nm	7nm	7nm
晶体管数量	103亿	103亿	111亿	172亿	268亿	268亿
核心频率（MHz）	1375/1560	1625/1725	2321/2581	2150/2600	1815/2105	2015/2250
流处理器数量	2304	2304	2560	2560	3840	4608
像素填充率（GPixel/s）	99.8	110.4	165.2	166.4	202.1	288
光栅/纹理单元数量	64/144	64/144	64/160	64/160	96/240	128/288
纹理填充率（GTexel/s）	224.64	248.4	413	416	505.2	648
计算单元数量	36	36	40	40	60	72
光线加速器数量			40	40	60	72
峰值半精度（TFLOPs）	14.38	15.9	26.43	26.62	32.33	41.47
峰值单精度（TFLOPs）	7.19	7.95	13.21	13.31	16.17	20.74
显存等效频率（MHz）	14 000	14 000	16 000	18 000	16 000	16 000
显存容量（GB）	6	8	12	12	16	16

续表

显存类型	GDDR6	GDDR6	GDDR6	GDDR6	GDDR6	GDDR6
无限缓存（MB）			96	96	128	128
显存位宽	192 位	256 位	192 位	192 位	256 位	256 位
显存带宽（GB/s）	336	448	384	432	512	512
辅助供电	1×8Pin	6+8Pin	6+8Pin	6+8Pin	2×8Pin	8+8Pin
功率（W）	150	180	230	250	250	300
推荐电源功率（W）	550	600	650	650	650	750
接口	DP 1.4a，HDMI		DP 1.4a，HDMI 2.1		Type-C，DP 1.4a，HDMI 2.1	

注意：表 6-4 中有底纹的几行内容为本教材未详细介绍的参数，有兴趣的读者可以自行查阅资料加深理解。

由表 6-4 可知，实用型显卡仍然配置 DDR6 显存，频率方面也和入门级显卡基本一致；但是，显存位宽从 128 位提高到了 192 位和 256 位，所以显存带宽提升 50%～100%，对性能提升有决定性作用；流处理器数量和光栅/纹理单元数量急剧增加，GPU 的算力得到相应提升。

在功耗方面，由于集成度的提高，耗电量明显提高，定位最高的 RX 6800 XT 的功耗值达到 300W，需要配置功率值为 750W 的电源才能放心使用，相比配备功率值为 500W 的电源，这个环节需要增加不少预算。

市面上的显卡都以黑色或红色炫酷电竞的颜色作为主色调，对于拥有白色机箱的用户来说，要想配齐一整套白色是件难事。而如图 6-15 所示的盈通 RX 6800 XT 樱瞳花嫁纪念版显卡就采用了以白色为主色调的设计（白色外壳、白色风扇、白色 PCB 板），十分适合这部分用户。

图 6-15　盈通 RX 6800 XT 樱瞳花嫁纪念版显卡 1

深圳市盈通数码科技有限公司于 2000 年在深圳创立，该公司致力于计算机配件和消费电子产品的研发、生产、营销，"盈通"是其旗下的一个自主品牌，在短短几年内已发展成为国内计算机板卡领域的前五大品牌。该公司始终坚持"盈取人和，通行天下"的经营理念，固守打造民族品牌的信念，坚持自主创新、精益求精，以卓越的产品质量和热忱的售后服务获得用户信赖，致力于成为拥有领先国际 IT 品牌的大型民族企业。

根据 AMD 公司的规划，RX 6900 XT、RX 6800 XT 和 RX 6800 都是为 4K 游戏打造的显卡，因此它们的配置十分强劲。深圳市盈通数码科技有限公司是 AMD 公司的重要合作伙伴，该公司的 RX 6800 XT 樱瞳花嫁纪念版显卡在参数和设计上都十分引人瞩目。

盈通 RX 6800 XT 樱瞳花嫁纪念版显卡提供了 HDMI、DP、Type-C 这 3 种接口，其辅助供电部分采用 8Pin+8Pin 规格，可以保证充足的供电，如图 6-16 所示。这款显卡的 PCB 板上的 1 个由 7 根铜管组成的散热模块用于散热，以确保显卡性能不受热量的影响。

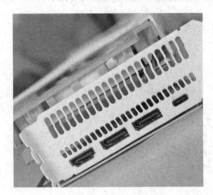
1HDMI+2DP+Type-C

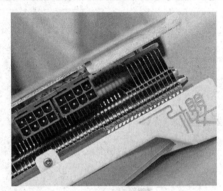
辅助供电部分采用 8Pin+8Pin 规格

图 6-16 盈通 RX 6800 XT 樱瞳花嫁纪念版显卡 2

盈通 RX 6800 XT 樱瞳花嫁纪念版显卡在以 4K 分辨率模式运行《使命召唤：现代战争》游戏时能够有 90FPS 的表现，在运行《战争机器 5》游戏时有 82FPS 的表现。

3. AMD 公司的发烧级 GPU 及典型显卡

前面说过，早期的 AMD 公司在高端 GPU 领域缺席很久。现在，发烧级的 RX 6900 XT 和 RX 6950 XT 不仅已在 GPU 天梯图上有了自己的位置，还在个别领域领先 NVIDIA 公司的同期产品。AMD 公司发烧级 GPU 的参数如表 6-5 所示。

表 6-5 AMD 公司发烧级 GPU 的参数

GPU 名称	RX 5700 XT	RX 6900 XT	RX 6950 XT
发布时间	2019.07.07	2020.12.08	2022.05.10
制造工艺	7nm	7nm	7nm
晶体管数量	103 亿	268 亿	268 亿
核心频率（MHz）	1830/1980	2015/2250	1890/2310
流处理器数量	2560	5120	5120
像素填充率（GPixel/s）	126.7	288	295.7
光栅/纹理单元数量	64/160	128/320	128/320
纹理填充率（GTexel/s）	316.8	720	739.2

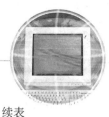

续表

计算单元数量	40	80	80
光线加速器数量		80	80
峰值半精度（TFLOPs）	20.28	46.08	47.31
峰值单精度（TFLOPs）	10.14	23.04	23.65
显存等效频率（MHz）	14 000	16 000	18 000
显存容量（GB）	8	16	16
显存类型	GDDR6	GDDR6	GDDR6
无限缓存（MB）		128	128
显存位宽	256 位	256 位	256 位
显存带宽（GB/s）	448	512	576
辅助供电	6+8Pin	8+8Pin	8+8Pin
功率（W）	235	300	335
推荐电源功率（W）	600	850	850
显卡尺寸及接口	DP 1.4a，HDMI	2 个半插槽，Type-C，DP 1.4a，HDMI 2.1，267mm	2 个半槽，Type-C，DP 1.4a，HDMI 2.1

注意：表 6-5 中有底纹的几行内容为本教材未详细介绍的参数，有兴趣的读者可以自行查阅资料加深理解。

由表 6-5 可知，RX 6900 XT 和 RX 6950 XT 并无本质区别，主要是显存带宽的提升带来了整体性能的提升。

接下来，对比 RX 5700 XT 和 RX 6900 XT 之间的差异。两者的晶体管的数量有巨大差距，导致两者的流处理器的数量和光栅/纹理单元的数量均相差较大，这是两者性能差距的根本原因；在技术方面，RX 5700 XT 不支持光线追踪技术，会在新款游戏和应用中进一步吃亏。实际情况可以通过如图 6-17 所示的 GPU 天梯图了解一下。

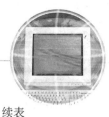

图 6-17　GPU 天梯图

AMD 公司的一个比较明显的不足就是全系产品不支持 DDR6X 显存，这在实际表现中是比较吃亏的。NVIDA 公司在 RTX 3070 Ti 及以上的 GPU 上全面支持 DDR6X 显存，这也是其胜出的关键点。

蓝宝科技有限公司是一家在全球范围内从事设计、生产及销售产品范围最为完善、基于 ATI 公司（已被 AMD 公司收购）的视频图形加速器的领先厂商。该公司的总部位于中国香港，生产基地位于中国广东省东莞市，其工厂具有月产 180 万块板卡的生产能力。

例如，图 6-18（左）所示的蓝宝石 RX 6900 XT 16GB D6 毒药 AIR COOLED 显卡是蓝宝石毒药显卡系列的产品。从这款显卡名称中的"RX 6900 XT"和"毒药"这两个关键词可知，这款显卡是一位"实力型选手"。这款显卡的外观配色更接近于超白金，但同时为了区别开，导流罩部分采用了毒药显卡专属的橙黄色配色。

蓝宝石 RX 6900 XT 16GB D6 毒药 AIR COOLED 显卡的整卡功耗可达到 320W 左右，采用 8+8+6Pin 的供电方案，如图 6-18（右）所示，推荐使用功率值为 850W 及以上的电源。

图 6-18　蓝宝石 RX 6900 XT 16GB D6 毒药 AIR COOLED 显卡 1

蓝宝石 RX 6900 XT 16GB D6 毒药 AIR COOLED 显卡的显存部分采用 8 颗 2GB、16000MHz 规格的颗粒，每颗颗粒提供的位宽是 32 位，共 256 位；输出接口方面的配置是标准的 3 个 DP 接口加 1 个 HDMI 接口，如图 6-19 所示。

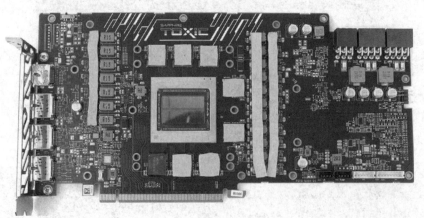

图 6-19　蓝宝石 RX 6900 XT 16GB D6 毒药 AIR COOLED 显卡 2

蓝宝石 RX 6900 XT 16GB D6 毒药 AIR COOLED 显卡在实际游戏中的表现同样非常优秀，其在 4K 中高画质下运行《无主之地 3》《孤岛惊魂 5》《刺客信条：英灵殿》《银河破裂者》等游戏时有 60FPS 以上的表现。

6.4.2　N 卡

NVIDIA 公司始终以 GPU 行业领导者自居，但是在 AMD 公司陆续推出 RX 5000 系列、RX 6000 系列等 GPU 以后，其领先优势已经不再那么明显了。不过市场竞争的好处就是用户受益，高性能、高性价比的产品会是竞争带来的最好产物。

NVIDIA 公司近几年的 GPU 产品线以 RTX 2000 系列和 RTX 3000 系列为主，其中入门级产品有 GTX 1650、GTX 1660、RTX 3050、RTX 3060，实用型产品有 RTX 2060、RTX 3070，发烧级产品有 RTX 2070、RTX 2080、RTX 3080、RTX 3090。

1. NVIDIA 公司的入门级 GPU 及典型显卡

NVIDIA 公司的产品线比较丰富和完整，限于篇幅，本书不做全面介绍，这里以典型的、较新的产品为主进行详细介绍。有兴趣的读者可以在此基础上合理推断，即可对感兴趣的 GPU 产品做出合理判定，当然也可以自行通过权威媒体了解详情。NVIDIA 公司入门级 GPU 的参数如表 6-6 所示。

表 6-6　NVIDIA 公司入门级 GPU 的参数

GPU 名称	GTX 1650	GTX 1660	RTX 3050	RTX 3060
发布时间	2019.04.23	2019.10.29	2022.01.15	2020.09
制造工艺	12nm	12nm	8nm	8nm
晶体管数量	47 亿	66 亿	132.5 亿	132.5 亿
核心频率（MHz）	1410/1590	1530/1785	1552/1777	1320/1777
流处理器数量	896	1408	2560	3584
像素填充率（GPixel/s）	53.3	89.3	64.4	85.3
光栅/纹理单元数量	32/74	48/88	32/80	48/112
纹理填充率（GTexel/s）	123.2	163.7	161	199
显存等效频率（MHz）	8000	8000	14 000	18 000
显存容量（GB）	4	6	8	12
显存类型	GDDR5	GDDR5	GDDR6	GDDR6
显存位宽	128 位	192 位	128 位	192 位
显存带宽（GB/s）	128	192	230.1	360
辅助供电	6Pin	8Pin	8Pin	8Pin
功率（W）	75	120	130	170
推荐电源功率（W）	300	450	500	600
显卡尺寸及接口	2 个插槽，145mm，DP 1.4a，HDMI 2.1	2 个插槽，111mm，DP 1.4a，HDMI 2.1	2 个插槽，145mm，DP 1.4a，HDMI 2.1	2 个插槽，DP 1.4a，HDMI 2.1

虽然 IT 行业的发展是有规律的，但是也不保证某些突发事件的发生导致阶段性"不正常"。曾经，这些"不正常"有可能是由地震这样的自然灾害导致的，也有可能是由产能过剩或产能不足导致的，而这几年的一次"不正常"却是由一次"矿难"导致的。风靡全球的"挖矿"风潮持续了 5 年之久，导致挖矿所需的显卡供不应求，价格疯涨。这个疯涨不是价格上涨 50%，也不是价格翻倍，而是价格翻几倍。就连已经退出市场的显卡也被厂商和经销商拿出来加价卖。

由于新一代的 RTX 4000 系列 GPU 先发布了高端规格，产品线尚未完善，因此只能给入门级用户推荐 RTX 3050。

例如，七彩虹战斧 GeForce RTX 3050 DUO 显卡（外观见图 6-20）沿用了七彩虹战斧系列的传统设计，显卡正面采用红黑撞色设计，正面配备了两个直径为 90mm 的刀刃式风扇，可以带给散热器更多的散热气流。

图 6-20　七彩虹战斧 GeForce RTX 3050 DUO 显卡的外观

七彩虹战斧 GeForce RTX 3050 DUO 显卡采用单 8Pin 供电方案，对于该显卡的供电需求来说可谓绰绰有余；卸掉散热器后可以看见 4 颗 2GB、32 位规格的 GDDR6 显存，形成 8GB、128 位的规格，如图 6-21 所示。

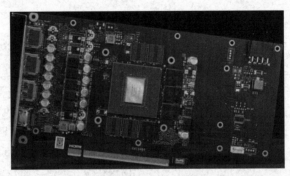

图 6-21　七彩虹战斧 RTX 3050 DUO 显卡

在显卡的价格回归理性之前，建议入门级用户选配 RTX 3050 显卡即可。预算够的用户可以考虑选配 RTX 3060 显卡或 RTX 3060 Ti 显卡，这样性能会更理想，生命周期会更长。

1995 年，七彩虹公司扎根中国改革开放前沿的广东省深圳市，不仅种下了理想，也种下了一个奋斗中创造的未来。在祖国大陆深耕于计算机主机板卡硬件的二十年间，该公司成功

由计算机零组件代理商蜕变为拥有集自主研发、自主生产、自主品牌、自主销售为一体的完整产业链的企业，是中国改革开放政策下高新技术企业发展壮大的缩影。精益求精的匠心精神也使得七彩虹显卡在中国大陆的销量连续十八年第一，全国每 4 台使用独立显卡的计算机中就有 1 台采用七彩虹显卡。

2. NVIDIA 公司的实用型 GPU 及典型显卡

NVIDIA 公司的实用型 GPU 有 RTX 2060、RTX 3070，再细分的话可以有 RTX 2060 Super 和 RTX 3070 Ti。在显卡价格非理性的时期，虽然实用型显卡价格的涨幅远超一般用户的预算能力，但是这里还是要介绍其参数，方便大家学习。NVIDIA 公司实用型 GPU 的参数如表 6-7 所示。

表 6-7　NVIDIA 公司实用型 GPU 的参数

GPU 名称	RTX 2060	RTX 2060 Super	RTX 3070	RTX 3070 Ti
发布时间	2019.01.15	2019.07.09	2021.05.28	2021.06.01
制造工艺	12nm	12nm	8nm	8nm
晶体管数量	108 亿	108 亿	174 亿	174 亿
核心频率（MHz）	1365/1680	1470/1650	1500/1815	1575/1800
流处理器数量	1920	2176	5888	6144
像素填充率（GPixel/s）	80.6	105.6	174.2	172.8
光栅/纹理单元数量	48/120	64/136	96/184	96/192
纹理填充率（GTexel/s）	201.6	224.4	334	345.6
显存等效频率（MHz）	14 000	14 000	14 000	18 000
显存容量（GB）	6	8	8	8
显存类型	GDDR6	GDDR6	GDDR6	GDDR6X
显存位宽	192 位	256 位	256 位	256 位
显存带宽（GB/s）	336	448	448	608
辅助供电	8Pin	8Pin	12Pin	12Pin
功率（W）	160	175	220	290
推荐电源功率（W）	550	550	650	750
显卡尺寸及接口	2 个插槽，228mm，DP 1.4a，HDMI 2.1	2 个插槽，228mm，DP 1.4a，HDMI 2.1	2 个插槽，242mm，DP 1.4a，HDMI 2.1	2 个插槽，267mm，DP 1.4a，HDMI 2.1

NVIDIA 公司的中高端 GPU 在细分市场时，在标准版的基础上习惯补充一个名称中带 "Ti" 的版本，该版本的规格比标准版的规格略高一点。例如，NVIDIA GeForce RTX 3070 Ti 的规格比 NVIDIA GeForce RTX 3070 的规格稍微高一点，比 NVIDIA GeForce RTX 3800 的规格低一点，其采用基于三星 8nm 制造工艺的 GPU 核心，核心面积为 393mm²，晶体管总数为 174 亿。

图 6-22 所示为使用 GPU-Z 对 NVIDIA GeForce RTX 3070 与 NVIDIA GeForce RTX 3070

Ti 这两款 GPU 进行测试的结果。

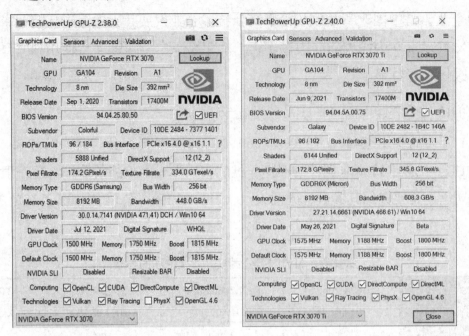

图 6-22　NVIDIA GeForce RTX 3070 与 NVIDIA GeForce RTX 3070 Ti 的测试结果

由图 6-22 可知，NVIDIA GeForce RTX 3070 Ti 配备了 GDDR6X 显存，显存容量为 8GB，显存位宽为 256 位，显存等效频率为 19 000MHz，显存带宽达到 608.3GB/s，相比于 NVIDIA GeForce RTX 3070 的显存带宽（448.0GB/s）有了明显提升。

公版的 GeForce RTX 3070 Ti 显卡延续了 GeForce RTX 3000 系列显卡的前后双风扇设计，相比于 GeForce RTX 3080 显卡和 GeForce RTX 3080 Ti 显卡低奢的镉金色外观，GeForce RTX 3070 Ti 显卡则是银灰色外观，如图 6-23 所示。

图 6-23　GeForce RTX 3070 Ti 显卡的外观

前后双风扇设计可以在机箱内形成两个独立的风道。一个风道直接排出 GPU 核心的热量；另一个风道则利用散热管在显卡上方形成另一个风道，以此传导显卡产生的废热，风扇在运行过程中并没有明显的风噪，非常安静。为了保证前后双风扇散热方式能够在技术上实现，NVIDIA 公司的公版显卡均采用小 PCB 板。

因为公版显卡的 PCB 板架构更加紧凑（见图 6-24 中的左图），所以电源接口的尺寸和体积不得不做出调整，这里 NVIDIA 公司在 GeForce RTX 3070 Ti 显卡上同样采用 12Pin 的小接口供电，并且 NVIDIA 公司官方提供转接线（见图 6-24 中的右图），以兼容主流电源。

公版显卡的紧凑型 PCB 板

12Pin 转双 8Pin 转接线

图 6-24　公版显卡的紧凑型 PCB 板与转接线

3. NVIDIA 公司的发烧级 GPU 及典型显卡

NVIDIA 公司的发烧级 GPU 有 RTX 2070、RTX 2080、RTX 3080、RTX 3090，其参数如表 6-8 所示。

表 6-8　NVIDIA 公司发烧级 GPU 的参数

GPU 名称	RTX 2070	RTX 2080	RTX 3080	RTX 3090
发布时间	2018.10.17	2018.09.20	2020.09.17	2020
制造工艺	12nm	12nm	8nm	8nm
晶体管数量	108 亿	136 亿	280 亿	280 亿
核心频率（MHz）	1410/1620	1515/1800	1440/1710	1395/1695
流处理器数量	2304	2944	8704	10496
像素填充率（GPixel/s）	99.7	97	164.2	189.8
光栅/纹理单元数量	64/144	64/184	96/272	112/328
纹理填充率（GTexel/s）	224.4	278.8	465.1	556
显存等效频率（MHz）	14 000	14 000	19 000	19 500
显存容量（GB）	8	8	10	24
显存类型	GDDR6	GDDR6	GDDR6X	GDDR6X
显存位宽	256 位	256 位	320 位	384 位
显存带宽（GB/s）	452.4	448	760.3	936.2
辅助供电	8Pin	6+8Pin	12Pin	12Pin
功率（W）	185	225	320	350
推荐电源功率（W）	550	650	750	750
显卡尺寸及接口	2 个插槽，228mm，DP 1.4a，HDMI 2.1	2 个插槽，267mm，DP 1.4a，HDMI 2.1	2 个插槽，285mm，DP 1.4a，HDMI 2.1	3 个插槽，313mm，DP 1.4a，HDM I2.1

由表 6-8 可知，RTX 3000 系列 GPU 的规格比 RTX 2000 系列 GPU 的规格高很多。一个原因是 8nm 制造工艺，另一个原因是 RTX 3000 系列 GPU 的内部架构得到了很多优化，使得 GPU 的算力大幅度提升，加上 GDDR6X 内存的助力，让 RTX 3000 系列 GPU 有了惊人的表现。

图 6-25 所示为使用 GPU-Z 对 NVIDIA GeForce RTX 3090 与 NVIDIA GeForce RTX 3090 Ti 这两款 GPU 进行测试的结果。

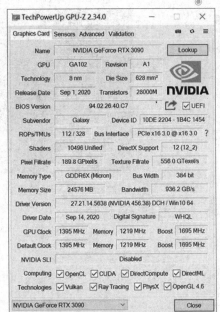
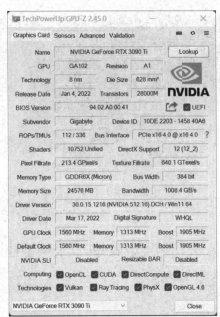

图6-25　NVIDIA GeForce RTX 3090 与 NVIDIA GeForce RTX 3090 Ti 的测试结果

由图 6-25 可知，在流处理器数量、光栅/纹理单元数量、显存容量、显存位宽等关键参数上，NVIDIA GeForce RTX 3900 Ti 比 NVIDIA GeForce RTX 3090 具有少许优势，因此 NVIDIA GeForce RTX 3900 Ti 在性能上会有一定的超越，但是这个程度的差异在实际工作任务中不会使用户产生明显的感受。

例如，图 6-26 所示的影驰 RTX 3090 Ti 星曜 OC 显卡的星卓 Ⅱ 散热器全新升级，采用全覆盖式散热布局，能将核心或关键发热单位的热量迅速传递至风扇区。该散热器特制两个 102mm 和 1 个 92mm 静霜风扇，可以高效送风、快速驱热，并且风扇支持智能启停，同时在 GPU 空闲时间会自动减少噪音和功耗。搭配组合式合金显卡支撑架辅助安装，效果更佳。整个显卡的长度为 34.9cm，因此，其更适合中大体型的机箱安装。

影驰 RTX 3090 Ti 星曜 OC 显卡同样采用 12Pin 的小接口供电，如图 6-27 所示，提供一根 3×8Pin 转 12Pin 的转接线（支持 PCI-E 5.0 规范），目前支持 ATX 3.0 标准的电源还不多，因此这根转接线是必备的附赠品。

图6-26　影驰 RTX 3090 Ti 星曜 OC
显卡的外观

图6-27　影驰 RTX 3090 Ti 星曜 OC
显卡的供电接口

影驰 RTX 3090 Ti 星曜 OC 显卡延续了上一代的透明水晶外壳元素并可供拆卸，配以纯白底色，可让用户享受自由涂装的乐趣，让创作更轻松。其性能强劲，做工和用料扎实，在众多非公版 RTX 3090 Ti 显卡中属于中高端水平，并且享有三年全国售后质保。

作为一款旗舰级显卡，影驰 RTX 3090 Ti 星曜 OC 显卡的价格自然很高，其售价为 14999 元，因此它只适合预算超高的发烧级用户，尤其适合生产力和内容创作者，能够显著提高工作效率和提供更好的体验。

6.4.3　RTX 4000 系列 GPU

NVIDIA 公司在 2022 年 9 月 20 日发布了 NVIDIA RTX 4000 系列 GPU，包括 RTX 4060、RTX 4060Ti、RTX 4070、RTX 4070Ti、RTX 4080 等，具体参数如表 6-9 所示。

表 6-9　NVIDIA 公司发布的 RTX 4000 系列 GPU 的参数

GPU 名称	RTX 4060	RTX 4060 Ti	RTX 4070	RTX 4070 Ti	RTX 4080
发布时间	2023.05.24	2023.05.24	2023.04.13	2023.01.15	2022.09.20
制造工艺	5nm	5nm	5nm	4nm	4nm
晶体管数量	189 亿	229 亿	358 亿	358 亿	459 亿
核心频率（MHz）	2310/2610	2210/2510	1920/2480	2310/2610	2210/2510
流处理器数量	3072	4352	5888	7680	9728
像素填充率（GPixel/s）	122.4	124.6	164.2	219.6	289
光栅/纹理单元数量	48/96	64/184	64/184	80/240	112/304
纹理填充率（GTexel/s）	244.8	344.8	472	658.8	784.3
显存等效频率（MHz）	17 000	18 000	21 000	21 000	21 000
显存容量（GB）	8	8	12	12	16
显存类型	GDDR6	GDDR6	GDDR6X	GDDR6X	GDDR6X
显存位宽	128 位	128 位	192 位	192 位	256 位
显存带宽（GB/s）	272	288	504.2	504.2	676
辅助供电	1 根 PCI-E 8Pin 线缆，或者 1 根功率为 300W 或更大值的 PCI-E 5.0 线缆	1 根 PCI-E 8Pin 线缆，或者 1 根功率为 300W 或更大值的 PCI-E 5.0 线缆	2 根 PCI-E 8Pin 线缆，或者 2 根功率为 300W 或更大值的 PCI-E 5.0 线缆	2 根 PCI-E 8Pin 线缆，或者 2 根功率为 300W 或更大值的 PCI-E 5.0 线缆	3 根 PCI-E 8Pin 转接线（附适配器），或者 1 根支持 450W 及更大额定功率的 PCI-E 5.0 线缆
功率（W）	115	165	200	285	320
推荐电源功率（W）	500	550	650	700	750

对于 RTX 4080，我们可以通过对比表 6-8 与表 6-9 中的参数来估算其性能。以晶体管数量来看，4nm 制造工艺使 RTX 4080 上集成了 459 亿个晶体管，是 RTX 3090 上集成的晶体管数量（280 亿个）的 164%。因此，RTX 4080 上有 9728 个流处理器也就不足为奇了。同时，制造工艺的提升使 GPU 的基础频率和睿频均提升了 58%，从而使得像素填充率、纹理填充率

等大幅度提升。图 6-28 所示为 NVIDIA 公司官网上的 GeForce RTX 4080 与 GeForce RTX 3090 Ti 的性能对比信息。

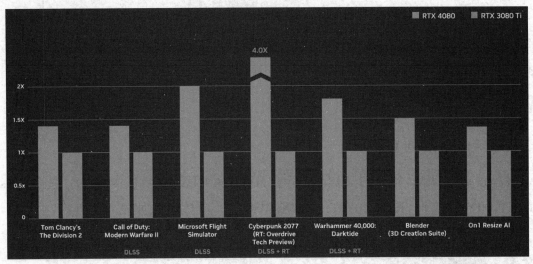

图 6-28　GeForce RTX 4080 与 GeForce RTX 3080Ti 的性能对比信息

6.5　显示器

✓ **知识目标**：了解显示器的分类；了解 LCD 显示器的工作原理；掌握 LCD 显示器的技术指标。

✓ **能力目标**：理解 LCD 显示器的工作原理；理解各类面板色彩还原能力的差异；了解 LCD 显示器的市场。

显示器（Monitor）是用户和计算机进行沟通的"窗口"。正如人用眼睛来看世界万物一样，通过显示器能够及时了解计算机系统的运行状况及操作结果。

6.5.1　显示器的分类

从早期的黑白世界到现在的色彩 3D 世界，显示器走过了漫长而艰辛的发展历程。对显示器进行分类的方法如下：

① 按照显示色彩的能力分类，显示器可以分为单色显示器和彩色显示器。

② 按照显示器的屏幕大小分类，显示器可以分为 14 英寸、15 英寸、17 英寸、19 英寸、20 英寸、21.5 英寸、22 英寸、24 英寸、27 英寸、28 英寸、32 英寸、34 英寸，甚至更大尺寸的显示器，24 英寸及更大尺寸的显示器是家庭用户选择的趋势。

③ 按照显示器的工作原理分类，显示器可以分为 CRT 显示器和 LCD 显示器。

④ 按照显示器屏幕宽高比不同分类，显示器可以分为方屏显示器和宽屏显示器两大类。方屏显示器是相对于现在的宽屏显示器来说的，其屏幕的实际宽高比为 4∶3，目前此类显示设备已经趋于淘汰；宽屏显示器屏幕的宽高比为 16∶9，个别产品有采用超宽屏（屏幕的宽高比为 21∶9）的。

如今主流的显示器屏幕宽高比为 16∶9。数据显示，人类眼睛向上与向下的视角分别是 60° 与 75°，水平向外的视角则高达 95°，因此屏幕才进化成符合视觉的宽屏幕设计。此外，重要的信息大多在同一个水平面，比起上下左右等比例加大，增加左右宽度更能有效率地提升单位面积的信息量。

6.5.2　CRT 显示器

CRT 显示器是一种采用阴极射线管（Cathode Ray Tube）的显示器，阴极射线管主要由电子枪（Electron Gun）、偏转线圈（Deflection Coils）、荫罩（Shadow Mask）、高压石墨电极和荧光粉涂层（Phosphor）、主电路板、玻璃外壳等 6 部分组成，如图 6-29 所示。

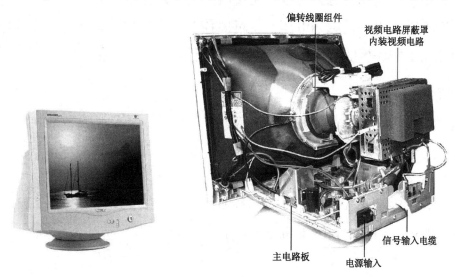

图 6-29　CRT 显示器及阴极射线管

虽然 CRT 显示器具有的可视角度大、无坏点、色彩还原度高、色度均匀、可调节的多分辨率模式、响应时间极短等优点是 LCD 显示器不能比的，但是因为其先天存在高辐射、高能耗、体积大等缺点，所以目前已基本被淘汰。

6.5.3　LCD 显示器

LCD 显示器是一种采用液晶作为材料的显示器，如图 6-30 所示。液晶是介于固态和液态间的有机化合物，将其加热会变成透明液态，冷却后会变成结晶的浑浊固态。在电场作用下，液晶分子会发生排列上的变化，从而影响通过它的光线，使光线发生变化，这种光线的变化通过偏光板的作用可以表现为明暗的变化。就这样，人们通过对电场的控制最终控制了光线的明暗变化，从而达到显示图像的目的。现在 CRT 显示器已成为历史，主流 LCD 显示器的性能越来越好，价格越来越低。

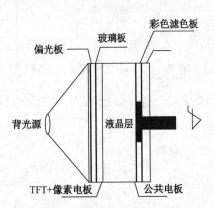

图 6-30　LCD 显示器

LCD 显示器的工作原理是：LCD 显示器利用背光源投射出光线，光线先经过偏光板，再经过液晶层，液晶分子的排列方式会改变穿透液晶的光线角度，光线再经过彩色滤色板与另一块偏光板，只要改变液晶两端的电压，就可以控制最后出现的光线的强度与色彩，进而能在液晶板上显示出不同深度的颜色组合。液晶本身不会发光，必须依靠背光源才能显示图像。

1. 液晶面板

液晶面板的类型关系着液晶显示器的响应时间、色彩、可视角度、对比度等重要因素。液晶面板占据一台液晶显示器成本的 70% 左右，其他的就是驱动电路和外观成本。所以，对于液晶显示器的好坏，液晶面板起着决定性的作用。

从显示器的不同定位来看，液晶面板同样有着不同类型的划分。现在市场上比较常见的 3 种液晶面板分别是 TN 面板、IPS 面板、VA 面板。其中，IPS 面板和 VA 面板都属于广视角面板，其可视角度达到 170°。

1）TN 面板

TN（扭曲向列型）面板属于软屏，在面板上用手轻划一下会出现类似水纹的变形。TN 面板的优点是技术成熟、响应时间短、价格便宜。TN 面板的缺点是作为具备原生 6bit 色彩的面板，只能显示红、绿、蓝各 64 色，最大实际色彩仅有 262 144 种。而通过抖动算法计算之后，可以让其达到 16.7M 色（8bit 色彩），但是通过 IC 电路计算出来的色彩在准确性和自然性方面都无法和原生色彩相比，而广视角面板都具备原生 8bit 色彩，因此过渡性更好。加上 TN 面板提高对比度的难度较大，直接暴露出来的问题就是色彩单薄、还原能力差、可视角度小（仅有 140°），所以低端显示器产品采用 TN 面板。

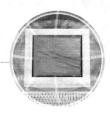

2）IPS 面板（硬屏）

IPS 面板的优点是可视角度大、响应速度快（相比于 VA 面板）、色彩还原准确。与其他类型的面板相比，IPS 面板的屏幕较"硬"，在面板上用手轻划一下不容易出现类似水纹的变形，因此又有"硬屏"之称。

IPS 面板的缺点是漏光问题比较严重，黑色纯度不够，要比 PVA 面板稍差，因此需要依靠光学膜的补偿来实现更好的黑色。另外，由于 IPS 面板的透光率相比 TN 面板较低，因此需要更多的灯管或更好的背光源，这样功耗也更高一点。

3）VA 面板

VA 面板同样是现在高端液晶应用较多的面板类型，属于广视角面板。与 TN 面板相比，VA 面板是具备 8bit 色彩的面板，可以提供 16.7M 色彩和大可视角度是该类面板定位高端的资本，但是价格也比 TN 面板要高一些。

VA 面板的特点是正面（正视）对比度最高，但是屏幕的均匀度不够好，往往会发生颜色漂移，黑白对比度相当高。VA 面板也属于软屏，用手指轻触面板，会出现类似梅花纹的变形。

2. 背光方式

前面说过液晶本身不会发光，必须依靠背光源才能显示图像。现在的液晶电视机和液晶显示器的背光源有两种：CCFL 和 LED。人们在家电卖场或电子市场购买液晶显示器时会有导购员强调"LED 比 LCD 更先进、更高级，是一种替代 LCD 的技术"，事实上，目前市场上所有的家用 LED 电视机、LED 显示器都属于 LCD，并不是导购员所宣传的谁替代谁的关系。LCD 是液晶电视机和液晶显示器的总称，LED 是一种液晶电视机和液晶显示器所采用的背光技术，属于 LCD。与 LED 对应的是 CCFL，其是另一种背光技术。商家为了便于宣传，将 CCFL 称作 LCD。

CCFL 与 LED 既是液晶电视机和液晶显示器的背光技术的两个发展阶段，也是目前市场上液晶电视机和液晶显示器主要采用的两种背光技术。但无论是哪种背光技术，液晶本身的原理都相同。液晶本身不发光，需要用背光源照亮。相比较而言，LED 作为背光源能使显示屏更加轻薄，显色效果会更好。另外较为重要的问题是，LCD 电视机和 LCD 显示器采用冷阴极荧光灯（CCFL），因其含有水银，因而被认为对环境有较大的损坏。而 LED 电视机和 LED 显示器则采用发光二极管，不存在水银的问题。但是对于终端消费者来说，即便是采用有水银的传统液晶电视机，在实际使用的过程中对身体和环境也不会有直接的影响。这种环保问题其实还是针对生产环节和今后的回收环节而言的，这也是很多人都不太容易搞清楚的一个误区。

3．LCD 显示器的技术指标

1）可视面积

LCD 显示器所标识的尺寸就是实际可以使用的屏幕范围。

2）点距

点距是指相邻两个颜色条之间的距离。一般的计算方法是：可视宽度/水平像素（或可视高度/垂直像素）。例如，14 英寸 LCD 显示器的可视面积为 285.7mm×214.3mm，它的最大分辨率为1024像素×768像素，则点距为 285.7mm/1024=0.279mm（或者 214.3mm/768=0.279mm）。

3）色彩度

对于 LCD 显示器来说，重要的当然是它的色彩表现度。我们知道，自然界的任意一种色彩都可以由红（R）、绿（G）、蓝（B）这 3 种基本色混合而得（三基色原理）。液晶面板是由 1440×900（根据屏幕尺寸和宽高比决定）个像素点组成的影像，每个独立的像素色彩又是由红、绿、蓝这 3 种基本色来控制的。

采用 TN 面板的 LCD 显示器的每个基本色（R、G、B）都是 6 位，即 64 种表现度，那么每个独立的像素就有 64×64×64=262 144 种色彩。也有不少厂商使用了所谓的 FRC（Frame Rate Control）技术以仿真的方式来表现出全彩的画面，也就是每个基本色（R、G、B）都能达到 8 位，即 256 种表现度，那么每个独立的像素就有高达 256×256×256=16 777 216 种色彩了。

采用 IPS 面板和 VA 面板的 LCD 显示器的每个基本色（R、G、B）都是 8 位，即 256 种表现度，那么每个独立的像素就有 256×256×256=16 777 216 种色彩。

4）对比度与亮度

对比度是最大亮度值（全白）和最小亮度值（全黑）的比值。LCD 显示器的对比度可以反映出 LCD 显示器是否能表现丰富的色阶和画面层次。对比度越高，图像的锐利程度越高，图像也越清晰。对一般用户而言，对比度能够达到 350∶1 就足够了，但在专业领域，这样的对比度还不能够满足用户的需求。相对 CRT 显示器轻易达到 500∶1 甚至更高的对比度而言，只有高档 LCD 显示器才能达到这样的程度。不过随着技术的不断发展，如华硕、三星、LG 等品牌产品的对比度普遍都在 800∶1 以上，部分高端产品的对比度则能够达到 1000∶1，甚至更高。

LCD 显示器的亮度通常由背光源决定，亮度值一般在 200～300cd/m² 。LCD 显示器是被动发光器件，因此，灯管的数目关系着 LCD 显示器的亮度，当前的 LCD 显示器主要有 4 灯、6 灯，甚至更多的灯管。亮度太高的显示器有可能使观看者眼睛受伤。

5）信号响应时间

响应时间指的是 LCD 显示器对输入信号的反应速度，也就是液晶由暗转亮或由亮转暗的反应时间，通常以毫秒（ms）为单位。响应时间的值越小，表示 LCD 显示器对输入信号的反应速度越快。如果响应时间太长，就有可能使 LCD 显示器在显示动态图像时有尾影拖曳的现象（残影）。一般 LCD 显示器的响应时间在 5ms 左右。

6）可视角度

可视角度指用户可以清楚地看到 LCD 显示器中画面的角度范围。可视角度分为水平和垂直两方面。一般来说，LCD 显示器的可视角度小于 CRT 显示器的可视角度（接近 180°），因为背光源发出的光线经过偏光板、液晶及取向膜后，大多数从屏幕射出的光具备了一定的方向性，在超出这一范围观看时就会产生色彩失真现象，而 CRT 显示器不会有这个问题。目前，通过 TN+FILM、IPS 或 MVA 等广视角技术可以提高 LCD 显示器的可视角度。当前市场上大多数产品的可视角度在 120° 以上，部分产品达到了 160° 以上。

7）曲面屏

曲面屏能给用户带来更好的视觉体验，因为它更符合人体的视觉习惯：人眼的晶状体是凸透镜样，其焦点所形成的焦平面是球状弧面，而并非真正的平面。因此，适当弧度的曲面屏比平面屏的显示效果更接近人眼看到的真实场景，能给用户更强的影院级的临场感，类似用户在电影院看到的 IMAX 屏幕（两者有相似的原理）。曲面屏显示器并不算是 IT 领域的新产物，AOC 34 英寸曲面屏显示器如图 6-31 所示。但是在主流消费范畴中，它却是充满"新意"的一类产品。我们有必要对曲面屏 LCD 显示器的核心指标——曲率进行全面的认识。

图 6-31　AOC 34 英寸曲面屏显示器

曲率是确定曲面液晶视觉效果和画面覆盖范围的核心指标。它是针对曲线上某个点的切线方向角对弧长的转动率，也就是弯曲屏幕的半径数值，它可以决定曲面屏显示器的画质、现场感，曲率越小，弯曲的幅度越大。完美曲面屏显示器的曲率指的是以最佳视听距离为半

径做圆的曲率，当前市场上主流曲面屏 LCD 显示器的曲率的范围为 1000R～1800R，曲率越小，价格越贵。

6.5.4 显示器的选购

在购买显示器之前，可以通过各种方法尽量搜集当前主流的一些品牌和产品性能的信息，以便相互比较，找到满足自己需求的产品，具体可以从以下几个方面考虑。

1. 了解市场上主流的显示器产品

LCD 显示器的品牌较多，如图 6-32 所示。

三星	HKC	AOC	优派	明基	飞利浦	蚂蚁电竞	航嘉	ZOWIE GEAR	泰坦军团	INNOCN	索尼	华硕	LG
长城	SANC	NEC	剑齿虎	KOIOS	MAXHUB	TCL	Acer宏碁	WESCOM	戴尔	雕塑家	康冠	联想	红米
华为	惠普	msi微星	熊猫	小米	艺卓	ZEOL	松人	创维	酷开	外星人	夏新	雷神	技嘉	大水牛	来酷
游戏悍将	唯冠科技	方正	苹果	灵蛇	亚胜诺	康佳	惠浦	易美逊	科睿	海信	长虹	HSO	铁幕	铭速	梦想家
惠冠	东格	攀升IPASON	山水	京东方	金正	鲜柚	安美特	凯科迈	KKTV	盟达	翔野	LAPAELO	数捷	川升
锤子科技	EHOMEWEI	机械师	微软之星	东星	瀚仕达	指天下	瀚达彩	JOHNWILL	Jupiter	维辰思	酷乐	简爱
梅捷	松显	GoBiggeR	aigo	itc	七色果	HEC	H3C	ICB	拓浦	努比亚	谷星	前行者	CFORCE	瑞克
京东京造	海尔	宁美国度	三色	邦梭	京天	图界	大上科技	神舟	亿显	景讯欣	海侑	汉王	普思特	米哲

图 6-32　LCD 显示器的品牌

2. 技术指标适用

目前市场上的 LCD 显示器有 TN 面板、IPS 面板、VA 面板等，彼此间在色彩度、可视角度、响应时间、耗电量等方面都有着不小的差异。不同面板的优点和缺点也很明显，用户要根据自身需求来选择适合自己的产品。

3. 根据需要选择接口

近几年，HDMI 接口和 DP 接口也逐渐成为大屏 LCD 显示器的标配。用户可以根据自己显卡的情况选择支持不同接口的显示器。

VGA 接口和 DVI 接口目前已经很少见。个别小尺寸的显示器保留 VGA 接口也只是为了满足没有升级主机的老用户和预算有限的入门级用户的需求而已。

4. 尽可能一步到位

从严格意义上来说，显示器是一个耐用消费品，如果没有特殊需要，就不需要经常更换，所以要在品牌、性能、尺寸等方面都一步到位，何况它还关系着用户的视觉享受和视觉健康，好的显示器不会让用户的视力急剧下降。

在使用 LCD 显示器时要注意维护，这样才能使其寿命更长。在日常使用的过程中，要尽

量避免显示器受到强烈的冲击和震动。在不使用时，关闭显示器电源，避免长时间待机，并且要防电磁干扰、防潮。此外，还要定期清洁显示器的屏幕，以达到最好的视觉效果。

6.6　硬件助手

6.6.1　GPU-Z

GPU-Z 是一款显卡识别工具，界面直观，运行后即可显示 GPU、制造工艺、芯片大小、晶体管数、流处理器（着色器）数量、光栅/纹理单元数量、像素填充率、纹理填充率等信息，如图 6-33 中的左图所示。

选择"传感器"选项卡，如图 6-33 中的右图所示，可以看到 GPU 频率、显存频率、GPU 温度、风扇速度、GPU 负载、显存控制器负载等显卡工作状态的详细信息。

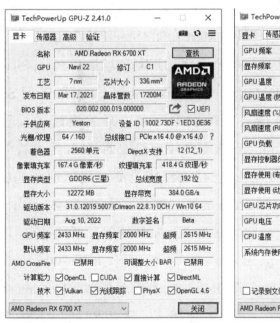
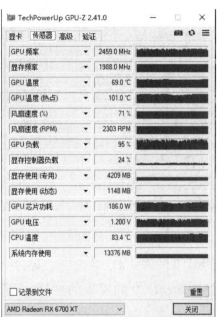

图 6-33　GPU-Z 的运行界面

运用 GPU-Z 不仅可以帮助用户直观地了解显卡的性能，还可以帮助用户观察显卡的运行状态，及时发现显卡可能出现的故障。

6.6.2　3DMark

面对琳琅满目的显卡产品，很多用户不知道应该如何选择适合自己的显卡。这里介绍一款测试显卡综合性能的软件——3DMark。3DMark06 的启动界面如图 6-34 所示。

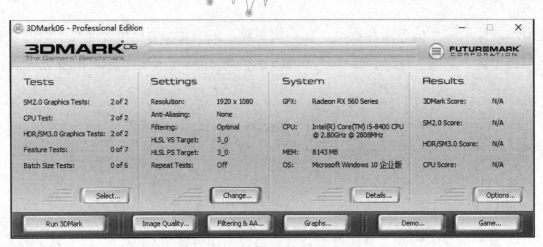

图 6-34　3DMark06 的启动界面

3DMark 是 Futuremark 公司的一款专门测试显卡性能的软件，有 3DMark99、3DMark2001、3DMark2003、3DMark2005、3DMark2006、3DMark Vantage、3DMark 11 和 The new 3DMark 等版本。每次推出的新版本 3DMark 都增加了一系列不同的图形特效，如 3DMark2000 中的硬件 T&L 技术，3DMark2001 中的每帧数万多边形复杂场景和 Pixel Shader 1.1 技术，3DMark03 中的 Pixel Shader 1.x 和 Pixel Shader 2.0 技术及最高每帧数十万多边形的测试场景等，这些都是 Futuremark 公司不断进取的表现。经过数年的悉心打造，3DMark 现在已经成为测试显卡性能的标杆性软件。3DMark06 的测试成绩界面如图 6-35 所示。

图 6-35　3DMark06 的测试成绩界面

新旧版本 3DMark 的主要区别是它们支持的 DX 版本不同，或者说它们测试的对象不同。以 3DMark06 为例，其发布于 2006 年 1 月 17 日，主要用于测试支持 DirectX 9 的显卡的性能。而 3DMark 11 则用于测试支持 DirectX 11 的显卡的性能。所以，选择哪个版本的测试软件取决于用户要测试的显卡支持的 DX 版本。3DMark 11 的测试成绩界面如图 6-36 所示。

现在的 3DMark 已不只是一款测试显卡性能的软件，其已渐渐转变成了一款测试整机性能的软件。需要提醒的是，该软件需要购买并注册后才能使用其全部功能，没有注册码的用户只能使用基础测试功能，其实基础测试功能已经能够满足多数用户的需求了。

Futuremark 把新版本命名为"3DMark"，没有任何版本标识，该版本支持跨平台基准测试，针对 Windows、Windows RT、Android 及 iOS 系统 3D 运算能力，提供基准分数进行直接比较，进军非 X86 架构平台。新 3DMark 的主界面如图 6-37 所示。

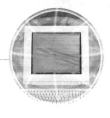

图 6-36　3DMark 11 的测试成绩界面

图 6-37　新 3DMark 的主界面

　　由图 6-37 可知，新 3DMark 提供了 3 个测试场景，分别为 Ice Storm、Cloud Gate 和 Fire Strike，其中只有 Ice Storm 场景支持跨平台基准测试，并在各个版本中出现，而 Cloud Gate 和 Fire Strike 场景则采用较复杂的 3D 运算，只会在 Windows 及 Windows RT 版本中提供。

　　新 3DMark 的另一个主要改变是测试结果。除了针对 CPU 及 GPU 的性能提供了图形成绩、物理成绩及总成绩（见图 6-38），还提供了最高帧率、最低帧率及平均帧率，更能反映实际测试表现，用户只需把鼠标指针指向各项测试成绩，便可查看最大帧率、最小帧率及平均帧率（见图6-39）。

图 6-38　新 3DMark 的测试结果

≡ 详细分数	▲
3DMark Score	31121
Graphics Score	35835
Physics Score	34632
Combined Score	14552
Graphics Test 1	168.9 fps
Graphics Test 2	144.6 fps
Physics Test	109.94 fps
Combined Test	67.69 fps

图 6-39　新 3DMark 的详细分数

3DMark 有 Basic、Advanced 与 Professional 版本。Basic 版本是个人免费使用版本，只提供基本的功能，但和其他版本一样拥有完整的 Ice Storm、Cloud Gate 和 Fire Strike 场景。由于在测试时无法跳过演示，因此测试时间会比其他版本长一些。

Advanced 版本可以单独执行基准测试项目，快速完成基准测试；增设 Fire Strike 场景的 Extreme Profile 测试；支持个性化设置、循环测试、稳定性及压力测试；提供互动式图表；可以自动保存离线测试结果。

6.6.3　Fraps

Fraps 是一款显卡辅助软件，可以检测和记录计算机运行游戏时的帧数，从而了解机器的性能。另外，它还具备在游戏中截图和视频捕捉功能，可以方便地进行截图和录屏，其中文界面和英文界面如图6-40所示。它录制的视频是无损压缩的 AVI 格式，质量较高，而且不丢帧，缺点是录制的文件较大。如果想要缩小文件，则可以使用视频编辑软件进行格式转换、降低分辨率等操作。

（1）查看帧数。启动该软件后进入游戏，可以看到游戏画面的左上角有个黄色的数字，这个数字就是用户的游戏帧数。如果运行帧数在 30 帧以上，则运行游戏时会比较流畅；如果运行帧数低于 30 帧，则运行游戏时会有卡顿；如果运行帧数始终在 60 帧以上，则将会带给游戏玩家极佳的游戏体验。

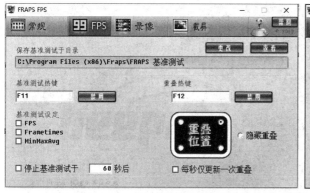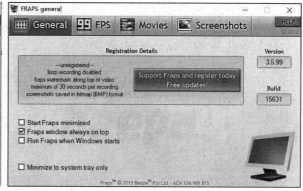

图 6-40　Fraps 的中文界面（左）和英文界面（右）

在游戏过程中按 F11 键后，该软件会开始记录运行时间和运行的总帧数，直至用户再一次按 F11 键结束记录过程。在退出游戏后，在 Fraps 安装目录中可以看到生成了一个名为"FRAPSLOG.TXT"的文本文档，该文本文档的内容如图 6-41 所示。

图 6-41　FRAPSLOG.TXT 文档的内容

（2）录制视频。先运行该软件，进入游戏后按快捷键（默认为 F9 键）开始录制视频，可以看到游戏画面左上角的黄色数字变成了红色，这就说明软件已经开始录制了，再次按下 F9 键即可停止录制。在录制视频时不仅可以选择视频帧数，还可以选择录制声音、是否隐藏视频中鼠标指针等选项。视频默认保存在 Fraps 安装目录下的"FRAPS 录像"文件夹中。

（3）游戏截图。先运行该软件，进入游戏后按 F10 键就可以截图了。在截图时还可以选择截图格式（推荐 PNG 格式，该格式是无损压缩的格式）、截图包含帧数、连续截图的频率等。截图默认保存在 Fraps 安装目录下的"FRAPS 截屏"文件夹中。

6.6.4　游戏加加

游戏加加是一款专业的电竞系统工具，专注于硬件监控、游戏优化、游戏滤镜、网络加速等功能，其主界面如图 6-42 所示。用户使用该软件提供的电脑跑分功能可以测试计算机配置在运行游戏时的流畅度，使用硬件监控功能可以实时监测硬件性能表现，使用游戏优化功能可以提高硬件性能消耗，使用游戏滤镜功能可以提升游戏画质体验，使用网络加速功能可以降低游戏网络延迟，提升游戏体验。

同时，游戏加加针对用户需求提供了游戏的专用工具（如云顶之弈工具、逃离塔卡滤镜等）。该软件还集成了录像截屏、网盘同传等功能，是一款通用性极强的电竞游戏用户必备软件。

游戏加加还为用户提供了压力测试功能，用于测试计算机硬件系统在满负载情况下的稳定性，如图 6-43 所示。

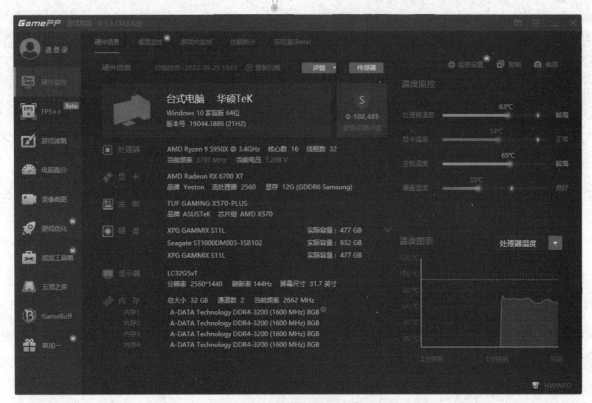

图 6-42　游戏加加的主界面

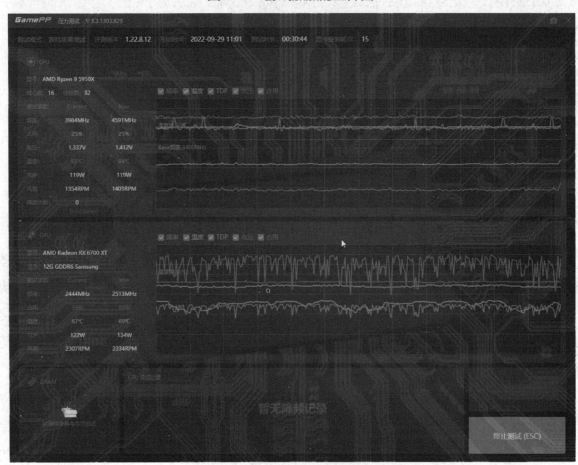

图 6-43　使用游戏加加进行压力测试

6.7 实践出真知

实训任务 1：下载与安装 GPU-Z，并测试所用计算机的显卡。

准备工作：一台能上网的计算机。

操作流程：略（高版本的 GPU-Z 能够较准确地识别新发布的产品，使用一年以上的计算机可以下载低版本中文版软件，方便初学者学习）。

完善表格：运行 GPU-Z，获取显卡的技术参数并完成如图 6-44 中右图所示的表格。

GPU 名称	GeForce RTX 4080	晶体管数量	459 亿
核心面积（mm²）	379	GPU 制造商	NVIDIA
光栅/纹理单元数量	112/304	纹理填充率（GTexel/s）	784.3
流处理器数量	9728	像素填充率（GPixel/s）	289
GPU 频率（MHz）	2205	GPU 睿频频率（MHz）	2580
显存类型	GDDR6X	显存容量（GB）	16
显存位宽	256 位	显存带宽（GB/s）	716.8
显存频率（MHz）	1400	显存等效频率（MHz）	1400×16

图 6-44　NVIDIA GeForce RTX 4080 的测试结果及数据提取示例

拓展思考：在完成图 6-44 中右图所示的表格后，对比本章提供的其他 GPU-Z 测试结果，分析所用计算机中显卡的市场定位；结合鲁大师、CPU-Z 等软件对所用计算机的整体配置进行理性评价和定位。

进阶操作：选择 GPU-Z 中的 "Sensors"（传感器）选项卡，观察各项温度值。对比空负载和满负载等不同状态下的温度值，分析 GPU 的工作状态与温度变化的联系。

实训任务 2：下载与安装新 3DMark，运行该软件并解读测试结果（基础版本默认设置运行）

准备工作：一台能上网的计算机。

操作流程：略（如果是使用 3 年以上的计算机，则可以下载 3DMark 11）。

友情提示：新 3DMark 通常需要在 STEAM 平台商城购买，热心网友共享的免费体验安装包不易找到。其实下载 3DMark 11（网友分享的注册码比较多）体验一下也是不错的选择。

实训任务 3：下载与安装游戏加加，并运行该软件测试计算机系统性能

准备工作：一台能上网的计算机。

操作流程：略。

友情提示：（1）游戏加加的功能强大，这里先只体验电脑跑分功能。在进行测试时，分别对 CPU、显卡、内存和硬盘进行多项测试并给出分项测试结果。

（2）CPU 测试过程分单核心和多核心进行若干项测试，注意观察 CPU 温度、CPU 占用率和测试内容的关联性。

（3）计算机的配置低或驱动程序的版本低会导致部分测试项目不能正常进行。

（4）测试结束后会提供 CPU 和 GPU 性能排名。

实训任务 4：拆卸及安装显卡

准备工作：一台有独立显卡的计算机，消除静电，切断电源，十字螺丝刀，拔掉显卡输出线缆。

操作流程：（1）打开机箱侧面板，观察独立显卡安插在主板 PCI-E×16 插槽的形态和独立显卡辅助供电线缆的安装形式，并观察固定独立显卡的螺丝。

（2）左手手掌按压在显卡顶部，右手捏紧显卡辅助供电接口卡扣并向上拔出，观察并进行安插，反复操作几次后拔除供电线缆插头，用十字螺丝刀拆卸固定独立显卡的螺丝（1～2个），按压 PCI-E×16 插槽卡扣（见图 6-45）并拔出独立显卡，反复操作，熟练后还原至初始状态。拔除显卡和供电线缆插头的示意图如图 6-46 所示。

图 6-45　PCI-E×16 插槽卡扣

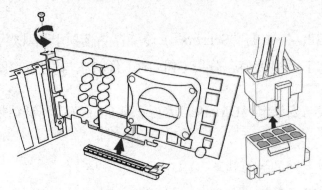

图 6-46　拔除显卡和供电线缆插头的示意图

习题6

1. 生产 GPU 的厂商有哪几家？

2. 显卡主要由哪几部分组成？

3. 显卡有哪几种输出接口？它们都有哪些特性？

4. 集成显卡能够满足哪些用户群体的使用需求？

5. 独立显卡的性能好坏是通过哪些性能指标体现的？

6. 目前显卡内存的主要类型有哪些？

7. 下载、安装并运行 GPU-Z，根据检测数据说明所用计算机中 GPU 的性能。

8. 为什么独立显卡需要单独供电？

9. 在选购显卡时，选择显存容量大小的因素有哪些？

10. 什么是 A 卡？什么是 N 卡？

11. 不同的液晶面板之间有什么区别？

12. LCD 显示器的技术指标有哪些？

13. 什么是 LCD 显示器的坏点？用什么方法可以鉴别坏点？

14. 曲面屏显示器的优点有哪些？

15. 选购显示器应考虑哪些方面？

16. 上网了解独立显卡的行情，结合自己的情况说明 CPU 与显卡搭配的原则。

17. 从网上下载测帧软件 Fraps，在不同计算机上运行相同的游戏（相同设置），根据测试结果分析显卡性能（可以根据 GPU-Z 预判性能情况）。

18. 通过显存带宽计算公式计算图 6-10 中 AMD Radeon RX 6700 XT 的显存带宽。

19. 运行测帧软件 Fraps 后启动游戏（任意一款 3D 游戏），在不同的画质模式下完成截屏及视频录制操作，并完成效果及性能对比，对比画质提升对显卡性能的影响情况。

第章

其他外部设备

 **知识要点**

🔑 常用的计算机外部设备的结构、分类和性能指标。
🔑 常用的计算机外部设备的选购方法。

内容摘要

　　随着计算机外部设备技术的不断发展，目前在计算机市场上有很多功能完善的外部设备，它们在很多应用领域都发挥着重要的作用。本章将主要介绍常用的几种计算机外部设备的结构、分类、性能指标等。

在计算机系统中，除了 CPU 和主存储器，其他的部件都可以看作计算机的外部设备。目前，计算机的外部设备正在向多样化、智能化、功能复杂化、高可靠性的方向发展。

 **7.1** 声卡

✓ **知识目标**：了解声卡的分类；了解声卡的工作原理。
✓ **能力目标**：了解外置式声卡及其适用场景；正确识别、使用声卡接口。

声卡（Sound Card）又称音频卡，是实现声波（模拟信号）/数字信号相互转换（A/D 或 D/A）的一种硬件。声卡的基本功能是把原始的声音信号进行转换后输出到耳机、音箱等设备。

7.1.1　声卡的结构

声卡主要由声音处理芯片、功率放大芯片、总线连接接口、输入/输出接口、MIDI 及游戏杆接口、CD 音频连接器等部分组成，如图 7-1 所示。

图 7-1　声卡的结构

1. 声音处理芯片

声音处理芯片是声卡中最重要的部件，如图 7-2 所示，其主要功能是将外部设备输入的声音（模拟）信号通过模数转换器转换成数字信号，供计算机进行进一步处理或存储。在重放时，这些数字信号被送到数模转换器还原为模拟信号，放大后送到扬声器发声。

图 7-2　声音处理芯片

2. 功率放大芯片

功率放大芯片用于放大声音信号，在使用耳机时可以选择放大后再输出（Speaker Out），由于功率放大芯片同时放大了噪声信号，因此在使用自带功放的音箱时最好使用未经功率放大芯片放大过的音频输出接口。

3. 输入/输出接口

声卡要具有录音和放音功能，就必须有一些与放音和录音设备相连接的接口。在声卡与主机机箱连接的一侧总有一些插孔，通常是"Speaker Out""Line Out""Line In""Mic In"等接口。集成声卡的接口和独立声卡的接口分别如图7-3和图7-4所示。

图 7-3　集成声卡的接口　　　　　　　　图 7-4　独立声卡的接口

① Speaker Out：扬声器输出接口，该接口用于连接耳机。

② Line Out：线性输出接口，该接口用于外接音箱、功放或带功放的音箱。

③ Line In：线性输入接口，该接口通常用于外接辅助音源，如影碟机、收音机、录像机及 VCD 回放卡的音频输出。

④ Mic In：话筒输入接口。

4. MIDI 及游戏杆接口

标记为 MIDI 的接口可以配接游戏杆、模拟方向盘，也可以连接电子乐器上的 MIDI 接口，实现 MIDI 音乐信号的直接传输。

7.1.2　声卡的分类

声卡发展至今，根据接口类型可以分成板卡式声卡、集成式声卡和外置式声卡 3 种，能够满足不同用户的需求。

① 板卡式声卡（独立声卡）：板卡式声卡是现今市场上的中坚力量，产品涵盖低、中、高各个档次。从早期的 ISA 声卡（已被淘汰）到如今的 PCI 声卡，已经拥有了很高的性能和兼容性，支持即插即用，安装和使用都很方便。

② 集成式声卡（板载声卡）：声卡集成到主板上可以在较低成本上实现声卡的完整功能。声卡除了音质，不会对计算机系统的性能产生影响，所以集成式声卡在市场中占据了很大的份额。随着主板整合程度的提高及 CPU 性能的日益强大，同时主板厂商出于降低用户采购成本的考虑，集成式声卡出现在越来越多的主板中。目前，集成式声卡几乎成为主板的标准配置，比如常见的 AC'97 和 HD Audio 这两款集成式声卡，如图7-5所示。

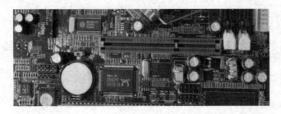

图 7-5　两款集成式声卡

③ 外置式声卡：这种声卡通过 USB 接口连接在 PC 上，具有使用方便、便于移动等优点。外置式声卡一般应用于特殊环境。例如，图 7-6 所示为两款外置式声卡。

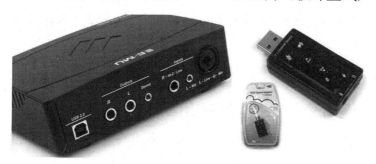

图 7-6　两款外置式声卡

集成式声卡的优势是成本低廉、性价比高。随着声卡驱动程序的不断完善，目前集成式声卡逐步得到用户的认可。板卡式声卡的优势是音质输出效果卓越，并且具有丰富的音频可调功能，这是集成式声卡不可比拟的。

7.2　音箱

✓ **知识目标**：了解音箱的结构、分类、主要性能指标。

✓ **能力目标**：了解各类音箱的适用性；熟悉音箱的安装和连线；理解多声道音箱的特性。

音箱是一种将音频信号还原成声音并输出的设备，是计算机"音响"系统的终端。其工作原理是声卡将输出的声音信号传送到音箱，通过分频器放大为人耳能听到的声音。

7.2.1　音箱的结构

音箱主要由扬声器、箱体、分频器 3 部分组成，如图 7-7 所示。

图 7-7　音箱的结构

扬声器又称"喇叭"，是一种把电信号转变为声音信号的换能器件，其性能直接影响音质效果。

常见的音箱箱体一般都是木质的，因为木制品有很好的阻尼性，比金属、塑料等更适合制作音箱。

分频器的主要作用是频带分割、幅频特性与相频特性校正、阻抗补偿与衰减等。

7.2.2 音箱的分类

1. 按照使用场合可以分为专业音箱与家用音箱

专业音箱一般应用于歌舞厅、影剧院等专业文娱场所，其特点是灵敏度高、功率大、力度强、音质卓越。

家用音箱一般用于家庭娱乐，其特点是音质细腻柔和、外形精致美观、放音声压不高、承受功率低。

2. 按照放音频率可以分为全频带音箱与低音音箱

全频带音箱是指能够覆盖低频、中频和高频范围的音箱，频率可以覆盖 60Hz～18kHz。低音音箱是用来补充全频带音箱的低频放音的专用音箱，频率可以覆盖的范围从 30 Hz 到几百赫兹。

7.2.3 音箱的主要性能指标

一款音箱的性能好坏是由它对原声音的还原质量体现的。音箱的性能好坏可以从以下两点考虑。

1. 额定功率

额定功率是指音箱能够长时间承受而不致损坏的功率，是音箱的安全指标。

2. 频响范围

频响范围是指音箱系统的最低有效回放频率与最高有效回放频率之间的范围。

7.2.4 音箱的选购

在选购音箱时，除了要看其各项性能指标，还要注意以下 3 点：

① 使用目的明确。确定音箱主要使用的场所及用户自身的需求，如普通家庭的音箱只要有较小的失真度就可以，而大型 3D 游戏或家庭影院的音箱则需要具备频响范围大、功率大、有源等特性。

② 音箱的声道数必须与声卡的声道数匹配。如果 5.1 声道音箱配的是 7.1 声道声卡，则不能发挥 7.1 声道声卡的优质音效。

③ 常见的音箱主流品牌有惠威（HiVi）、漫步者（EDIFIER）、三诺（3NOD）等。例如，图 7-8 所示为惠威 H·System 音箱和惠威 M10 音箱。

图 7-8　惠威 H·System 音箱和惠威 M10 音箱

7.3 机箱和电源

✓ **知识目标**：了解机箱的结构和分类；理解机箱的功能；掌握电源的分类与主要性能指标。

✓ **能力目标**：熟练掌握电源的安装流程；掌握电源输出线缆的连接与安装；理解背板走线思维。

机箱作为计算机配件中的一部分，其主要作用是放置和固定各种计算机配件，起到承托和保护作用。此外，机箱还具有屏蔽电磁辐射的作用。当然，计算机的各个部件想要正常运行，还需要一个稳定的电源，这样才能更好地为用户服务。

7.3.1 机箱

1．机箱的结构

机箱一般包括箱体、支架、面板上的各种开关、指示灯等，如图 7-9 所示。

图 7-9　机箱

机箱的箱体一般用钢板和塑料结合制成，硬度高，作用是保护机箱内部元件和屏蔽电磁辐射等；支架的作用是固定主板、电源和各种驱动器。

机箱有 AT 结构和 ATX 结构之分。AT 结构机箱用在采用 AT 主板的早期计算机设备中，目前已经被淘汰；ATX 结构机箱是目前最常见的机箱，支持现在绝大部分类型的主板。

2. 中高端机箱

中高端用户在追求高性能的同时对机箱的款式、材质有着更高的要求。中高端机箱在满足审美要求的同时在内在品质方面也下了不少功夫，这里以图 7-10 所示的 PH-EC600PSTG 机箱为例介绍中高端机箱区别于传统机箱的一些细节。

图 7-10　PH-EC600PSTG 机箱

PH-EC600PSTG 机箱是一款面向中高端用户的机箱，长、宽、高分别为 510mm、240mm、520mm，属于中塔型台式机机箱。其支持 ITX、MATX、ATX 及 EATX 等所有板型主板，有冰河白、钛金灰、曜石黑这 3 种颜色可选。PH-EC600PSTG 机箱既属于静音型机箱，也属于游戏机箱。

PH-EC600PSTG 机箱的整体外观较为大气稳重，表面质感非常舒适；主体结构采用厚度为 0.9mm 的钢材，支持单面钢化玻璃侧透的设计，支持门式开启，可以从前部打开；钢化玻璃侧面板采用金属荷叶和磁铁相结合的固定方式，前端的小拎手设计方便开启侧面板，侧面板四边都贴有胶条，起到避震隔音的作用，如图 7-11 所示。

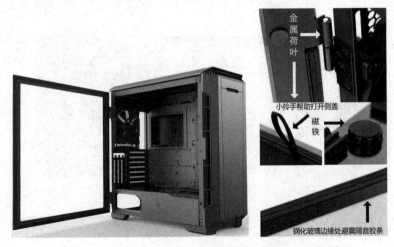

图 7-11　PH-EC600PSTG 机箱荷叶式开门侧面板

PH-EC600PSTG 机箱的设计理念是要具有两个完全极致的潜力：享受降噪后的静音，空气全流通的满载对流。为此，机箱在侧面板、顶盖、前盖、底部等多处采用抗噪隔音板和 Phanteks 新型高气流编织材质隔音网布的设计。

防尘盖可以通过手动的方式整个卸下，其内部贴有隔音网布（见图 7-12），隔音网布和厚实的钢板分别用于应对低频噪声和高频噪声。顶部和正面的防尘盖由磁吸和卡扣固定，可以整块卸下，有 3 层隔音设计（包括另一个侧面板的内侧）。

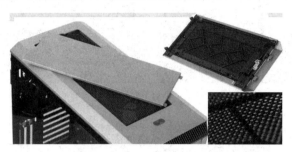

图 7-12　防尘盖及隔音网布

PH-EC600PSTG 机箱支持背板走线，电源仓在底仓后方。电源要先安装到电源支架，再从后方向前推入电源仓，电源支架由两颗手拧螺丝固定，采用不脱落设计，可以手动拆卸和安装。电源底部有进风口防尘网，可以通过推拉的方式来拆卸和安装，方便清洁。机箱底部分布有 4 个大尺寸的橡胶脚垫，起到防滑、抗震的作用。底部防尘网和电源仓如图 7-13 所示。

图 7-13　底部防尘网和电源仓

PH-EC600PSTG 机箱同时支持水冷散热和风冷散热这两种散热方式。其气流流通规划如图 7-14 中的左图所示，气流先由前面和底部流入箱体，再由顶部和后面流出。风冷散热系统支持 120mm 和 140mm 两种规格，如果采用水冷散热方式，则可以在 360mm 和 420mm 两种规格中选择，如图 7-14 中的右图所示。

背板走线的作用是使箱体内部的布线最简化，最大限度地保障空气的流通性，让 CPU、显卡发出的热量迅速从机箱顶部和后面排出。PH-EC600PSTG 机箱在箱体和背板、箱体和电源仓之间预设了足够的走线孔（见图 7-15 中的左图），分布在各个方位，保证走线简洁；主板供电线缆、显卡供电线缆、CPU 供电线缆、硬盘线缆、RGB 灯线缆等都能在最近的位置走线至背板处；背板提供多组魔术贴，方便各类线缆的理序和绑扎，如图 7-15 中的右图所示。

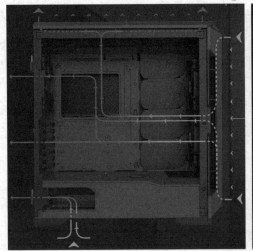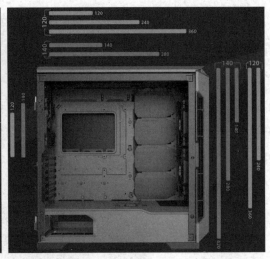

图 7-14　散热系统

图 7-15　系统布局

　　考虑到特殊用户的工作和生活需要，PH-EC600PSTG 机箱提供了双套设备方案，即在一个机箱内可以安装两套主板、CPU、内存、硬盘等设备。第二套设备被设计在第一套设备的上方、机箱顶盖的下方位置，其 I/O 接口横向输出至机箱后面，和第一套设备的 I/O 接口一样都在后方，如图 7-16 所示。限于机箱尺寸，第二套设备只支持 ITX 主板。

图 7-16　第二套设备的 I/O 接口位置

中高端机箱还需要提供超常规的扩展性。PH-EC600PSTG 机箱在背板处设置了 3 个 2.5 英寸固态硬盘安装位，在底部硬盘仓（与电源仓一体）设置了 4 个 3.5 英寸机械硬盘安装位（见图 7-17 中的左图），在此基础上，还可以在主板安装位和前面板之间补装 6 个机械硬盘（见图 7-17 中的右图），但这会占用水冷散热系统的安装位。

图 7-17　存储系统

PH-EC600PSTG 机箱凸显了静音、良好的空气对流、精良的做工、充分的扩展性等特性，加上 13.5kg 的净重和近千元的价格，尽显低调的奢华。

3．机箱的选购

① 机箱是承载主板、显卡、硬盘、光驱和电源的载体，所以机箱钢板的强度是重中之重。强度差的机箱易变形，导致内部板卡变形甚至断裂，从而引起系统的不稳定和硬件的损坏。市场上的机箱多采用厚度为 0.8mm 的钢板，而质量好的机箱则采用厚度为 1.0mm 的钢板，需要特别注意的是，个别劣质机箱为了节省成本会采用厚度为 0.6mm 的钢板。在选购机箱时最直观的方法是抬起机箱估算其重量，对大小相同的机箱可以考虑购买重一些的。

② 不能过多考虑占地面积和美观问题，机箱内部空间越大就越有利于空气流通和散热，也方便板卡的拆卸和安装。

③ 看机箱的内部结构和生产工艺。对于内部结构，要看有没有加固的横梁和立柱，在前面板（正面）的内侧有没有起到屏蔽电磁辐射作用的网状金属层；对于生产工艺，可以用手摸一摸内沿是否光滑来确定生产工艺的好坏。

7.3.2　电源

电源的作用是将交流电通过一个开关电源变压器转换为+5V、−5V、+12V、−12V、+3.3V

等稳定的直流电，为机箱内部的主板、独立显卡、硬盘、光驱及各种适配器扩展卡等系统部件供电。它可以提供计算机中所有部件所需要的电能。电源功率的大小、电流和电压是否稳定将直接影响计算机的工作性能和使用寿命。例如，图 7-18 为金河田金牌 A 750W 全模组电源。

图 7-18　金河田金牌 A 750W 全模组电源

1．电源的分类

根据计算机主板的不同结构，计算机的电源可以分为 AT 电源、ATX 电源。

① AT 电源。AT 电源是奔腾处理器时代以前的电源，是为 AT 主板定制的电源，功率一般为 150～250W，输出线为两个 6 芯插头和多个 4 芯插头，两个 6 芯插头为 AT 主板供电。AT 电源采用切断的方式关机，也就是"硬关机"，如今已被淘汰。

② ATX 电源。ATX 是 1995 年 Intel 公司制定的主板及电源结构标准，ATX 是英文"AT Extend"的缩写，可以翻译为"AT 扩展标准"，ATX 电源就是根据这一标准设计的电源。与 AT 电源相比，ATX 电源的外形尺寸并没有多大变化，它与 AT 电源最显著的区别是，ATX 电源取消了传统的市电开关，依靠+5VSB、PS-ON 控制信号的组合来实现电源的开启和关闭。ATX 电源总共有 6 路输出，分别是+5V、-5V、+12V、-12V、+3.3V 及+5VSB。

根据计算机主板及其他部件的发展变化，ATX 电源的标准经历了 ATX 1.0、ATX 1.1、ATX 2.0、ATX 2.01、ATX 2.02、ATX 2.03、ATX 12V 等版本，目前市面上的电源多遵循 ATX 2.03 标准或更新的 ATX 12V 标准。

2．电源的主要性能指标

① 电源的技术指标。电源的技术指标包括输出电压的稳定性、纹波、输入电源相数、额定电压、频率、输入电流等。

② 电源的功率。计算机最关键的功耗是 CPU、显卡、硬盘这 3 部分的功耗，其他的数据即便有出入也不会对结果产生很大影响。电源的功率能确保计算机各个部件的正常运行即可。目前，入门级计算机配置功率值为 200～350W 的电源即可，主流级计算机需要配置功率值为 400～600W 的电源，高端或发烧级计算机需要配置功率值为 700～1000W 的电源。

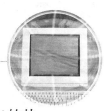

计算机的实际用电需求主要考虑 CPU 和显卡的用电量。厂商都会给出 CPU 和显卡的热功耗（TDP）值，方便用户配置功率值足够的电源产品。计算实际配置的电源功耗比较简便且有效的方法是：实际配置的电源功耗=(CPU 的 TDP+显卡的 TDP)×2。

③ 电源的安全认证。安全标准以保障用户生命和财产安全为出发点，在原材料的绝缘、阻燃等方面做出了严格的规定。符合安全标准的产品不但要求产品本身符合安全标准，而且对制作厂商也要求有较完善的安全生产体系。各个国家和地区根据自己的地理环境和电网环境制定了不同的安全标准。例如，我国的安全认证机构是 3C，即 CCC（China Compulsory Certification，中国强制认证），电源产品只有经过 3C 认证后方可销售。例如，图 7-19 所示为金河田金牌 A 750W 全模组电源的参数表、接口与电源线。

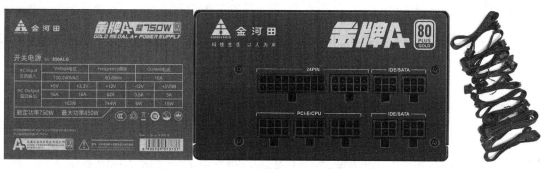

图 7-19　金河田金牌 A 750W 全模组电源的参数表、接口与电源线

电源将交流电转换成直流电输出的过程中会不可避免地产生能源损耗。转换的比例或能源的利用率简称转换率，转换率越高越好。80PLUS 认证就是这样一个衡量转换率的认证。台式机的电源在计算机满负载、50%负载、20%负载时的效率均在 80%以上就符合 80PLUS 认证。

在发展过程中，80PLUS 认证标准演化出了几个不同版本，如表 7-1 所示。

表 7-1　80PLUS 认证标准的几个不同版本

80PLUS 认证	白牌电源	铜牌电源	银牌电源	金牌电源	白金电源	钛金电源
轻负载 20%	80%	82%	85%	87%	90%	92%
典型负载 50%	80%	85%	88%	90%	92%	94%
满负载 100%	80%	82%	85%	87%	89%	90%

80PLUS 已成为公认的最严格的电源节能标准之一，80PLUS 认证给社会和普通消费者带来的好处如下：

- 降低能源消耗，从而节省电费开支。
- 降低计算机发热量，从而降低散热支持。
- 提高计算机的可靠性，减少计算机维修与保养成本。

7.4 打印机

✓ 知识目标：了解打印机的分类；掌握打印机的性能指标与各类打印机的性能对比。

✓ 能力目标：掌握打印机驱动程序的安装过程；理解各类打印机的适用场景。

7.4.1 打印机的分类

打印机是计算机的主要输出设备之一，用于将计算机的处理结果在相关介质上输出。常见的打印机有喷墨打印机、激光打印机、针式打印机这 3 种，它们的工作原理和特点各不相同。

1. 喷墨打印机的工作原理和特点

喷墨打印机的工作原理是：带电的喷墨雾点经过电极偏转后，直接在纸上形成所需的字符或图像。喷墨打印机的特点是组成字符和图像的印点比针式点阵打印机小得多，因而字符点的分辨率高，印字质量高且清晰。图 7-20 所示为惠普 HP7000 彩色喷墨打印机。

2. 激光打印机的工作原理和特点

激光打印机的工作原理是：激光源发出的激光束经过字符点阵信息控制的声光偏转器调制后进入光学系统，通过多面棱镜对旋转的感光鼓进行横向扫描，于是在感光鼓上的光导薄膜层上形成字符或图像的静电潜像，然后经过显影、转印和定影，就可以在纸上形成所需的字符或图像。激光打印机的特点是打印速度快、印字质量高、噪声小。图 7-21 所示为惠普 P1106 激光打印机。

图 7-20　惠普 HP7000 彩色喷墨打印机

图 7-21　惠普 P1106 激光打印机

3. 针式打印机的工作原理和特点

针式打印机的工作原理是：通过针的运动撞击色带，在纸上印出一列点，打印头可以沿横向移动打印出点阵，这些点的不同组合就构成了各种字符或图像。针式打印机的特点是结构简单、成本低、组字灵活，但是噪声相对大一些。图 7-22 所示为爱普生 LQ-1600K3 针式打印机。

图 7-22　爱普生 LQ-1600K3 针式打印机

7.4.2　打印机的性能指标

1. 打印质量

分辨率（Dot Per Inch，DPI）是衡量打印质量的一个重要指标，是指打印输出时每英寸能打印的点数。在进行单色打印时，分辨率越高打印质量越高；在进行彩色打印时，打印质量的高低会受到分辨率和色彩调和能力的双重影响。

2. 打印速度

打印速度指的是打印机每分钟可以打印的页数，单位是 PPM（Page Per Minute）。在一般情况下，激光打印机比其他两种打印机要打得快一些。

3. 打印成本

打印成本的高低关系着每个人的利益。从耗材的角度来说，喷墨打印机的打印成本最高，针式打印机和激光打印机的打印成本则相对低很多，在选购打印机时需注意这一点。

目前市场上打印机的品牌较多，其中较知名的品牌有 STAR、EKI、Epson、HP、Canon、Lenovo、SAMSUNG 等。

7.4.3　各类打印机的性能对比

由于喷墨打印机、激光打印机、针式打印机的内部结构和工作原理大不相同，因此它们的性能有很大的差异，它们的应用领域也不大一样。各类打印机的性能对比如表 7-2 所示。

表 7-2　各类打印机的性能对比

对比项	激光打印机	喷墨打印机	针式打印机
打印速度	快	一般	慢
打印质量	高	一般	低
打印成本	低	高	低
噪声大小	小	一般	大
适用性	办公	家用	办公（复写）

7.5　实践出真知

实训任务 1：音频系统安装

准备工作：一台计算机，计算机音箱，耳机与麦克风，消除静电，切断电源。

操作流程：观察主机 I/O 接口，准确识别音频输出、麦克风输入等接口，观察音箱供电、音频输入、音频输出等接口，主机 I/O 接口与音频接口的定义如图 7-23 所示，拆除原来的连接线并根据观察所得和各个接口处的图标提示进行音箱连线操作，在确认无误后，通电验证线路接插是否正确。

接口	耳机/ 2 声道	4 声道	5.1 声道	7.1 声道
浅蓝色	声音输入端	声音输入端	声音输入端	侧边环绕扬声器输出
草绿色	声音输出端	前置扬声器输出	前置扬声器输出	前置扬声器输出
粉红色	麦克风输入端	麦克风输入端	麦克风输入端	麦克风输入端
橘色	-	-	中央声道/重低音扬声器输出	中央声道/重低音扬声器输出
黑色	-	后置扬声器输出	后置扬声器输出	后置扬声器输出

图 7-23　主机 I/O 接口与音频接口的定义

拓展训练：

（1）观察机箱面板处的前置音频接口，尝试连接耳机音频连接线和麦克风音频连接线，常见音频应用场景如图 7-24 所示，启动系统验证线路连接是否正确。

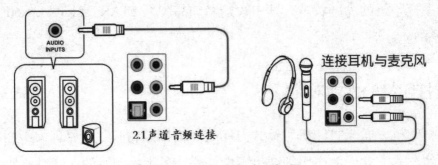

图 7-24　常见音频应用场景

（2）中高端用户在音频设备方面有着独特认识和体验需求，比较常见的有 5.1 声道和 7.1 声道的应用。这里以 5.1 声道为例介绍一下连线方法，音频连接场景如图 7-25 所示。

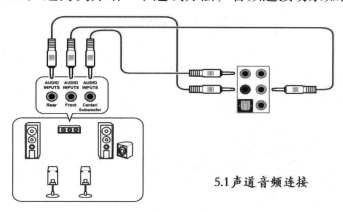

5.1声道音频连接

图 7-25　5.1 声道音频连接场景

实训任务 2：安装打印机

准备工作：一台计算机，一台打印机，消除静电，切断电源。

操作流程：查看打印机品牌型号标识并记录，观察打印机供电接口和数据接口，准确安装和连线，在浏览器中打开打印机官网并找到下载服务，按照记录好的打印机型号下载符合本机系统的驱动程序，按照安装向导提示安装驱动程序，在安装完成后，打印测试页。

实训任务 3：机箱（主机）拆卸与安装实训

重要提示：建议在老师指导下进行。

准备工作：一台计算机，消除静电，切断电源，标签纸，操作台，十字螺丝刀，硅脂。

操作流程：

（1）拔除 I/O 接口处的所有连接线，观察并打开机箱两侧面板，观察电源输出的各类线缆并确认其功能，将机箱平放在操作台上，依次拔除硬盘供电线缆、数据线、显卡供电线缆并拆卸显卡（操作细节可以参照第 6 章实训任务 4），然后使用相同手法拔除 CPU 辅助供电线缆、主板供电线缆（20+4 针，在操作时建议左手在电源插座附近持续、适当地按压，保证主板不会断裂；在接插主板供电线缆时可以将左手 2～3 个手指垫在主板电源插座的下方）。

（2）观察主板边界处并找到所有主板固定螺丝，用十字螺丝刀依次拆卸所有固定螺丝，观察并谨慎地将主板提起后搭在机箱框架上（可以在主板的下方垫一个绝缘材质），观察主板上剩余的所有连接线并一一拍照和用标签纸标记（避免无法还原），在标记、记录完成后依次拔除所有连接线，将主板放置在操作台上。

（3）拆卸内存条（可以参照第 4 章实训任务 2），观察 CPU 风扇供电线缆并拔除，观察 CPU 风扇的安装固定方式，谨慎操作并拆除 CPU 风扇（底部有硅脂，如果无备用硅脂，则切勿沾染异物）；观察 CPU 及 CPU 插座，再次消除静电，擦拭 CPU 边缘处的硅脂，拆卸 CPU（可以参考图 7-26、图 7-27 和图 7-28 所示的 LGA 1200 CPU 安装示意图），擦拭 CPU 表面的所有硅脂并观察标识信息，观察 CPU 反面触点或针脚。

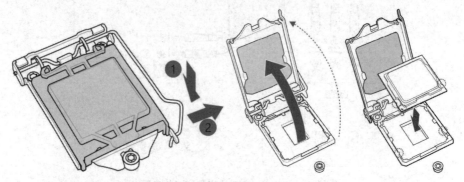

图 7-26　LGA 1200 CPU 安装示意图 1

图 7-27　LGA 1200 CPU 安装示意图 2

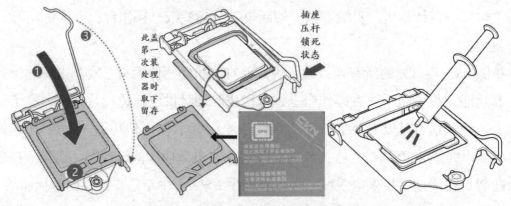

图 7-28　LGA 1200 CPU 安装示意图 3

（4）用十字螺丝刀取下固态硬盘的固定螺丝，拔除固态硬盘，观察并拆卸机械硬盘，观察硬盘螺丝和主板螺丝是否一样；观察电源安装形式，拆卸电源。

（5）依次记录 CPU、内存、显卡、硬盘、固态硬盘、电源的品牌、规格和主要参数。

（6）阅读主板 PCB 板上的说明标识，确定前面板 USB 插针、前面板音频插针的接插方位，记录前面板系统控制跳线插针线序。机箱前面板跳线插针说明如图 7-29 所示。

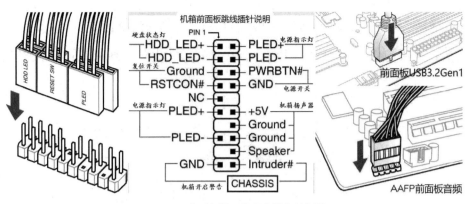

图 7-29　机箱前面板跳线插针说明

（7）反复进行 CPU、内存、固态硬盘的安装与拆卸操作，直至熟练。安装 CPU、内存、固态硬盘，将硅脂涂抹在 CPU 表面（写一个"王"字即可，涂抹的硅脂与 CPU 外沿之间保留至少 5mm 距离）；观察 CPU 风扇供电线缆和风扇供电插座（CPU_FAN）的位置，按照最短走线原则安装 CPU 风扇，如图 7-30 所示（需谨慎操作，不宜用力过猛，避免造成人为故障），接插CPU 风扇供电线缆；将主板放到机箱框架上，根据所拍照片、用标签纸标记和记录的信息接插前面板系统控制跳线插针，依次连接前面板 USB 插针、前面板音频插针（均有防插错设计），观察主板安装位置、CPU 辅助供电线缆的位置与长度，如果条件允许，就先把 CPU 辅助供电线缆接插到位；观察机箱主板安装位的螺柱位置与数量，确定与主板安装位相对应，将主板装入机箱，确认螺柱位置与数量准确无误，按照螺柱位置与数量拧紧螺丝（不能一次性拧紧，最后全部拧紧后再松半扣），如图 7-31 所示，安装电源并拧紧螺丝，连接主板供电线缆（和 CPU辅助供电线缆）；安装机械硬盘并完成连线；安装显卡，拧紧固定螺丝并完成连线。

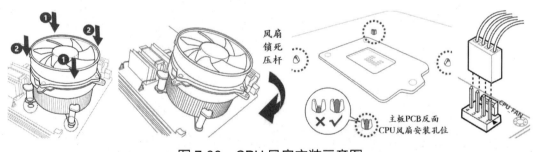

图 7-30　CPU 风扇安装示意图

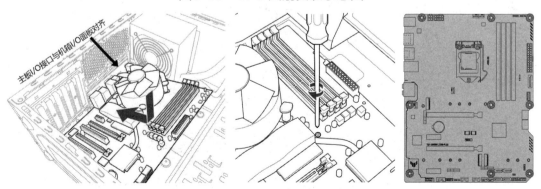

图 7-31　安装、固定主板

（8）反复检查数据线、供电线缆、面板插针连接等有无错漏，在确认无误后，完成后面板 I/O 线缆连接，连接电源供电线缆，开机测试。如果可以正常开机，则在关机断电并扣盖后再次通电测试。

习题 7

1. 声卡有哪些输入/输出接口？它们各有什么作用？

2. 声卡都有哪些分类？

3. 音箱主要由哪几部分组成？

4. 音箱的主要性能指标有哪些？

5. 机箱有哪些作用？

6. 在选购机箱时主要考虑哪些方面？

7. 背板走线的机箱相比传统机箱有什么优势？

8. 在选购电源时主要考虑哪些方面？

9. 打印机的分类有哪些？

10. 针式打印机的主要用途与优点分别是什么？

第  章

装机案例

 **知识要点**

- 掌握按需规划配置方案。
- 掌握按预算额度规划配置方案。

内容摘要

　　购置计算机有别于其他电子设备的采购。本章将通过若干个案例为有需要的读者提供一些装机思路与方法，方便读者通过学习和实践获得购置自己定制计算机的成就感。

在工作和生活中，人们总有购置个人计算机的需求，此时人们有两个选择：配置造型固定的品牌计算机，或者根据需求和预算定制自己独有的个人计算机。下面通过实际案例介绍个性化配置个人计算机的思路与方法，帮助读者感受全新的购机体验。

- ✓ **知识目标**：通过装机案例将所学知识运用到实践中；分析案例，总结设备系统平衡性原则。
- ✓ **技能目标**：分析实际需求和预算能力，结合市场环境制定合理、可行的配置方案。

 入门级配置

入门级有两种理解，一是配置要求不高，二是预算有限。对应酷睿 i3 或 Ryzen 3 处理器，

预算在 3000 元左右，根据显示系统的实际需求可以浮动至 5000 元。下面针对 Intel 和 AMD 这两个平台分别推荐一套配置方案。

8.1.1　Intel 平台

Intel 平台在入门级平台方面有一定的优势。通过前面的学习我们了解到，Intel 公司在高端、中端、低端产品线中都有配置了集成显卡的处理器产品。而入门级用户正是以对图形图像处理没有要求的用户群体为主的。入门级计算机配置方案如表 8-1 所示。

表 8-1　入门级计算机配置方案（Intel 平台）

设备	品牌型号	参数	价格（元）
CPU	酷睿 i3-12100	4/8，12MB，3.3GHz，60W	1049
CPU 风扇	盒装 CPU 含风扇		0
主板	华硕 PRIME H610M-D D4	Micro-ATX 板型，DDR4 内存，HDMI 接口	599
内存	光威 DDR4	8GB，3600MHz	149
显卡	Intel UHD Graphics 730	集成显卡	0
硬盘	金士顿 A400	480GB，SATA 接口	219
机箱	航嘉超凡机箱	主动吸音降噪设计，支持背板走线	159
电源	航嘉冷静王钻石 2.31	额定 300W，支持背板走线	179
键鼠套装	罗技 MK120	USB 接口，有线	56
显示器	AOC 24B2XH	23.8 英寸，IPS 面板，75Hz，HDMI 接口	599
合计			3009
可选件	酷睿 i3-12100F	4/8/30MB，3.3GHz，无集成显卡	849
	光威 M.2 Premium 高级版固态硬盘	512GB，NVMe 协议，512MB 缓存	349
	华硕 DUAL-RX6500XT-O4G 显卡	4GB，64b，HDMI 接口，107W	1359
	航嘉冷静王蓝钻版电源	额定 400W，支持背板走线	249

表 8-1 所示的计算机配置方案的定位是入门级，但选择的配置基本都采用了一线品牌配件，品质、稳定性方面都有保障。考虑到用户群体庞大，需求有所不同，因此表 8-1 中又提供了独立显卡的可选件。由于独立显卡会带来功耗值的提升，因此需配套功率值为 400W 的电源配件。考虑到系统平衡性，因此配置的固态硬盘可以选择支持 NVMe 协议的快速固态硬盘。

从简配到采用独立显卡的配置，价格约有 1400 元的提升。较大的价差主要是由显卡的价格疯涨后始终没有回归理性造成的。在选择配件时，还需考虑主板 I/O 接口和显示器接口的匹配问题，以及机箱和电源是否需要背板走线等细节；对于显示器，建议选择 24 寸显示器。表 8-1 所示的计算机配置方案不仅考虑了应用能力和预算，还在机箱和电源方面考虑了静音的理念，适合家用；同时，考虑到用机的定位，机箱未选择侧透型的，避免光污染。

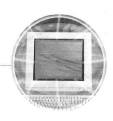

8.1.2　AMD 平台

AMD 平台内置集成显卡的处理器比较少（Ryzen 7000 全系列处理器都配置了集成显卡），但其比较有竞争力的是其集成显卡的性能表现远超 Intel 平台，能满足入门级用户对 3D 游戏的应用需求。入门级计算机配置方案如表 8-2 所示。

表 8-2　入门级计算机配置方案（AMD 平台）

设备	品牌型号	参数	价格（元）
CPU	Ryzen 5 5600G	6/12，32MB，3.5GHz，65W	999
CPU 风扇	盒装 CPU 含风扇		0
主板	映泰 B550MH	Micro-ATX 板型，DDR4 内存，HDMI 接口	459
内存	威刚万紫千红经典款 DDR4	8GB，3200MHz	160
显卡	集成显卡	7 个着色器单元（448 个着色器）	0
硬盘	威刚翼龙 SX6000 Lite	512GB，M.2 接口，NVMe 协议	259
机箱	长城 K-36	支持背板走线，支持 360 冷排	189
电源	长城 BTX-400SD	额定 300W，支持背板走线	179
键鼠套装	双飞燕 WKM-1000	USB 接口，有线，1200DPI，全尺寸	69
显示器	HKC S24Pro	23.8 英寸，IPS 面板，75Hz，HDMI 接口，采用旋转升降支架设计，具有护眼功能，支持电子书模式	649
合计			2963
可选件	长城商祺 R25 机箱	便携提手，支持背板走线，0.6mm 厚度板材，带光驱安装位，Micro-ATX 主板	99

Ryzen 5 5600G 处理器的规格远高于酷睿 i3-12100 处理器的规格，其集成显卡的 3D 应用能力也优于 Intel UHD Graphics 730。表 8-2 所示的计算机配置方案的整机成本为 2963 元，和表 8-1 所示的计算机配置方案的整机成本基本持平，性价比突出。

考虑到大部分用户没有短期升级换代的需求，因此推荐一款小尺寸机箱。小尺寸机箱可以节约用户有限的桌面空间，但不支持 ATX 主板。

8.2　主流级配置

在计算机市场，入门级用户占 40%，主流级用户占 30%。主流级用户的预算相对充裕，在用机需求方面不仅会考虑性能是否够用，还会有外观款式、健康环保等方面的要求。按照现在的市场行情，成本为 6000～8000 元的配置方案是一个不错的选择。

8.2.1　Intel 平台

酷睿 i5 处理器无疑是主流级计算机配置方案的首选处理器。但是，第 12 代酷睿混合架构并没有完全覆盖到 i5 级别。同是酷睿 i5 处理器，会有是否支持混合架构的差异。这里推荐主流级用户选用支持混合架构的酷睿 i5-12600KF 处理器来配置一台看似低调、实则蕴含强劲生产力的计算机。主流级计算机配置方案如表 8-3 所示。

表 8-3　主流级计算机配置方案（Intel 平台）

设备	品牌型号	参数	价格（元）
CPU	酷睿 i5-12600KF	10/16，20MB，3.7GHz，混合架构，125W	1849
CPU 风扇	九州风神玄冰 400 幻彩 V5	LGA 1700，4 热管，120mm 风扇，限高 150mm，500～2000rpm	70
主板	铭瑄 MS-终结者 Z690 D4	ATX 板型，DDR4-4266 内存，支持超频	899
内存	威刚金色威龙 DDR4	2×8GB，3600MHz	388
显卡	七彩虹 iGame GeForce RTX 3060 Ultra	8GB，128b，GDDR6 内存，2×8Pin	2599
硬盘	威刚 XPG 翼龙 S50 Lite	512GB，M.2 接口，支持 PCI-E 4.0 规范，3800MB/s（读），2800MB/s（写）	399
机箱	爱国者黑曼巴 F1	ATX 和 EATX 主板，四面环绕降音棉，显卡限长 340mm，风扇限高 160mm	199
电源	爱国者电竞 600 全模组	全模组电源，金牌品质，2×8Pin	339
键鼠套装	罗技 MK120	USB 接口，有线，全尺寸，黑色	158
显示器	泰坦军团 P27H2G	27 英寸，1080P，165Hz，1ms 响应时间，VA 面板，DP/HDMI 接口	849
合计			7749
可选件	酷睿 i5-12490F	6/12/30MB，3.0GHz，无集成显卡	1299
	华擎 B660M-HDV 主板	Micro-ATX 板型，DDR4 内存，支持 PCI-E 4.0 规范	649

表 8-3 所示的计算机配置方案的亮点是使用支持混合架构的酷睿 i5-12600KF 处理器，该处理器的实测性能已超越上一代旗舰级处理器酷睿 i9-11900K。这对用户而言是巨大的福利，可以在节省大笔预算的情况下体验到旗舰级处理器的性能。考虑到酷睿 i5-12600KF 处理器的超频能力，因此选配了 Z690 芯片组主板，确保处理器和内存可以进行超频。但美中不足的是，市场上已经可以买到使用酷睿 i5-13600KF 处理器+B760 芯片组主板+DDR5 内存组合的设备，价格比第 12 代酷睿处理器高 3～5 成。不急的用户可以考虑 1～2 个季度后选配第 13 代酷睿 i5 处理器，这样会有更高的性价比。

另外，预算较少的用户可以考虑使用酷睿 i5-12490F 处理器+B660 芯片组主板的组合，这样能够节约 800 元预算。这里不建议更换显卡，否则会让计算机系统性能的平衡性变差。

8.2.2 AMD 平台

如果没有极致的性能要求，也没有无限的预算，则在新旧设备更迭的时期，主流级用户的理性选择应该是性价比高的计算机配置方案，这里依托 X570 芯片组主板配置一台基于 Ryzen 7 5700X 处理器的计算机。主流级计算机配置方案如表 8-4 所示。

表 8-4　主流级计算机配置方案（AMD 平台）

设备	品牌型号	参数	价格（元）
CPU	Ryzen 7 5700X	AM4 插座，8/16，32MB，3.4GHz，65W	1349
CPU 风扇	AMD 原装幽灵棱镜散热器	90mm，限高 85mm，700～3500rpm	0
主板	昂达 B550-PLUS-2.5G-W	ATX 板型，DDR4 内存，支持 PCI-E 4.0 规范，M.2 接口	649
内存	美商海盗船复仇者 LPX	DDR4 内存，2×8GB，3600MHz，白色	445
显卡	蓝宝石 RX 6750 XT GRE 白金版	12GB，192b，GDDR6 内存，8+6Pin	2499
硬盘	金士顿 NV2	1TB，3500MB/s（读），2100MB/s（写），无缓存	449
机箱	金河田峥嵘 MUT1	ATX 主板，四面覆盖强力隔音棉材质，9 风扇位，风扇限高 16cm，支持背板走线	249
电源	金河田金牌 A+	650W 全模组电源，80PLUS 金牌，宽幅增压，14cm 降噪温控风扇	379
键鼠套装	雷柏 V180	机械键盘，USB 接口，有线，磨砂金属上盖，双色注塑透光键帽，104 键	199
显示器	三星 C32G54TQWC	31.5 英寸，2K 分辨率，1000R 曲面，144Hz，1ms 响应时间，窄边框，可壁挂	1699
合计			7917
可选件	美商海盗船复仇者 LPX	DDR4 内存，2×16GB，3600MHz	799
	希捷酷鱼 ST2000DM008	2TB，256MB 缓存，7200rpm	379

表 8-4 所示的计算机配置方案中的处理器、显卡、显示器搭配合理，用户可以根据预算考虑将内存升级为 32GB 的双通道模式。该计算机配置方案值得称赞的一点是显示器部分，31.5 寸显示器支持 2K 分辨率。这里不建议选购市场上支持 2K 分辨率的 27 寸显示器，因为在 2K 分辨率下，27 寸显示器的屏幕中的点距会非常小，无论是看文本还是看网页都需要用户靠近才能看清楚。

固态硬盘始终是朝着速度越来越快、容量越来越大、价格越来越低的方向在发展。但是一般用户的预算还停留在够用的层面，对于流媒体应用的用户来讲，512GB、1TB 容量的固态硬盘完全不能满足数据存储的需求。机械硬盘的高可靠性、大容量、低价格仍是固态硬盘无法企及的，因此从事数字媒体类行业工作的用户可以选择加装机械硬盘。

8.3 高端配置

高端用户要求计算机的工作效率更高、游戏体验更流畅及更有临场感，当然，这部分用户的预算也更高。这部分用户不希望把时间消耗在如何提高性价比上，而是会把时间用在生产、学习或消遣方面。下面按照这个思路推荐两套配置方案，方便读者学习、参考。

8.3.1 Intel 平台

Intel 第 13 代酷睿处理器加上 DDR5 内存和 RTX 4000 显卡，应该是 Intel 平台最高规格的配置了。这里就围绕以上思路配置一台性能卓越的计算机。高端计算机配置方案如表 8-5 所示。

表 8-5　高端计算机配置方案（Intel 平台）

设备	品牌型号	参数	价格（元）
CPU	酷睿 i9-13900KF	24/32，L2:32MB/L3:36MB，3.0GHz，混合架构，支持 PCI-E 5.0 规范，125W	5499
CPU 风扇	ALSEYE 奥斯艾 M120D Plus	LGA 1700，6 热管，120mm 静音风扇，限高 160mm，1800rpm，支持 ARGB 标准，黑色，TDP 值为 125W	438
主板	华硕 PRIME Z790-A WIFI	ATX 板型，DDR5 内存，2×8Pin，支持 PCI-E 5.0 规范，AI 智能散热，Wi-Fi 6E，蓝牙 5.2，一体化 I/O 面板，前置 USB Type-C 接口，雷电 4，4×M.2 接口	2999
内存	金士顿 FURY 野兽 Beast	2×32GB，DDR5 内存，5600MHz，RGB 灯条	2999
显卡	NVIDIA GeForce RTX 4080 原厂	16GB，256b，GDDR6X 内存，320W，2×8Pin	14 899
硬盘	影驰 HOF PRO 20	1TB，1GB 缓存，M.2 接口，支持 PCI-E 4.0 规范，4900MB/s（读），4400MB/s（写）2 块	769+769
机箱	九州风神魔方 310P	ATX 主板，速装磁吸钢化玻璃两侧面板，四面环绕隔音棉，支持背板走线，显卡限长 330mm，风扇限高 165mm	289
电源	Tt 钢影 Toughpower PF1	750W 全模组电源，2×8Pin/3×（6+2）Pin，80PLUS 白金，120mm 低噪声风扇	799
键盘	雷蛇雨林狼蛛 V3 X	USB 接口，有线，安静的薄膜开关，防泼溅设计，人体工程学腕托	299

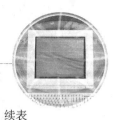

续表

设备	品牌型号	参数	价格（元）
鼠标	雷蛇炼狱蝰蛇	USB 接口，超柔线缆，人体工程学设计，20000DPI 光学传感器，光学微动开关、7000 万次点击寿命，黑色，8 个可编程按键	269
显示器	华为 MateView GT34 曲面屏	34 英寸，21:9，VA 面板，1500R，准 4K（3440 像素×1440 像素）带鱼屏，1ms 响应时间，DP/HDMI/Type C/音频/耳机接口，190Hz	3999
合计			34 027

表 8-5 所示的计算机配置方案的整机成本是 34 027 元，的确超出了普通用户的预算，但我们看得出来，虽然显卡选配了 NVIDIA GeForce RTX 4080，但是这并非该系列的最高端配置；内存方面还有两个插槽空着；显示器还可以按照 4K 分辨率配置；固态硬盘还能加两块等。所以，上述配置也属于理性考虑了。

表 8-5 所示的高端计算机配置方案的整机成本是表 8-3 所示的主流级计算机配置方案的整机成本的 4 倍多，但是计算机系统性能的提升可能连一倍都不一定有。所以，这里再从以下几个方面给出一些比较务实的建议，方便用户从自身实际情况出发进行合理的规划。

（1）CPU 方面：目前第 13 代酷睿处理器及配套的主板和 DDR5 内存的价格普遍较高，但是一般用户在实际体验中并不能十分明显地感受到处理器性能之间的差异。这里主要指的是第 13 代酷睿处理器性能和第 12 代酷睿处理器性能之间的差异、酷睿 i9 处理器性能和酷睿 i7 处理器性能之间的差异，差异都来自测试数据。对多数用户而言，第 12 代酷睿 i7 处理器的性能就能够满足要求了。上述处理器价格方面的差异可以参考表 8-6，最终的选择范围、空间都很大。

表 8-6 中高端处理器的价格

处理器	价格（元）	处理器	价格（元）
12700K	3099	13600KF	2599
12900KF	4399	13700KF	3499
12900K	4699	13900KF	5499
12900KS	4999	13900K	5699

（2）主板方面：酷睿 i7 处理器和酷睿 i9 处理器都要面临是选配 DDR5 内存还是选配 DDR4 内存的问题，两者的价格相差约 20%，而性能方面的差异应该没有这么明显。另外，高端主板考虑用户的扩展能力、系统的稳定性、外观等，导致旗舰级主板的价格高。务实的用户可以选配次旗舰级产品，这样一方面能够保证性能与可靠性，另一方面能够节省一部分预算。

（3）内存方面：现在 AMD 和 Intel 这两个平台都面临是选择 DDR4 内存还是选择 DDR5

内存的问题，现实就是性能好的价格高、价格低的很快就要退出市场。但用户仍可以通过评测数据和价格对比得出自己的结论，多投入的预算在现实中往往得不到那么明显的体验，几乎所有的体验都来自数据。而在内存容量的配置上，如果不是以生产力为主的工作性质，则选配 32GB 容量的内存即可。

（4）显卡方面：一方面是显卡的价格还没有回归理性，另一方面是旗舰级产品甚至次旗舰级产品的价格都很高。从性能方面考虑，技术与竞争共同推动产品的性能显著提升，主流级和中高端显卡都有很不错的应用表现。新旧产品更新换代也是旧产品性价比最突出的时期，用户可以根据个人情况进行合理的规划。

（5）存储方面：硬盘要考虑数据读/写速度与容量。数据读/写速度固然越快越好，但是硬盘只是负责数据读取和写入，在正常用机过程中，多数用户只是在启动计算机、比较大型的软件时稍有快与慢的感受。计算机在运行软件时硬盘并不会投入工作（当内存足够大时），此时无所谓快慢。容量方面一般理解是越大越好。实际上，对多数用户而言，用到的软件固定不变，需要的存储空间不会有太大变化，这部分用户选配 500GB 或 1TB 容量的内存即可。从事数字媒体类行业工作的用户可以考虑高速运行和海量存储相结合的方案，系统和软件用高速固态硬盘，数据存储用大容量机械硬盘。

（6）显示器方面：建议 4K 分辨率配备 38 寸显示设备，而这个级别的设备或用户都有其特殊和复杂应用需求。对普通用户而言，32 寸、2K 分辨率就能满足工作、学习、娱乐的要求，不必盲目追求更大的尺寸和分辨率，毕竟显示器的操作距离是 40～60cm。如果预算允许，则应考虑刷新率、响应时间、防蓝光等提高舒适度的参数。

（7）其他方面：有几个细节容易被初学者忽略，一是考虑主板 CPU 辅助供电的插座与电源提供的插头是否匹配；二是考虑显卡供电插座和电源 2+8Pin 供电线缆的数量是否匹配；三是 CPU 风扇和机箱尺寸是否匹配；四是确认机箱支持的散热系统属于什么规格；五是确认主板、显卡、CPU 散热器、内存、机箱、机箱风扇是否支持同一类型的灯光效果。

计算机配置的优势是自由度很高、可以按需配置，面对厂商一年一次的更新换代，建议用户不要追新、追高。

8.3.2 AMD 平台

鉴于 Ryzen 7000 系列处理器和 AMD 600 系列主板的价格较高，这里推荐一套比较个性化的计算机配置方案。处理器采用基于 Zen 3 架构的 Ryzen 7 5800X 3D，其特点是有超大容量的三级缓存，适合 3D 游戏应用。为了满足用户的个性化需求，配置方案选择全白色的外观，即机箱、电源、显示器、键盘、鼠标、耳机、麦克风，甚至主板、显卡、内存、固态硬盘等，全部选择白色配置，侧透机箱配置前置、顶置、后置白色风扇，以满足用户的视觉体验。

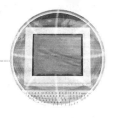

高端计算机配置方案如表 8-7 所示。

表 8-7　高端计算机配置方案（AMD）

设备	品牌型号	参数	价格（元）
CPU	Ryzen 7 5800X3D	8/16，96MB，3.4GHz，105W	2699
CPU 风扇	利民 AK120 SE WHITE ARGB	LGA 1700，5 热管，翻转均衡 12cm 日蚀 ARGB 光效风扇，1550rpm，高 148mm	139
主板	七彩虹 CVN X570M GAMING FROZEN V14	Micro-ATX 板型，DDR4-4266 内存，支持 CPU、内存超频，8Pin	799
内存	影驰名人堂 HOF CLASSIC	2×16GB，DDR4 内存，4266MHz，白色	1499
显卡	盈通 RX6800XT 樱瞳花嫁纪念版	16GB，256b，GDDR6 内存，8+8Pin，白色	4278
硬盘	影驰名人堂 HOF Pro 30	1TB，1GB 缓存，支持 PCI-E 4.0 规范，5000MB/s（读），4000MB/s（写）	729
机箱	追风者 G360A	ATX 主板，全金属结构，钢化玻璃侧透，支持显卡竖装，无死角防尘，支持前、顶 360 水冷，白色，CPU 风扇限高 165mm，显卡限长 400mm	379
电源	追风者 AMP 750W	750W 全模组电源，白色，白色模组线，80PLUS 金牌，8+8Pin	799
键鼠套装	黑爵机械战警机械键盘	USB 接口，有线，金属面板，全键无冲，104 键，白色+AJ120+AX120 耳机 7.1 声道，青轴 32 种灯效	209
显示器	HKC TG271Q	27 英寸，白色，2K 分辨率，Fast IPS 面板，170Hz，采用旋转升降支架设计，1ms 响应时间，DP 接口/HDMI 接口，高光白	1599
合计			13129
可选件	追风者 F120MP 机箱风扇	全白，12cm V2 升级版高风压散热风扇，FDB 液压轴承，12V，4 针，PWM 温控，2200rpm，串联接口	79×6

表 8-7 所示的计算机配置方案一方面考虑了个性化的外观需求，另一方面本着务实够用的原则，系统配置可以满足游戏、直播等新兴职业的工作需求。追求视觉冲击力是年轻用户的共性，在配置计算机光效时有 RGB 和 ARGB 两种标准。RGB 是 12V、4 针接口标准，光效单一不易控制，价格相对较低；ARGB 是 5V、4 针（其中一个是盲针）接口标准，可以通过软件设定复杂光效，价格较高。RGB 和 ARGB 这两种标准都支持多设备串联。在配置时注意主板、显卡、散热风扇、水冷系统等设备是否支持同一标准。

习题 8

1. 根据个人预算制定计算机配置方案（按照表 8-3 的格式完成）。

第  章

BIOS 与 UEFI

知识要点

- BIOS 与 CMOS 常识。
- BIOS 基本参数设置。
- UEFI 介绍。
- UEFI 基本参数设置。

内容摘要

　　对计算机用户而言，将计算机的硬件安装好之后，想要计算机正确识别所安装的硬件，让各个硬件组成部分能够更好地发挥作用，并在硬盘中安装操作系统，就需要在 BIOS 程序或 UEFI 程序中进行合理的设置。本章将介绍 BIOS 与 UEFI 的各项设置，从而为更好地使用计算机打下坚实的基础。

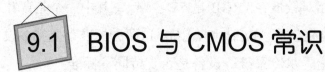

9.1 BIOS 与 CMOS 常识

- ✓ 知识目标：了解 BIOS 程序的概念、功能，以及 CMOS 的原理、容量、存储内容。
- ✓ 能力目标：理解 BIOS 程序的作用、CMOS 的原理，以及 BIOS 和 CMOS 之间的区别与联系。

9.1.1　BIOS 与 CMOS 简介

BIOS（Basic Input Output System，基本输入/输出系统）是计算机中最基础、最重要的程序。它为计算机提供最低层、最直接的硬件设置和控制。BIOS 就像是计算机硬件与软件之间的 "联系人"，负责开机时对硬件进行初始化设置与测试，以保证系统能够正常工作。如果硬件工作不正常，则立即停止工作，并且反馈出错信息。

CMOS（Complementary Metal Oxide Semiconductor，互补金属氧化物半导体）是主板上的一块可读/写的 RAM 芯片，常被称为 CMOS RAM，它本身就是一个存储器，用来保存当前系统的硬件配置和用户对某些参数的设定。它的容量通常为 128KB 或 256KB，现在随着 CMOS 中内容的增加，很多主板上也在使用容量为 2MB 或 4MB 的 CMOS。CMOS 由主板上的纽扣电池供电，所以即使计算机系统掉电，CMOS 中的信息也不会丢失。在 CMOS 中保存着计算机的重要信息，主要有系统日期和时间、主板上存储器的类型、硬盘的类型和数目、显卡的类型、当前系统的硬件配置和用户设置的某些参数。

BIOS 与 CMOS 的区别在于 BIOS 是一组程序，而 CMOS 则是硬件。BIOS 是直接与硬件进行交互的程序，通过它可以对系统参数进行设置。CMOS 是主板上的一块存储芯片，存放系统参数的设定内容。CMOS 只具有数据保存功能，如果要修改系统参数的设定内容，则必须通过特定的程序来完成，BIOS 就是完成 CMOS 中参数设置的手段，因此，准确的说法应该是通过 BIOS 设置程序对 CMOS 中的参数进行设置。平常所说的 CMOS 设置和 BIOS 设置是其简化说法，所以就在一定程度上造成了两个概念的混淆（为了统一称呼，本书以后的内容一律采用 "BIOS 设置"）。图 9-1 所示为主板上的 CMOS 和为它供电的电池。

图 9-1　主板上的 CMOS 和为它供电的电池

9.1.2　BIOS 的功能

计算机能否发挥出最佳性能，在很大程度上取决于主板上的 BIOS 的功能是否先进。一般来说，BIOS 程序主要包括以下功能。

1. 中断服务程序

BIOS 中断服务程序实质上是计算机系统中软件与硬件之间的一个可编程接口，主要用来在系统软件与系统硬件之间实现衔接。例如，操作系统中对软驱、硬盘、光驱、键盘、显示器等外围设备的管理，都是直接建立在中断服务程序的基础上的。

2. 系统设置程序

在 CMOS 中主要保存着计算机系统的基本情况（如 CPU 主频、外频、倍频及软硬盘驱动器、显卡、网卡等部件的信息）。通过 BIOS 程序，可以设置 CMOS 中的各项参数。这个设置 CMOS 中的参数的过程通常被称为"BIOS 设置"。

3. POST 上电自检

在接通计算机电源后，系统首先由 POST 程序对内部各个设备进行检查。

完整的 POST 自检包括以下内容：

（1）对 CPU、主板、内存、系统 BIOS 的测试。

（2）对 CMOS 中系统配置的校验。

（3）初始化显卡、显存，检验视频信号和同步信号，对显示器接口进行测试。

（4）对键盘、软驱、硬盘及光驱进行检查。

（5）对并行接口和串行接口进行检查。

在 POST 自检过程中，如果发现错误，则将按照以下两种情况处理：

（1）如果是严重故障，则停机，此时由于各种初始化操作还没有完成，不能给出任何提示信息或信号。

（2）如果是非严重故障，则给出提示或声音报警信号，等待用户处理。

4. BIOS 系统启动自举程序

系统在完成 POST 自检后，BIOS 首先按照 BIOS 设置中保存的启动顺序搜寻软硬盘驱动器及光驱、网络服务器等有效的启动驱动器，读入操作系统引导记录，然后将系统控制权交给引导记录，并由引导记录来完成系统的启动。

从以上的内容可以知道，BIOS 是计算机启动和操作的基石。BIOS 设置是否合理，在很大程度上会影响计算机性能的发挥。例如，无法安装系统，无法正常启动系统，系统安装一半死机或在正常使用计算机时出现经常死机的现象，声卡、网卡、显卡之间发生冲突等。这些问题在很大程度上与 BIOS 设置密切相关，可以通过重新设置 BIOS 或对 BIOS 进行升级来解决出现的问题。通常在以下情况中需要运行 BIOS 程序进行设置：

（1）新组装的计算机。

（2）重新安装操作系统。

（3）新增设备。

（4）系统优化。

（5）更换 CMOS 电池。

（6）系统启动时提示出错信息。

（7）CMOS 设置丢失。

9.2 BIOS 基本参数设置

✓ 知识目标：了解进入 BIOS 程序的方法，以及 BIOS 程序的设置内容及操作方法。

✓ 能力目标：理解 BIOS 程序中不同设置内容的作用及相应设置方法。

9.2.1 进入 BIOS 程序

如果需要进行 BIOS 设置，则用户必须在启动计算机后的自检过程中按下特定的热键才可以进入 BIOS 程序。如果没有及时按下热键，就需要重新启动计算机再进行相应操作。不同厂商的 BIOS 进入 BIOS 程序的方法不同，用户可以根据开机时界面中给出的提示，按指定热键进入 BIOS 程序，如图 9-2 所示。

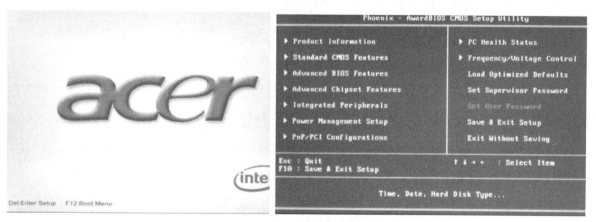

图 9-2　进入 BIOS 程序的界面提示

不同厂商的 BIOS 进入 BIOS 程序的方法是不同的。主板上的 BIOS 有 3 大类型，即 Award BIOS、AMI BIOS 和 Phoenix BIOS。不过，由于 Phoenix 公司已经兼并了 Award 公司，因此目前主流的 BIOS 主要有两种，即 Phoenix-Award BIOS 和 AMI BIOS。

（1）Phoenix-Award BIOS 的进入方法是按"Delete"键或"Ctrl+Alt+Esc"组合键、"F2"

键等，有屏幕提示。

（2）AMI BIOS 的进入方法是按"Delete"键或"Esc"键，有屏幕提示。

9.2.2 认识 BIOS 程序的主界面

在进入 BIOS 程序后，首先显示的是 BIOS 程序的主界面，如图 9-3 所示。

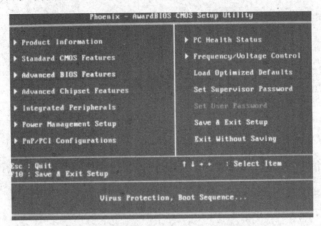

图 9-3　BIOS 程序的主界面

BIOS 程序的主界面中一般有十几个选项，由于 BIOS 的类型或版本有差异，因此 BIOS 程序的主界面中的选项会有一些不同，但主要的选项都相差不大。这里以 Phoenix-Award BIOS 程序的主界面为例进行讲解。

（1）Standard CMOS Features（标准 CMOS 特性设置）：该选项用于修改系统日期、系统时间、硬盘类型、软驱、显示模式、系统暂停选项等。

（2）Advanced BIOS Features（高级 BIOS 特性设置）：该选项用于对系统的高级特性进行设置，如设置防病毒保护、缓存、启动顺序、键盘参数、系统内存、密码等。

（3）Advanced Chipset Features（高级芯片组特性设定）：该选项用于设置主板所用芯片组的相关参数，如内存读/写时序、视频缓存、I/O 延时等。

（4）Integrated Peripherals（集成外部设备设置）：该选项用于对所有外围设备进行设置，如设置软驱接口、硬盘接口、USB 接口、USB 键盘、集成显卡、集成声卡等。

（5）Power Management Setup（电源管理设置）：该选项用于设置 CPU、硬盘、显示器等设备的节电功能运行方式。

（6）PnP/PCI Configurations（即插即用/PCI 参数设置）：该选项用于设置即插即用及 PCI 设备的相关参数。

（7）PC Health Status（PC 健康状态）：该选项用于查看计算机的 CPU 温度、工作电压及风扇转速等参数。

（8）Frequency/Voltage Control（频率/电压控制）：该选项用于设置 CPU 的外频、倍频及电压等参数。

（9）Load Fail-Safe Defaults（载入最安全的默认值）：该选项用于载入标准设置参数。

（10）Load Optimized Defaults（载入 BIOS 优化设置）：该选项用于载入厂商设置的最佳性能参数。

（11）Set Supervisor Password（设置超级用户密码）：该选项用于设置超级用户密码。

（12）Set User Password（设置普通用户密码）：该选项用于设置普通用户密码。

（13）Save & Exit Setup（保存设置并退出）：该选项用于保存设置并退出 BIOS 程序。

（14）Exit Without Saving（不保存设置并退出）：该选项用于不保存设置并退出 BIOS 程序。

一般来说，在 BIOS 程序的主界面中无法使用鼠标进行操作，可以使用键盘上的操作键来对参数进行设定。在如图 9-3 所示的 Award BIOS 程序的主界面中，常用操作键如表 9-1 所示。

表 9-1　常用操作键

操作键	功能
按方向键 "↑" "↓" "←" "→"	移动到需要操作的选项上
按 "Enter" 键	选定此选项
按 "Esc" 键	返回上一级菜单或退出 BIOS 程序
按 "+" 或 "Page Up" 键	增加数值或改变选择项
按 "−" 或 "Page Down" 键	减少数值或改变选择项
按 "F1" 键	显示当前选项的帮助信息
按 "F5" 键	恢复上一次的 BIOS 设定值
按 "F6" 键	加载最安全的设定值
按 "F7" 键	加载优化的设定值
按 "10" 键	保存 BIOS 的设定值并退出 BIOS 程序

9.2.3　BIOS 基本设置

现在的 BIOS 程序智能化程度较高，已经不需要我们进行非常烦琐的设置，一般在新装机时只需要设置一下系统日期、系统时间和开机启动顺序，以及硬盘的工作模式和主板集成设备的一些参数等即可。下面对 BIOS 程序中的一些常用设置选项进行介绍。

1. 设置系统日期和系统时间

在进入 BIOS 程序的主界面后，使用键盘上的方向键选择 "Standard CMOS Features" 选项，然后按 "Enter" 键，会进入 "Standard CMOS Features" 界面，如图 9-4 所示，在该界面中可以对系统日期和系统时间进行设置。

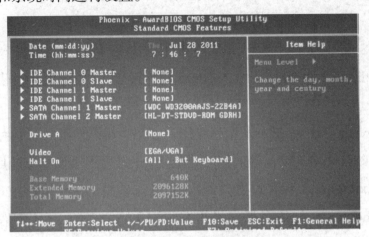

图 9-4   "Standard CMOS Features"界面

（1）Date：该选项用于设置系统当前日期，格式为"月-日-年"，可以直接输入数字或使用"+"、"-"、"Page Up"和"Page Down"等键进行设置。

（2）Time：该选项用于设置系统当前时间，格式为"时-分-秒"，可以直接输入数字或使用"+"、"-"、"Page Up"和"Page Down"等键进行设置。

2. 设置硬盘信息检测

当前的 BIOS 一般都能自动检测硬盘信息，不用手动检测，不过用该选项可以帮助判断硬盘的一些故障。硬盘信息检测同样在"Standard CMOS Features"界面（见图 9-4）中进行设置。其中"IDE Channel 0 Master"是 IDE1 接口主盘，"IDE Channel 0 Slave"是 IDE1 接口从盘，"IDE Channel 1 Master"是 IDE2 接口主盘，"IDE Channel 1 Slave"是 IDE2 接口从盘，"SATA Channel 1 Master"是 SATA1 接口，"SATA Channel 2 Master"是 SATA2 接口。

当计算机检测出硬盘在哪个接口，是主盘还是从盘，以及品牌、类型、容量等参数后，将在其对应的一行显示，没有硬盘连接的接口显示为"None"。所以，当连接的硬盘在对应接口后没有显示时，也就是没有检测到硬盘，那么可能是硬盘的数据线或电源线没有正确连接，或者硬盘跳线设置有问题，或者数据线缆或电源线缆损坏，甚至可能是硬盘接口或主板对应接口损坏或硬盘损坏等。

3. 设置启动顺序

启动顺序是在"Advanced BIOS Features"界面中进行设置的，如图 9-5 所示。

在计算机自检后，系统会按照 BIOS 设置中的启动顺序来选择是从软盘、硬盘、光驱还是其他启动项启动。如果指定的启动设备出现了故障，则计算机将有可能无法进入操作系统。例如，在图 9-5 所示的 BIOS 设置中，"First Boot Device"（第一启动设备）是"Hard Disk"（硬盘）；但是当计算机硬盘中的系统出现故障时，无法从硬盘启动，则系统会从"Second Boot

Device"（第二启动设备）即"CDROM"（光驱/光盘）启动；如果光驱也出现无法启动的情况，则系统就会从"Third Boot Device"（第三启动设备）即最后一个启动设备"LAN"（网络）启动；如果网络启动也出现问题，则计算机就无法进入操作系统。所以，必须对启动顺序进行正确设置，尤其是在新装机或重新安装操作系统的情况下。

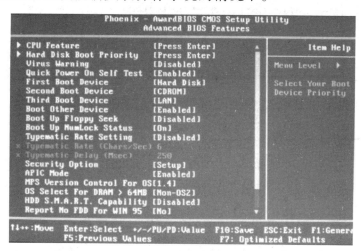

图 9-5　"Advanced BIOS Features"界面

设置启动顺序的方法如下：

（1）先使用光标的移动键选择对应的启动设备，如"First Boot Device"，再按"Enter"键，此时会出现第一启动设备的选项窗口，如图 9-6 所示。常见的选项包括"Floppy"（软盘）、"Hard Disk"（硬盘）、"CDROM"（光驱/光盘）、"USB-CDROM"（USB 光驱/光盘）、"USB-ZIP"（U 盘模拟大容量软盘模式）、"USB-FDD"（U 盘模拟软驱/软盘模式）、"USB-HDD"（U 盘模拟硬盘模式）、"LAN"（网络）和"Disabled"（无效）等。

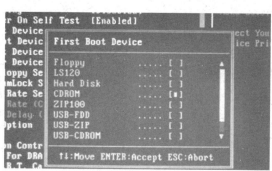

图 9-6　第一启动设备的选项窗口

（2）在图 9-6 所示的窗口中，用光标的上下移动键选择对应的启动项，按下"Enter"键即可完成选择。还可以在"Advanced BIOS Features"界面中使用光标的移动键选择对应的启动设备，如先选择"First Boot Device"选项，再使用"+"、"－"、"Page Up"和"Page Down"等键来选择对应的选项。第二启动设备和第三启动设备的设置方法与第一启动设备的设置方法是一样的。

> **注意：** 基本上计算机都是从硬盘启动的，所以3个启动设备中必须有一个是"Hard Disk"（硬盘），否则即使在计算机的硬盘中安装了系统也不会启动，而是提示"DISK BOOT FAILURE"（磁盘引导错误）之类的信息。

4. 导入BIOS程序中的安全默认设置及优化设置

1）BIOS程序中的安全默认设置

BIOS程序中的安全默认设置可以快速关闭计算机中大部分硬件的高级性能，使计算机工作在一种低性能的模式下，从而减少因硬件设备引起的故障。

2）BIOS程序中的优化设置

BIOS程序中的优化设置可以将当前BIOS设置更改为针对该主板的优化方案，使计算机工作在最佳状态下。

3）以导入BIOS程序中的优化设置为例讲解相关的操作

① 在进入BIOS程序的主界面后，使用键盘上的方向键选择"Load Optimized Defaults"（载入BIOS优化设置）选项，如图9-7所示，如果要载入BIOS程序中的安全默认设置，则应选择"Load Fail-Safe Defaults"（载入最安全的默认值）选项。

② 按"Enter"键后会弹出确认对话框，输入"y"后，如图9-8所示，按"Enter"键即可载入BIOS程序中的优化设置。

③ 保存并退出BIOS程序。

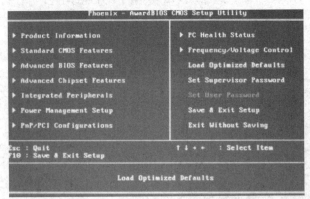

图9-7　选择"Load Optimized Defaults"选项

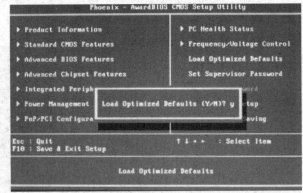

图9-8　确认对话框

5. 退出BIOS设置

对BIOS进行设置后即可退出BIOS程序。退出BIOS程序的方式包括保存并退出和不保存并退出两种，下面分别进行讲解。

（1）保存并退出。

在BIOS程序中进行设置后，需要先保存所做的设置，然后才能使所做的设置发挥作用。

保存并退出 BIOS 程序的操作是：在 BIOS 程序的主界面中，使用键盘上的方向键选择"Save & Exit Setup"（保存设置后退出 BIOS 程序）选项，如图 9-9 所示；按"Enter"键后会弹出确认对话框，询问是否把所做的设置保存到 CMOS 中并退出，输入"y"后，如图 9-10 所示，按"Enter"键即可保存并退出 BIOS 程序。

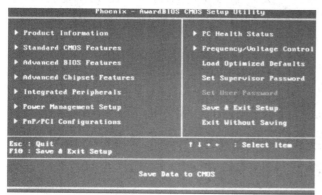

图 9-9　选择"Save & Exit Setup"选项

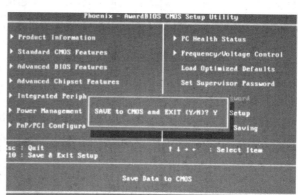

图 9-10　保存并退出的确认对话框

（2）不保存并退出。

如果不准备保存当前的设置，则可以进行不保存并退出的操作。具体操作是：在 BIOS 程序的主界面中，使用键盘上的方向键选择"Exit Without Saving"（不保存设置并退出 BIOS 程序）选项，如图 9-11 所示；按"Enter"键后会弹出确认对话框，询问是否不保存并退出，输入"y"后，如图 9-12 所示，按"Enter"键即可不保存并退出 BIOS 程序。

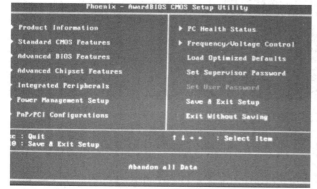

图 9-11　选择"Exit Without Saving"选项

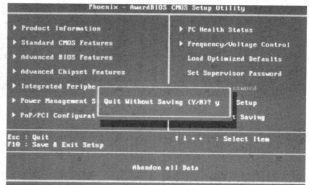

图 9-12　不保存并退出的确认对话框

9.3　BIOS 的替代者 UEFI

✓　知识目标：了解 UEFI 的概念、功能及特点。

✓　能力目标：理解 UEFI 的优点与缺点。

9.3.1　BIOS 发展的瓶颈

BIOS 发展到现在，BIOS 程序的缺点越来越明显：操作界面上的落后、功能上的单一、安全上的薄弱、更新方式上的复杂、标准的混乱等都严重制约着它的进一步发展。虽然 BIOS 也曾做过多次改变，增加了新功能（如即插即用、中文界面等），但是在计算机技术高速发展的今天，传统 BIOS 渐渐跟不上时代的发展步伐了，必须寻求更好的技术来取代它。

9.3.2　UEFI 介绍

UEFI（Unified Extensible Firmware Interface，统一的可扩展固件接口）是用来替代现行 BIOS 的一项技术。UEFI 技术采用了和视窗操作系统一样的图形界面，让操作界面和 Windows 系统一样易于上手。在 UEFI 的操作界面中，鼠标和键盘一样成了操作工具，各功能调节的模块也做得和 Windows 程序一样，可以说，UEFI 就像是一个小型化的 Windows 系统。图 9-13 所示为 BIOS 和 UEFI 操作界面的对比。

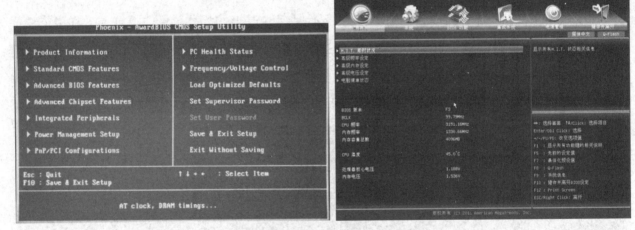

图 9-13　BIOS 和 UEFI 操作界面的对比

2000 年 12 月 12 日，Intel 公司推出了一种全新的 EFI 标准，用来取代传统的 BIOS。EFI（Extensible Firmware Interface，可扩展固件接口）是由 Intel 公司倡导推出的一种在类 PC 系统中替代 BIOS 的升级方案。与 BIOS 相比，EFI 采用图形界面，支持鼠标操作，比 BIOS 更易于实现，容错和纠错特性更强。图 9-14 所示为华硕 EFI 界面。

从 2007 年开始，由 Unified EFI Form（UEFI 论坛）取代 Intel 公司进行 EFI 标准的改进与完善工作，EFI 标准也正式更名为"UEFI"，U 是 Unified（一元化、统一）的首字母，其中的 EFI 含义不变。所以，虽然 EFI 与 UEFI 的叫法不同，但是在本质上两者基本相似。

在 EFI 标准的基础上，UEFI 改进了 EFI 标准在 UGA 协议、SCSI 传输、USB 控制及 I/O 设备方面的不足，添加了网络应用程序接口、X64 绑定、服务绑定等内容。

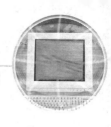

图 9-14　华硕 EFI 界面

与传统的 BIOS 相比，作为 BIOS 替代者的 UEFI 有着 BIOS 所不具备的多项功能。

UEFI 内置图形驱动功能，为用户提供了一个高分辨率的彩色图形环境，用户进入后能用鼠标进行参数配置，操作上更简单、快捷。

UEFI 通过保护预启动或预引导进程抵御 Bootkit 攻击，从而提高安全性。UEFI 具有一个独特的功能——安全启动（Secure Boot），它的本质就是固件验证。在开启 UEFI 的安全启动功能后，主板会根据 TPM 芯片（或 CPU 内置的 TPM 功能）记录的硬件签名对系统中的硬件进行判断，只有符合认证的硬件驱动程序才会被加载，这在一定程度上降低了启动型程序在操作系统启动前被预加载造成的风险。

UEFI 缩短了系统的启动时间和从休眠状态中恢复的时间。UEFI 解决了传统 BIOS 需要长时间自检的问题，让硬件初始化及引导系统变得简单、快速。BIOS 和 UEFI 工作过程的对比如图 9-15 所示。

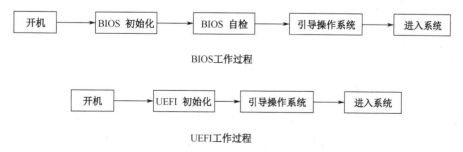

图 9-15　BIOS 和 UEFI 工作过程的对比

UEFI 支持容量超过 2.2TB 的驱动器。在 UEFI 中，可以使用容量在 2.2TB 以上的硬盘作为启动盘；而在 BIOS 中，如果不借助第三方软件，则这类大容量硬盘只能作为数据盘使用。

UEFI 支持 64 位的固件设备驱动程序，系统在启动过程中可以对超过 172 亿 GB 的内存进行寻址。BIOS 由于使用 16 位汇编语言编制，只能运行在 16 位实模式下，因此可访问的内存空间只有 1MB；而 UEFI 使用 32 位或 64 位高级语言（C 语言）编制，突破了 BIOS 16 位实模式的限制，可以达到处理器的最大寻址空间。

UEFI 在兼容性和通用性上非常优秀。BIOS 基本不需要第三方参与开发，除非参与 BIOS 的设计，但是还要受到 ROM 的大小限制；而参与开发 UEFI 标准的企业除 Intel 公司以外，还有 AMD、苹果、惠普、IBM、联想、微软等公司，企业可以在 UEFI 的基础上开发出直接在 UEFI 下运行的应用程序，这些是在 BIOS 中无法做到的。

无论是界面、功能还是操作的简易性、安全性，UEFI 都要远远高于 BIOS，而且 UEFI 主板和现行 BIOS 主板在设计难度及生产兼容性上并不冲突。UEFI 中的初始化模块和驱动执行环境通常也集成在一个只读存储器中，和 BIOS 固化程序一样，所以通常也把存储 UEFI 程序的芯片叫作 UEFI BIOS 芯片，UEFI 也叫作 UEFI BIOS。现在，UEFI 已经取代 BIOS 成为现在的市场主流。

虽然 UEFI 已经基本取代了传统的 BIOS，但是它也存在一些问题。与传统的 BIOS 类似，存储 UEFI 程序的闪存芯片一旦出现故障，计算机就无法正常启动。由于 UEFI 程序是使用 C 语言编写的，与使用汇编语言编写的 BIOS 相比，其更容易受到病毒的攻击，代码更容易被改写，所以 UEFI 在安全性和稳定性方面仍然有待提升。

9.4 UEFI 基本参数设置

✓ 知识目标：了解进入 UEFI 程序的方法，以及 UEFI 程序的设置内容及操作方法。

✓ 能力目标：理解 UEFI 程序中不同设置内容的作用及相应设置方法。

9.4.1 进入 UEFI 程序

如果需要进行 UEFI 设置，则用户必须在启动计算机后按下特定的热键才可以进入 UEFI 程序，如果没有及时按下热键，就需要重新启动计算机再进行相同操作。和 BIOS 类似，不同厂商的 UEFI 进入 UEFI 程序的方法是不同的，用户可以根据开机时界面中给出的提示，按指定热键进入 UEFI 程序，比如，在台式机上进入 UEFI 程序的常用热键是键盘上的 "Delete" 键，在笔记本电脑上进入 UEFI 程序的常用热键是 "F2" 键。例如，在如图 9-16 所示的界面中，按键盘上的 "Delete" 键即可进入 UEFI 程序。

图 9-16　进入 UEFI 程序的界面提示

9.4.2　认识 UEFI 程序的主界面

在进入 UEFI 程序后，首先显示的是 UEFI 程序的主界面，如图 9-17 所示。

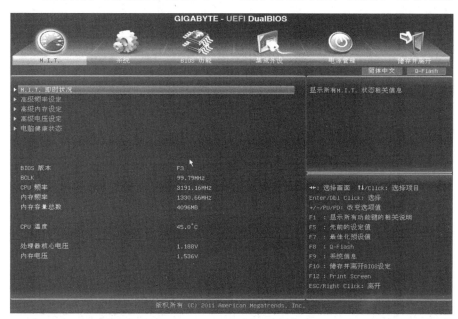

图 9-17　UEFI 程序的主界面

UEFI 程序的主界面中一般有若干个选项，由于厂商不同，因此 UEFI 程序中的选项会有一些不同，但功能相差不大。这里通过某品牌主板使用的 UEFI 程序简单介绍一下 UEFI 程序的设置选项。

（1）M.I.T.（M.I.T 超频选项）：该选项用于设置 CPU 频率，如内频、倍频等，还可以用于设置内存频率、倍频及电脑健康状态等。

（2）系统：该选项用于查看主板型号、BIOS 版本、日期、ID 等，也可以用于设置系统语言、日期、时间等，还可以用于查看计算机硬盘的相关信息，如型号、容量等。

（3）BIOS 功能：该选项用于设置启动优先顺序、开机时数字键盘锁定状态、是否显示开机画面、PCI ROM 优先顺序、limit cupid maximum 状态、禁止执行位（XD-BIT）状态、Intel

虚拟化技术状态、管理员密码和用户密码等。

（4）集成外设：该选项用于设置硬盘模式、USB 控制器、音频控制器、预设启动的显示设备、Intel 快速启动技术等。

（5）电源管理：该选项用于设置电源恢复时系统状态选择、键盘开机功能、系统定时开机规则、高精准时间定时器、电源键模式等。

（6）储存并离开：该选项用于设置存储设定变更并离开、不存储设定变更并离开、载入最佳化预设值、存储配置文件、载入配置文件等。

9.4.3 UEFI 基本设置

下面对 UEFI 程序中的一些常用设置选项进行介绍。

1．设置 CPU 频率

在 UEFI 程序的主界面中选择"M.I.T."选项卡，然后选择"高级频率设定"选项，进入"高级频率设定"界面，如图 9-18 所示，在该界面中可以对 CPU 频率进行设置。

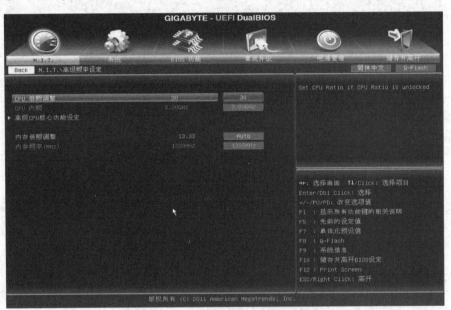

图 9-18　"高级频率设定"界面

（1）CPU 倍频调整：该选项用于设置 CPU 倍频，可以直接输入数字或使用"+"、"–"、"Page Up"和"Page Down"等键进行设置。

（2）CPU 内频：该选项用于显示 CPU 主频。

2．设置内存参数

在 UEFI 程序的主界面中选择"M.I.T."选项卡，然后选择"高级内存设定"选项，进入"高级内存设定"界面，如图 9-19 所示，在该界面中可以对内存参数进行设置。

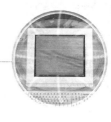

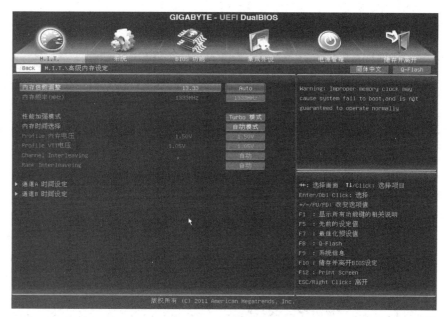

图 9-19　"高级内存设定"界面

在"内存倍频调整"选项中，可以直接输入数字或使用"+"、"-"、"Page Up"和"Page Down"等键进行设置。在"性能加强模式"和"内存时间选择"等选项中，可以选择合适的模式进行对应设置。例如，图 9-20 所示为在设置性能加强模式时弹出的"性能加强模式"对话框。

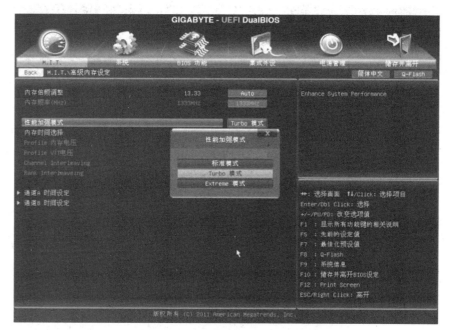

图 9-20　"性能加强模式"对话框

3. 设置电脑健康状态

在 UEFI 程序的主界面中选择"M.I.T."选项卡，然后选择"电脑健康状态"选项，进入"电脑健康状态"界面，如图 9-21 所示，在该界面中可以查看 CPU 参数，以及设置 CPU 报警温度、CPU 风扇报警、系统风扇报警等。

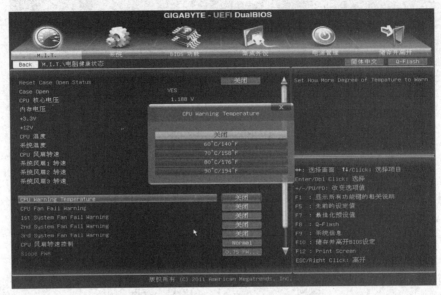

图 9-21　"电脑健康状态"界面

4. 设置系统日期和系统时间

在 UEFI 程序的主界面中选择"系统"选项卡，进入"系统"界面，如图 9-22 所示，在该界面中可以设置系统日期和系统时间等。

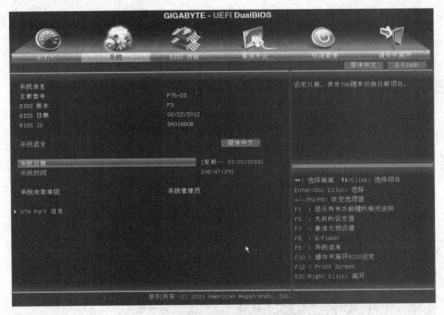

图 9-22　设置系统日期和系统时间

5. 设置启动优先权

在 UEFI 程序的主界面中选择"BIOS 功能"选项卡，进入"BIOS 功能"界面，在该界面中选择"启动优先权 #1"选项，在弹出的"启动优先权 #1"对话框中可以设置第一启动设备，如图 9-23 所示。

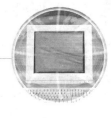

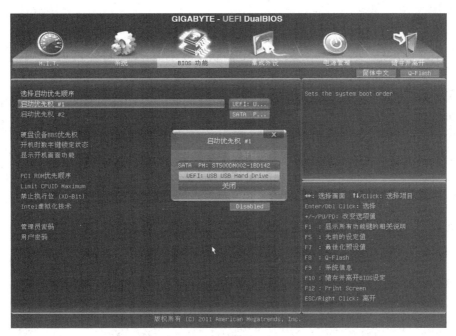

图 9-23 "启动优先权 #1" 对话框

6. 设置管理员密码和用户密码

在 UEFI 程序的主界面中选择 "BIOS 功能" 选项卡，进入 "BIOS 功能" 界面，如图 9-24 所示。在该界面中选择 "管理员密码" 选项，可以设置管理员密码；选择 "用户密码" 选项，可以设置用户密码。

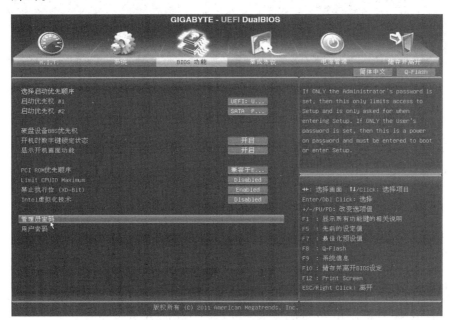

图 9-24 "BIOS 功能" 界面

设置密码有以下 3 种情况：

（1）只设置管理员密码，在计算机开机后，需要输入管理员密码才能进入开机程序。

（2）只设置用户密码，只有当进入 UEFI 程序时才需要输入用户密码。

（3）同时设置管理员密码与用户密码，只有当进入 UEFI 程序时才需要输入管理员密码或用户密码。不同之处是，管理员密码允许用户进入 UEFI 程序修改所有选项的设置，而用户密码则只允许用户进入 UEFI 程序修改部分选项的设置。

7. 设置硬盘模式

在 UEFI 程序的主界面中选择"集成外设"选项卡，进入"集成外设"界面，在该界面中选择"SATA 模式选择"选项，在弹出的"SATA 模式选择"对话框中可以设置硬盘模式（硬盘模式有两种：IDE 模式和 AHCI 模式），如图 9-25 所示。

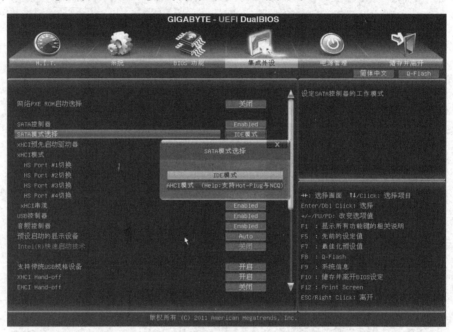

图 9-25　"SATA 模式选择"对话框

IDE（Integrated Drive Electronics，电子集成驱动器）模式传输速度慢，兼容性好。IDE 模式可以将 SATA 接口硬盘模拟为普通 IDE 接口硬盘，不需要加装 SATA 接口硬盘驱动，但也不能支持 SATA 接口的新功能。

AHCI（Advanced Host Controller Interface，高级主机控制器接口）模式原生支持 SATA 接口硬盘，传输速度快，而且支持 NCQ、热插拔等功能。当使用 AHCI 模式时，操作系统必须加载 SATA 驱动，否则计算机会蓝屏或不断重启。比如，当使用 SATA 接口硬盘安装 Windows XP 系统时，硬盘模式应该选择 IDE 模式，因为 Windows XP 系统没有集成 SATA 驱动；当安装 Windows Vista 系统或更新的系统时，就可以直接选择 AHCI 模式。

8. 设置音频控制器

在 UEFI 程序的主界面中选择"集成外设"选项，进入"集成外设"界面，在该界面中选择"音频控制器"选项，在弹出的"音频控制器"对话框中可以设置音频设备侦测功能，如

图 9-26 所示。"Disable"为音频设备永远被关闭；"Enable"为音频设备永远被启动；"Auto"为当系统中有音频设备时自动启动，反之自动关闭。

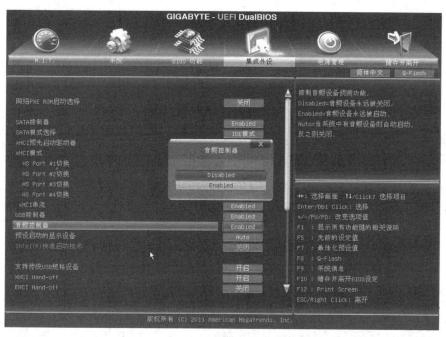

图 9-26 "音频控制器"对话框

9. 设置 USB 控制器

在 UEFI 程序的主界面中选择"集成外设"选项卡，进入"集成外设"界面，在该界面中选择"USB 控制器"选项，在弹出的"USB 控制器"对话框中可以设置 USB EHCI 功能，如图 9-27 所示。"Disable"为 USB 2.0 设备被关闭，"Enable"为至少有一组 USB 2.0 设备永远被启动。

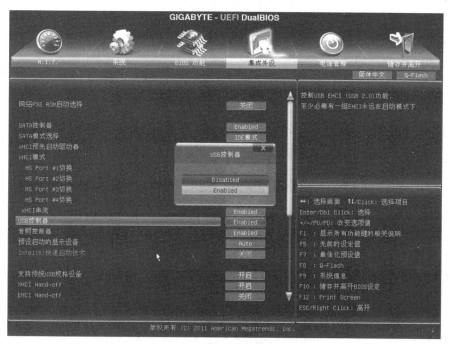

图 9-27 "USB 控制器"对话框

10. 设置 xHCI 模式

在 UEFI 程序的主界面中选择"集成外设"选项卡，进入"集成外设"界面，在该界面中选择"xHCI 模式"选项，在弹出的"xHCI 模式"对话框中可以设置 xHCI 模式，如图 9-28 所示。xHCI（eXtensible Host Controller Interface，可扩展的主机控制器接口）模式及控制器主要面向 USB 3.0 设备，同时支持 USB 2.0 及以下的设备；EHCI（Enhanced Host Controller Interface，增强型主机控制器接口）模式及控制器面向 USB 2.0 设备。

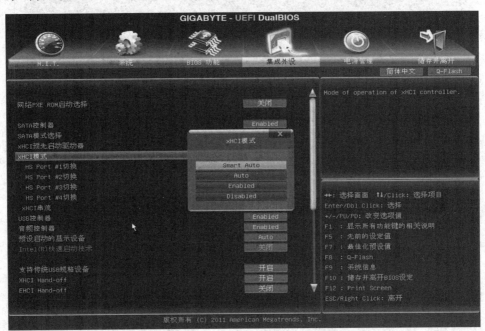

图 9-28 "xHCI 模式"对话框

- Smart Auto（智能自动）：当 UEFI 具备 xHCI pre-boot 支持（即在开机前的环境下支持 xHCI 控制器）时，建议选择该模式，该模式的功能类似于 Auto 模式的功能。在开机之前，UEFI 会依据上一次在操作系统中的设定将 USB 3.0 连接端口连接至 xHCI 或 EHCI 控制器。该模式可以让 USB 3.0 设备在进入操作系统前以 USB 3.0 Super-Speed 模式运行。如果在上次的操作环境中，USB 连接端口被设定为 EHCI 模式，则本次开启及重新设定 xHCI 控制器的步骤就必须遵照 Auto 模式。

- Auto（自动）：当 UEFI 不具备 xHCI pre-boot 支持时，建议选择该模式。在该模式下，UEFI 会将所有 USB 3.0 连接端口连接至 EHCI 控制器。接下来，UEFI 会使用 ACPI 协定提供开启 xHCI 控制器的选项，并且重新设定 USB 连接端口。

- Enabled（开启）：在该模式下，所有的连接端口在 UEFI 开机过程的最后会被连接至 xHCI 控制器。如果 UEFI 在开机前不支持 xHCI 控制器，则 UEFI 会先将 USB 3.0 连接端口连接至 EHCI 控制器，待进入操作系统前再将 USB 3.0 连接端口连接至 xHCI 控制器。需要注意的是，如果要设置成"Enabled"模式，则安装的操作系统必须支持 xHCI

模式，如果操作系统不支持 xHCI 模式，则所有 USB 3.0 连接端口将无法运行。

- Disable（关闭）：关闭 xHCI 控制器，UEFI 会将 USB 3.0 连接端口连接至 EHCI 控制器，并且以 EHCI 模式工作。无论系统是否支持 xHCI 模式，所有的 USB 3.0 设备皆以 USB 2.0 模式工作。

11. 设置电源键模式

在 UEFI 程序的主界面中选择"电源管理"选项卡，进入"电源管理"界面，在该界面中选择"电源键模式"选项，在弹出的"电源键模式"对话框中可以设置按下电源键的系统动作，如图 9-29 所示。"立即关闭系统"是按一下电源按钮即可立即关闭系统；"延迟四秒"是按住电源键 4 秒后才会关闭电源，如果按住电源键的时间少于 4 秒，则系统进入休眠模式。

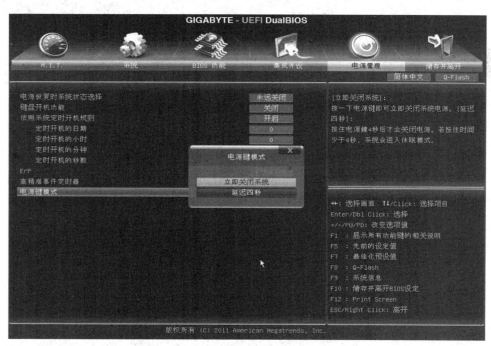

图 9-29 "电源键模式"对话框

12. 设置储存并离开

在 UEFI 程序的主界面中选择"储存并离开"选项卡，进入"储存并离开"界面。退出 UEFI 程序的方式包括"储存并离开设定"和"不储存设定变更并离开"。

（1）储存并离开设定：在 UEFI 程序中进行设置后，需要保存所做的设置后才能使所做的设置发挥作用，如图 9-30 所示。

（2）不储存设定变更并离开：如果不准备保存当前的设置，则可以进行不保存并退出的操作。

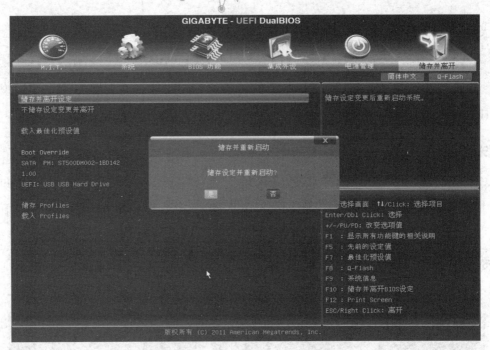

图 9-30　询问是否储存设定并重新启动

13．载入最佳化预设值

在 UEFI 程序的主界面中选择"储存并离开"选项卡，进入"储存并离开"界面。在该界面中选择"载入最佳化预设值"选项，在弹出的"载入最佳化预设值"对话框中单击"是"按钮，如图 9-31 所示，可以载入 UEFI 出厂预设值，该预设值可以发挥主板的较好效能。

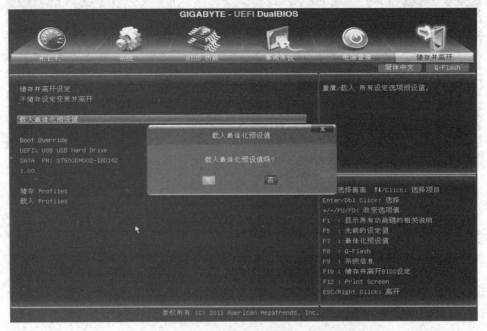

图 9-31　"载入最佳化预设值"对话框

14．储存设定档和载入设定档

在 UEFI 程序的主界面中选择"储存并离开"选项卡，进入"储存并离开"界面，在该界

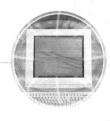

面中可以选择"储存 Profiles"或"载入 Profiles"选项，如图 9-32 所示。

（1）储存 Profiles：将用户的设定储存成一个 UEFI 设定档，可以设置多组设定档文件。

（2）载入 Profiles：在系统运行不稳定时，可以载入设定档文件，免去重新设置的麻烦。

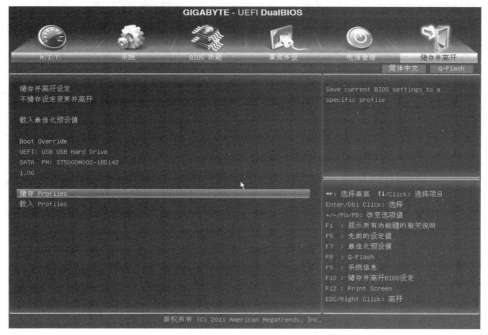

图 9-32　储存设定档和载入设定档

 9.5 实践出真知

实训任务：BIOS 程序及 UEFI 程序中参数的设置方法

准备工作：两台计算机（一台使用 BIOS 程序，另一台使用 UEFI 程序）。

工作任务：掌握 BIOS 程序及 UEFI 程序中参数的设置方法。

实训内容：

（1）进入计算机的 BIOS 程序，并完成教材讲解的参数设置。

（2）进入计算机的 UEFI 程序，并完成教材讲解的参数设置。

思政驿站　在进行 BIOS 设置或 UEFI 设置时，一定要按照设置操作顺序进行，不要想着跳过某些步骤或一步完成，这是不能实现的。就像我们的人生一样，需要我们脚踏实地、一步一步地去实现自己的理想。今天的努力就是为了明天的梦想的达成。

1. 简述 BIOS 和 CMOS 的区别与联系。

2. 简述 BIOS 程序的功能。

3. 主板 BIOS 有 3 大类型，分别是什么？

4. 简述进入 BIOS 程序的方法。

5. 简述 UEFI 程序的特点。

6. 进入 BIOS 程序或 UEFI 程序的主界面，修改系统日期与系统时间。

7. 开机进入 BIOS 程序或 UEFI 程序的主界面，设置管理员密码和用户密码，并重启验证。

8. 在计算机中插入任意 U 盘，开机进入 BIOS 程序或 UEFI 程序的主界面，将 U 盘设置为第一启动设备。查看保存并退出后是否能够从 U 盘启动？为什么？

第 **10** 章

硬盘分区及格式化

知识要点

🔑 硬盘分区的基础知识。

🔑 对硬盘进行分区和格式化的传统方法。

🔑 使用 Windows 系统的安装程序对硬盘进行分区和格式化。

🔑 使用操作系统中的磁盘管理工具管理硬盘分区。

🔑 使用 Disk Genius 管理硬盘分区。

内容摘要

　　硬盘是计算机系统必备的重要存储设备。对于硬盘来说，只有进行合理的分区和格式化，才能够有效地利用硬盘空间，提高硬盘的使用率，并保证用户数据的安全。本章将详细介绍硬盘分区和格式化的相关内容。

10.1 硬盘分区的基础知识

✓ **知识目标**：了解硬盘分区的概念和标准、分区格式的标准，以及各类分区软件。

✓ **能力目标**：理解硬盘分区的作用和标准、分区格式的不同标准，以及明确分区方案。

10.1.1　硬盘分区

硬盘分区就是通过软件对硬盘的物理存储空间进行逻辑划分，将硬盘划分为多个逻辑部分，也就是多个分区。这些部分可以进行安装操作系统和应用程序、存储数据的操作，如 C 盘、D 盘、E 盘、F 盘等，如图 10-1 所示。打个比方，一块新硬盘相当于一张"白纸"，为了更方便、更有效地使用它，要把"白纸"划分成若干个小块，这样，在"白纸"上写字或作画时，不仅有条理，还可以充分利用资源。

图 10-1　硬盘分区情况

10.1.2　硬盘分区的标准

在对硬盘进行分区时，可以选择两种分区方案：MBR 分区方案和 GPT 分区方案。操作系统先通过硬盘分区方案把硬盘划分为若干个分区，然后在每个分区中创建文件系统，写入数据文件。

1．MBR 分区方案

MBR（Master Boot Record，主引导记录）分区方案将硬盘分区信息保存到硬盘的第一个扇区（MBR 扇区）的 64 字节中，每个分区项占用 16 字节。由于 MBR 扇区只有 64 字节用于保存分区方案，只能记录 4 个分区的信息，因此 MBR 分区方案中硬盘主分区的数目不能超过 4。为了使用更多的分区，又加入了扩展分区及逻辑分区。MBR 分区方案最大支持容量为 2.2TB 的硬盘，无法处理容量大于 2.2TB 的硬盘。

MBR 分区方案中的硬盘分区有主分区、扩展分区和逻辑分区 3 种类型。

1）主分区

主分区是硬盘上最重要的分区，是存储启动操作系统时所必需的文件和数据的硬盘分区。一块硬盘最多可以分为 4 个主分区，但只能有一个主分区被激活。

2）扩展分区

扩展分区是由主分区之外的空间创建的分区。扩展分区不能直接使用，必须在扩展分区内建立逻辑分区。一块硬盘最多只能有一个扩展分区。

3）逻辑分区

逻辑分区是从扩展分区中分配出的分区，逻辑分区可以有多个，如果硬盘上只有一个主

分区，如 C 盘，则逻辑分区的盘符就从 D 盘开始，依次延续。

MBR 分区方案中的 3 种分区的关系如图 10-2 所示。

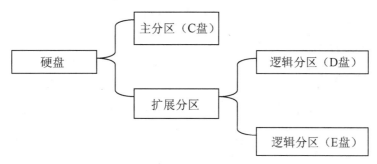

图 10-2　MBR 分区方案中的 3 种分区的关系

> **注意**：在一块硬盘上，主分区的数目加上扩展分区的数目最多只能为 4（逻辑分区没有此限制）。

随着大容量硬盘的出现，MBR 分区方案不能处理大容量硬盘的缺陷日益突出，另一种分区方案应运而生。

2．GPT 分区方案

GPT（Globally Unique Identifier Partition Table，全局唯一标识分区表）分区方案没有 MBR 分区方案无法处理容量大于 2.2TB 硬盘的限制，其最大支持容量为 18EB 的分区（不过 NTFS 格式最大仅支持 256TB）。GPT 分区方案理论上支持无限个硬盘分区，不过在 Windows 系统中由于系统的限制，每个硬盘最多只能支持 128 个硬盘分区。每个分区的标识符是一个随机生成的字符串，可以保证为每个 GPT 分区分配唯一的标识符。GPT 分区表在安全性上也优于 MBR 分区表。GPT 分区方案在整个硬盘上保存多个分区和启动信息的副本，如果信息损坏，则 GPT 分区方案可以从硬盘上的其他地方恢复被破坏的信息，所以更安全。使用 GPT 分区方案的计算机的开机启动速度也比使用 MBR 分区方案的计算机要快。

GPT 分区方案中的硬盘分区一般分为 4 种类型：EFI 系统分区、微软保留分区、主分区、恢复环境工具分区。

1）EFI 系统分区

EFI 系统分区（EFI System Partition，ESP）用在使用 UEFI BIOS 的计算机系统中，用来启动操作系统，所以该分区也可以叫作引导分区。该分区存放引导管理程序、驱动程序、系统维护工具等。

2）微软保留分区

当使用 Windows 系统时才需要微软保留分区（Microsoft Reserved Partition，MSR），在每

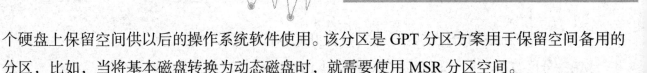

个硬盘上保留空间供以后的操作系统软件使用。该分区是 GPT 分区方案用于保留空间备用的分区，比如，当将基本磁盘转换为动态磁盘时，就需要使用 MSR 分区空间。

3）主分区

主分区用来安装操作系统。

4）恢复环境工具分区

恢复环境工具分区用来为 Windows RE 文件映像分配空间。进入恢复环境，可以执行系统还原、启动修复、系统映像恢复等操作。

10.1.3 常用的分区格式

分区格式其实就是操作系统能够支持的文件系统。分区格式决定了操作系统的兼容性及硬盘读/写性能的差异。常用的分区格式有 FAT16、FAT32、NTFS、EXFAT、EXT2、EXT3、EXT4 等。

1. FAT16

FAT16 是 DOS 系统及 Windows 95 系统中使用的分区格式，几乎所有的操作系统都能够支持该分区格式。FAT16 使用 16 位的文件分配表，支持的最大分区容量为 2GB。由于 FAT16 对硬盘的利用效率比较低，因此现在已经很少使用该分区格式了。

2. FAT32

FAT32 使用 32 位的文件分配表，能支持容量最大为 2TB 的硬盘。与 FAT16 相比，FAT32 对硬盘的利用效率大大提高，减少了对硬盘空间的浪费。Windows 95 以后的 Windows 系统都支持 FAT32。

3. NTFS

NTFS 是随着 Windows NT 系统而出现的分区格式，支持的最大分区容量为 2TB，并且支持大小在 4GB 以上的文件，能更有效地管理硬盘空间，具有出色的安全性及稳定性。Windows NT、Windows 2000、Windows XP、Windows 2003、Windows 7 等操作系统都支持这种分区格式，这也是推荐的一种分区格式。NTFS 的缺点就是兼容性较差，以前的 DOS 系统和 Windows 9X 系列的操作系统是无法访问 NTFS 文件系统的。

4. EXFAT

EXFAT（Extended File Allocation Table，扩展文件分配表）是为了满足个人移动存储设备在不同操作系统上日益增长的需求而设计的分区格式，可以解决 FAT32 等分区格式不支持

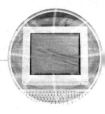

4GB 及更大文件的缺点。

5. EXT2

EXT2（Second Extended File System，第二扩展文件系统）是专为 Linux 系统设计的分区格式，支持最大 16TB 的文件系统和最大 2TB 的文件。它拥有极快的读写速度和极小的 CPU 占用率，在结合 Linux 系统后，死机的概率大大减少，但是 EXT2 不兼容前面介绍的 FAT16、FAT32、NTFS、EXFAT 等 4 种分区格式。

6. EXT3

EXT3（Third Extended File System，第三代扩展文件系统）是直接从 EXT2 发展而来的，在 EXT2 的基础上增加了日志功能，所以也叫日志文件系统。EXT3 稳定可靠，可以完全兼容 EXT2，支持最大 16TB 的文件系统和最大 2TB 的文件。

7. EXT4

EXT4（Fourth Extended File System，第四代扩展文件系统）是 EXT3 的后续版本，兼容 EXT3，只需执行若干条命令，就可以在无须重新格式化硬盘或重新安装系统的情况下，从 EXT3 在线迁移到 EXT4。EXT4 支持 1EB 的文件系统及 16TB 的文件。

10.1.4 分区顺序

1. MBR 分区方案的分区顺序

无论建立几个分区，使用何种分区软件，在硬盘上建立分区时都要遵循的顺序是：建立主分区→建立扩展分区→建立逻辑分区→激活主分区→格式化所有分区。

> 提示：必须激活主分区，否则硬盘无法正常引导。

对于新硬盘来说，按照上面的顺序依次建立分区即可；对于已经建立分区的硬盘来说，需要先删除分区，再建立分区。删除分区的顺序是：删除逻辑分区→删除扩展分区→删除主分区。

2. GPT 分区方案的分区顺序

在硬盘上建立分区的顺序是建立 EFI 系统分区→建立恢复环境工具分区→建立微软保留分区→建立主分区。非常重要的一点是，一定要在建立主分区之前建立微软保留分区。

10.1.5　分区之前所做的准备工作

1．确定是否需要分区

新硬盘没有这方面的考虑，如果是正在使用的硬盘，则需要考虑这个问题，因为一旦重新分区，硬盘上的数据都会被清空。

2．备份硬盘数据

对于正在使用的硬盘来说，需要考虑备份硬盘中的重要数据，可以将数据复制到其他的存储设备上（如 U 盘或其他硬盘等），新硬盘则不用考虑这个问题。

3．确定硬盘分区方案

在 MBR 分区方案中，对于分区没有固定的标准，可以任意规划分区的数目（主要针对逻辑分区），对主分区和逻辑分区的容量也没有限制（在分区格式允许的范围内）。但主分区（C 盘）一般要安装操作系统和许多应用软件，并且需要保留存储在安装或运行一些软件时释放的临时文件所需的空间，以及在进行磁盘整理时所必需的交换空间等，所以主分区的容量一定要在能够完成这些安装任务的同时，还要保留充足的空间。另外需要注意的是，分区的数目要合理，如果分区的数目太多，则将降低系统启动及读/写数据的速度，并且磁盘管理工作也比较烦琐。

在 GPT 分区方案中，要注意各个分区的空间大小，EFI 系统分区的默认大小为 100MB，恢复环境工具分区的默认大小为 500MB，微软保留分区的默认大小为 16MB，主分区的空间大小要保证能安装操作系统与众多应用软件，并保留存储在安装或运行一些软件时释放的临时文件所需的空间，以及在进行磁盘整理时所必需的交换空间等。

4．确定分区格式

在 10.1.3 节里介绍的分区格式中，FAT16 已经被淘汰，EXFAT 适用于闪存，EXT2 只用于 Linux 系统。常用的分区格式是 FAT32 和 NTFS，使用过程中要根据实际需求来选择合适的分区格式。如果要求良好的兼容性，则可以选择 FAT32；如果要求系统的安全性和稳定性高，则可以选择 NTFS。

5．选择分区方法

对硬盘进行分区的方法如下：

（1）使用 DOS 系统的 FDISK 程序对硬盘进行分区。

（2）使用 Windows 系统的安装程序对硬盘进行分区。

（3）使用 Windows 系统中的磁盘管理工具对硬盘进行分区。

（4）使用磁盘管理软件对硬盘进行分区，如 Disk Genius（数据恢复及磁盘分区）软件等。下面将分别介绍利用这些分区方法对硬盘进行分区的过程。

10.2　对硬盘进行分区和格式化的传统方法

✓　知识目标：了解 FDISK 程序中基本选项的含义，以及 FORMAT 命令的含义。

✓　能力目标：理解 FDISK 程序中各个选项的作用，以及 FORMAT 命令的作用。

10.2.1　使用 FDISK 程序对硬盘进行分区

硬盘分区从实质上说就是对硬盘的一种格式化。在创建分区时，就已经设置好了硬盘的各项物理参数，指定了硬盘主引导记录（Master Boot Record，MBR）和引导记录备份的存放位置。而对于文件系统及其他操作系统管理硬盘所需要的信息，则是通过之后的高级格式化工具即 FORMAT 命令来实现的。FDISK 程序的主界面如图 10-3 所示。

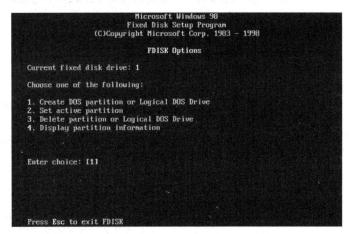

图 10-3　FDISK 程序的主界面

在安装操作系统和软件之前，首先需要对硬盘进行分区和格式化，然后才能使用硬盘保存各种信息。许多人都会认为既然是分区就一定要把硬盘划分成好几个部分，其实完全可以只创建一个分区来使用全部或部分的硬盘空间。不过，无论划分了多少个分区，也无论使用的是 SCSI 接口硬盘、IDE 接口硬盘还是 SATA 接口硬盘，都必须把硬盘的主分区设定为活动分区，这样才能够通过硬盘启动系统。

图 10-3 所示的分区选项中各个选项的含义说明如下。

- 1．Create DOS partition or Logical DOS Drive：创建 DOS 分区或逻辑驱动器。

- 2．Set active partition：设置活动分区。

- 3．Delete partition or Logical DOS Drive：删除分区或逻辑驱动器。
- 4．Display partition information：显示分区信息。

FDISK 程序可以说是最早的硬盘分区工具。由于其存在 DOS 模式的操作界面、操作过程复杂、不支持 NTFS 分区格式等缺点，因此使用较少。

10.2.2 使用 FORMAT 命令对分区进行格式化

在对硬盘进行分区后，就需要对分区进行格式化，否则分区不能正常使用，如在分区上安装操作系统或打开分区进行数据的存储等操作在未格式化的分区上是不能进行的。对硬盘进行分区或格式化，都会清除硬盘上的所有数据，所以在对分区进行格式化操作之前，一定要注意对数据进行备份，以免造成不必要的损失。

和 FDISK 程序一样，FORMAT 命令也被 Windows 系统的格式化功能或其他方便、快捷的工具软件所取代，从而退出了历史舞台。

10.3 使用 Windows 系统的安装程序对硬盘进行分区和格式化

- ✓ 知识目标：了解使用 Windows 系统的安装程序对硬盘进行分区和格式化的方法。
- ✓ 能力目标：理解在使用 Windows 系统的安装程序对硬盘进行分区和格式化过程中的参数设置方法。

使用 Windows 系统的安装程序对硬盘进行分区和格式化的操作方法如下所述。

（1）在启动 Windows 系统的安装程序后，在"Windows 安装程序"对话框中，可以使用 Windows 系统的安装程序对硬盘进行分区，如图 10-4 所示。

（2）选中未分配的空间，单击"新建"按钮，在"大小"右侧的输入框中输入分区容量，比如输入 60000MB，如图 10-5 所示。

（3）单击"应用"按钮，会弹出提示信息对话框，如图 10-6 所示。

（4）单击"确定"按钮，分区结果如图 10-7 所示。

（5）接下来删除分区。比如，选中分区 2，如图 10-8 所示。

（6）单击"删除"按钮，会弹出提示信息对话框，单击"确定"按钮，删除分区 2 后的结果如图 10-9 所示。

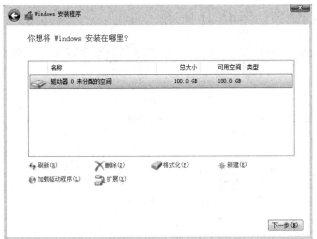

图 10-4　"Windows 安装程序"对话框

图 10-5　新建分区

图 10-6　提示信息对话框 1

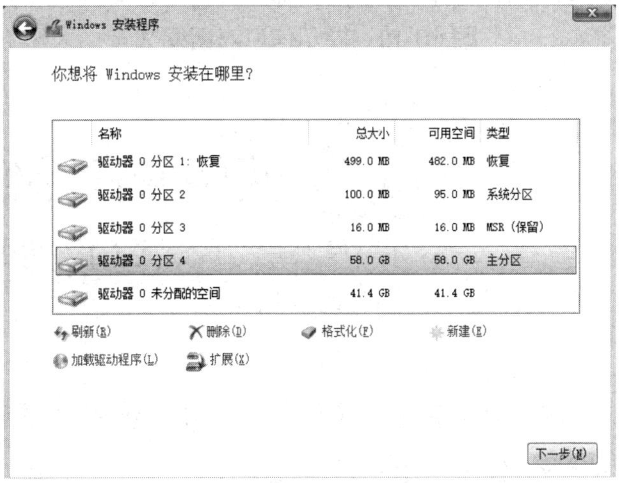

图 10-7　分区结果

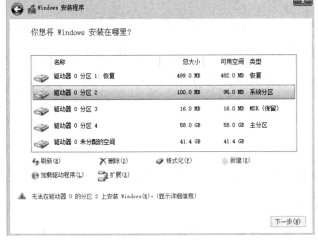

图 10-8　选中分区 2

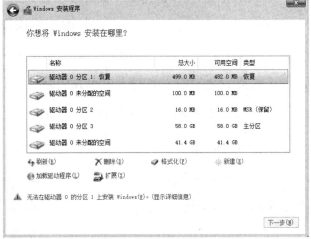

图 10-9　删除分区 2 后的结果

（7）在图 10-8 所示的对话框中选中分区 4，单击"格式化"按钮，会弹出提示信息对话框，如图 10-10 所示。

（8）单击"确定"按钮，格式化分区4后的结果如图10-11所示。

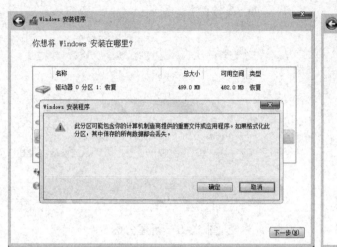

图 10-10　提示信息对话框 2

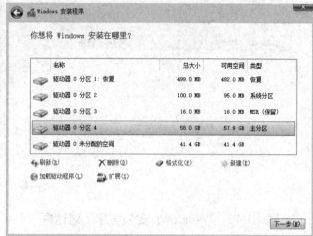

图 10-11　格式化分区 4 后的结果

10.4 使用操作系统中的磁盘管理工具管理硬盘分区

✓　**知识目标**：了解使用操作系统中的磁盘管理工具对硬盘进行分区及分区管理的方法。

✓　**能力目标**：理解磁盘管理工具中的参数设置方法。

1. 使用操作系统自带的磁盘管理工具

这里以 Windows 10 系统为例，讲解使用操作系统自带的磁盘管理工具对硬盘进行分区及分区管理的方法。在 Windows 系统桌面左下角的"开始"按钮上右击，在弹出的快捷菜单中选择"磁盘管理"命令，打开"磁盘管理"窗口，如图 10-12 所示，该窗口从上到下分别为菜单栏、工具栏、卷列表、图形视图等。

2. 创建新分区

（1）在图 10-12 所示的"磁盘管理"窗口的图形视图中，右击未分配区域，在弹出的快捷菜单中选择"新建简单卷"命令，如图 10-13 所示。

（2）在弹出的"新建简单卷向导"对话框的"指定卷大小"界面中，在"简单卷大小"右侧的数值框中输入新建简单卷的大小，该界面中的最大磁盘空间量是可以为该新建卷分配的最大磁盘空间大小（所有未分配的磁盘空间），最小磁盘空间量是创建该新建卷所需分配的最小磁盘空间大小（最小为 8MB），如图 10-14 所示。

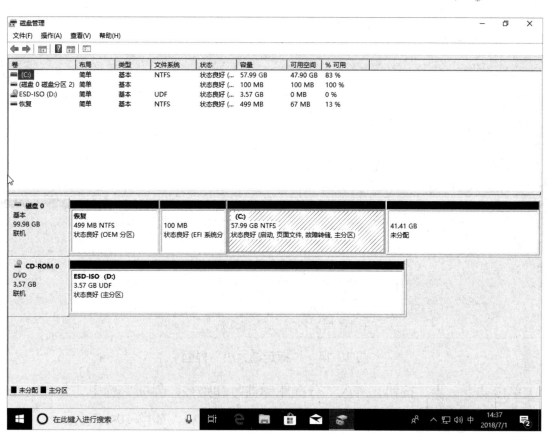

图 10-12 "磁盘管理"窗口

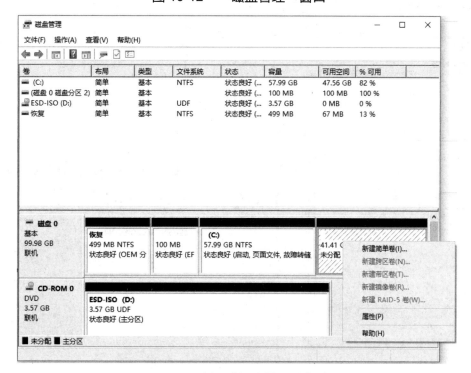

图 10-13 选择"新建简单卷"命令

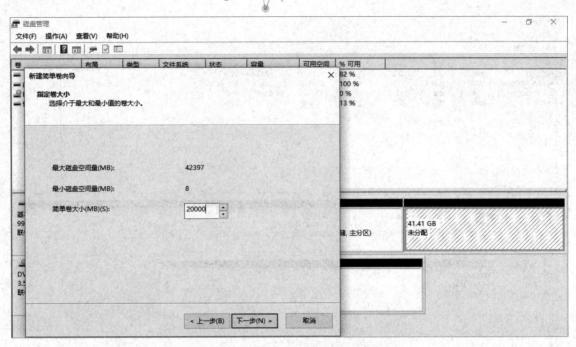

图 10-14　"指定卷大小"界面

（3）单击"下一步"按钮，进入"分配驱动器号和路径"界面，选中"分配以下驱动器号"单选按钮后，在其右侧的下拉列表中选择驱动器号选项，如图 10-15 所示。

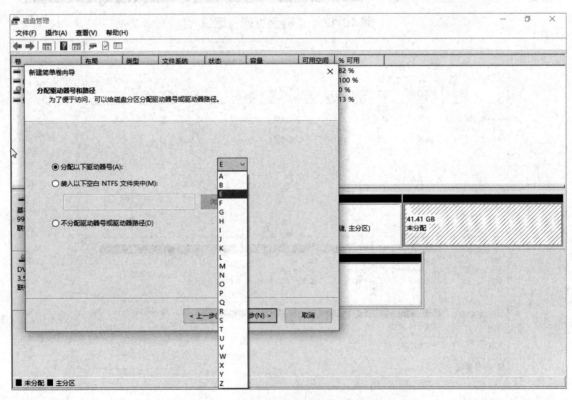

图 10-15　"分配驱动器号和路径"界面

（4）单击"下一步"按钮，进入"格式化分区"界面，选中"按下列设置格式化这个卷"单选按钮，然后选择文件系统，设置分配单元大小，输入卷标，如图 10-16 所示。可以根据实

际需要勾选"执行快速格式化"和"启用文件和文件夹压缩"（不推荐）复选框。

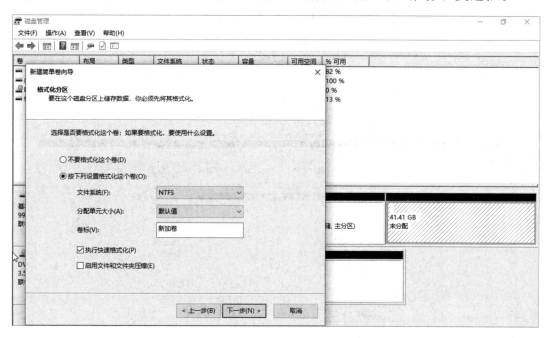

图 10-16　"格式化分区"界面

（5）单击"下一步"按钮，进入"正在完成新建简单卷向导"界面，再次确认新建卷的各项参数，如图 10-17 所示，单击"完成"按钮。

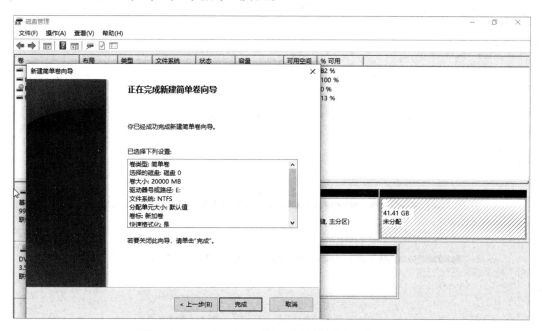

图 10-17　"正在完成新建简单卷向导"界面

3．删除分区

在"磁盘管理"窗口的图形视图中右击要删除的分区，然后在弹出的快捷菜单中选择"删除卷"命令，如图 10-18 所示，即可删除选择的分区。

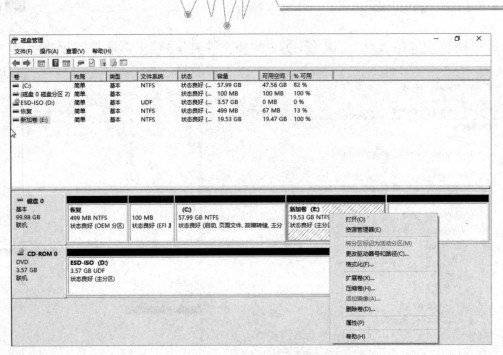

图 10-18　选择"删除卷"命令

4．扩展卷

扩展卷就是将磁盘的空余空间增加到要进行扩展的分区中，使原分区空间变大。

（1）在"磁盘管理"窗口中，右击要进行扩展空间的分区，在弹出的快捷菜单中选择"扩展卷"命令，如图 10-19 所示。

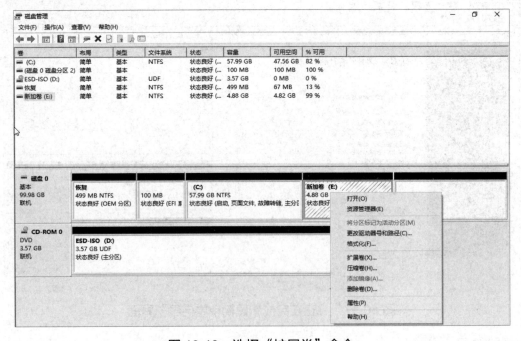

图 10-19　选择"扩展卷"命令

（2）在弹出的"扩展卷向导"对话框的"选择磁盘"界面中，在"选择空间量"右侧的数值框中输入要增加的空间大小，如图 10-20 所示。

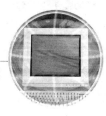

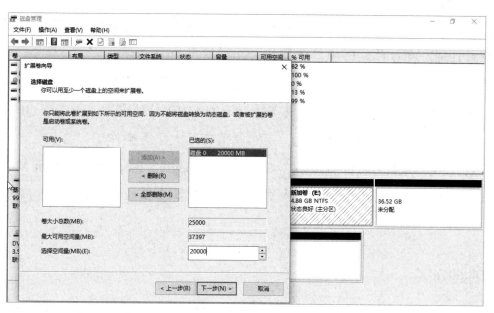

图 10-20 "选择磁盘"界面

（3）单击"下一步"按钮，返回"磁盘管理"窗口，可以看到原分区的空间已经扩展完成，如图 10-21 所示。

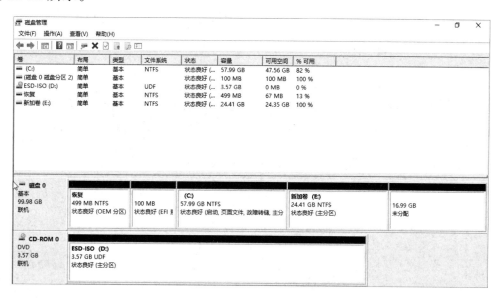

图 10-21 完成扩展卷

 10.5 使用 Disk Genius 管理硬盘分区

✓ 知识目标：了解使用 Disk Genius 对硬盘进行分区及分区管理的方法。

✓ 能力目标：理解在使用 Disk Genius 对硬盘进行分区及分区管理过程中的参数设置。

除了使用前面介绍的方法对硬盘进行分区及分区管理，还可以使用其他软件来对硬盘进行分区及分区管理。在这些软件中，典型代表之一就是 Disk Genius。

Disk Genius 是一款硬盘分区管理及数据恢复软件，其图形界面简洁直观，并且支持鼠标操作，符合现在的操作习惯。该软件不仅支持传统的 MBR 分区方案，还支持 GPT 分区方案，并且可以对硬盘进行分区管理、格式化、实时调整分区大小等操作。

当然，具有相同功能的软件有很多，如 Partition Magic、Paragon Partition Manager、DM（Disk Manager）等。这些软件的操作方法基本类似，本节以 Disk Genius 为例讲解对硬盘进行操作的方法。

10.5.1 创建分区

在使用 Disk Genius 创建分区时，要遵循创建分区的顺序，如在采用 MBR 分区方案的磁盘中，应先创建主分区，再创建其他分区。

1. 建立主磁盘分区

（1）启动 Disk Genius，进入主操作界面，右击硬盘的"空闲"空间（灰色显示区域），在弹出的快捷菜单中选择"建立新分区"命令，如图 10-22 所示。

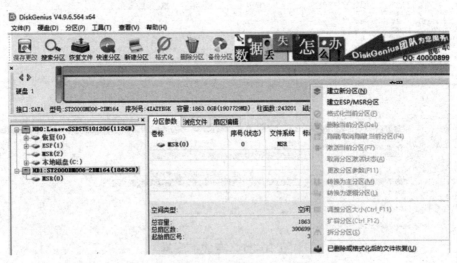

图 10-22　选择"建立新分区"命令

（2）在弹出的"建立新分区"对话框中依次选择分区类型（主磁盘分区）和文件系统类型（NTFS），在"新分区大小"数值框中输入准备分配给主磁盘分区的容量值，如图 10-23 所示。

（3）单击"确定"按钮，返回主操作界面，会显示新建立的主磁盘分区（但是分区未格式化，也没有盘符），如图 10-24 所示。

（4）在新建立的主磁盘分区上右击，在弹出的快捷菜单中选择"格式化当前分区"命令，如图 10-25 所示。

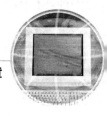

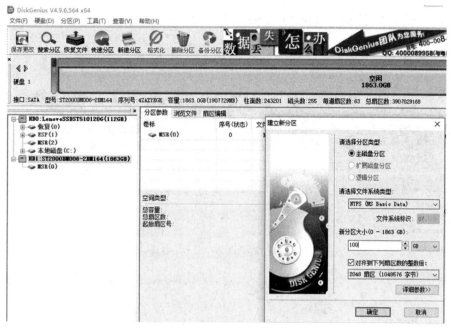

图 10-23 "建立新分区"对话框 1

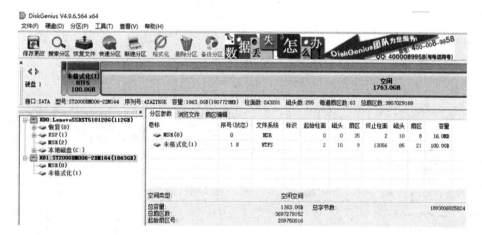

图 10-24 新建立的主磁盘分区

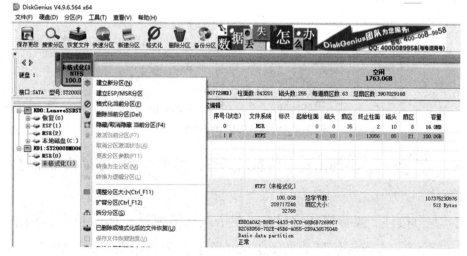

图 10-25 选择"格式化当前分区"命令

（5）弹出提示信息对话框，提示要先保存分区表，然后才能执行格式化操作，如图10-26所示。

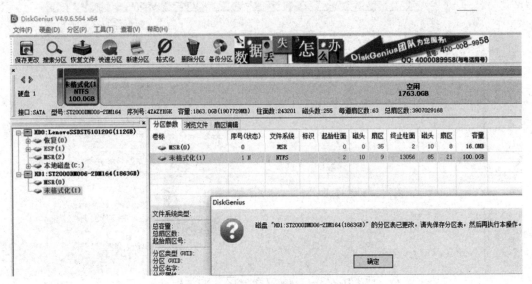

图10-26 提示先保存分区表

（6）在主操作界面中选择"硬盘"菜单，在下拉菜单中选择"保存分区表"命令，会弹出提示信息对话框，提示是否保存分区表，如图10-27所示。

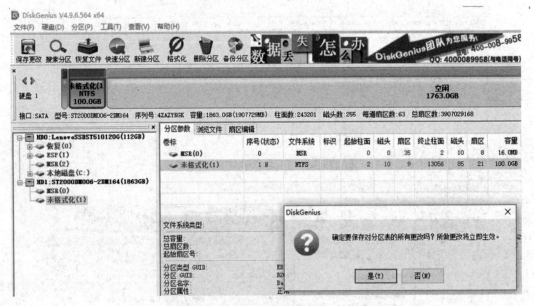

图10-27 提示是否保存分区表

（7）单击"是"按钮，会弹出提示信息对话框，提示是否立即格式化新建立的分区，如图10-28所示。

（8）单击"是"按钮，执行格式化操作。在格式化结束后，返回主操作界面，会显示新分区的盘符、文件系统、容量等信息，如图10-29所示，至此建立新分区的过程结束。

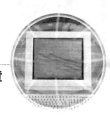

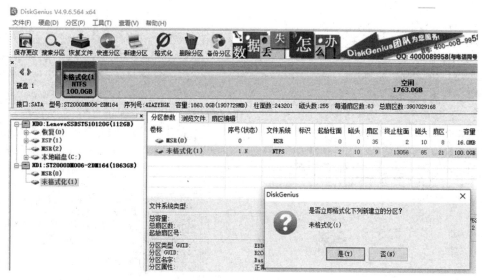

图 10-28 提示是否立即格式化新建立的分区

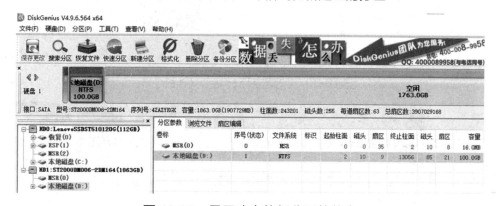

图 10-29 显示建立的新分区的信息

2. 建立扩展磁盘分区

只能在采用 MBR 分区方案的磁盘中建立扩展分区，不能在采用 GPT 分区方案的磁盘中建立扩展分区。

在主操作界面中，右击硬盘的"空闲"空间，在弹出的快捷菜单中选择"建立新分区"命令，在弹出的"建立新分区"对话框中依次选择分区类型（扩展磁盘分区）和文件系统类型（Extend），在"新分区大小"数值框中输入准备分配给扩展磁盘分区的容量值，如图 10-30 所示。单击"确定"按钮，返回主操作界面，会显示新建立的扩展磁盘分区（但是分区未格式化，也没有盘符）。

3. 建立逻辑分区

（1）右击新建的扩展磁盘分区，在弹出的快捷菜单中选择"建立新分区"命令，打开"建立新分区"对话框。在"建立新分区"对话框中依次选择分区类型（逻辑分区）和文件系统类型（NTFS），并在"新分区大小"数值框中输入准备分配给逻辑分区的容量值，如图 10-31 所示。

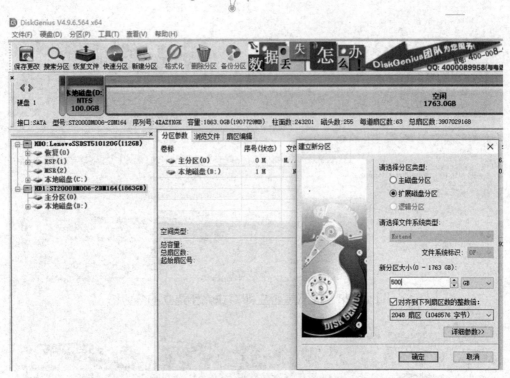

图 10-30 "建立新分区"对话框 2

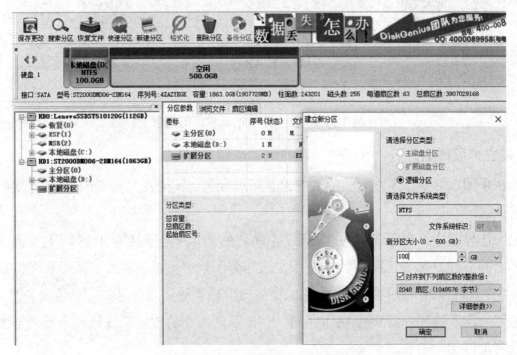

图 10-31 "建立新分区"对话框 3

（2）单击"确定"按钮，返回主操作界面，会显示新建立的逻辑分区（但是分区未格式化，也没有盘符），如图 10-32 所示。

（3）右击新建立的逻辑分区，在弹出的快捷菜单中选择"格式化当前分区"命令，如图 10-33 所示。

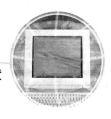

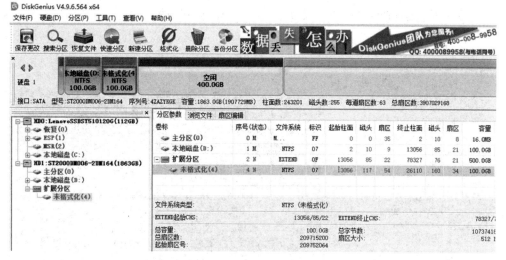

图 10-32　新建立的逻辑分区

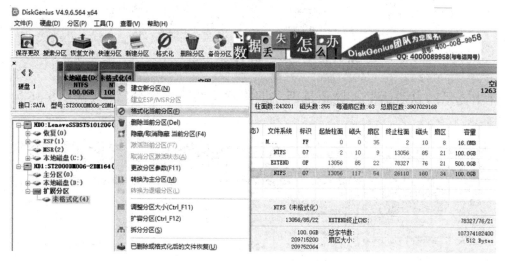

图 10-33　选择"格式化当前分区"命令

（4）弹出提示信息对话框，提示要先保存分区表，然后才能执行格式化操作，如图 10-34 所示。

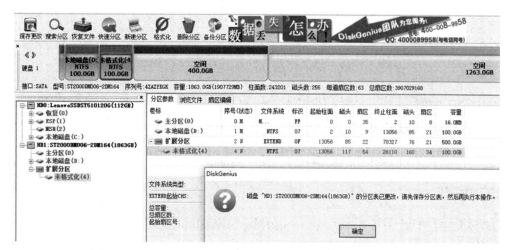

图 10-34　提示先保存分区表

（5）在主操作界面中选择"硬盘"菜单，在下拉菜单中选择"保存分区表"命令，如图10-35所示。

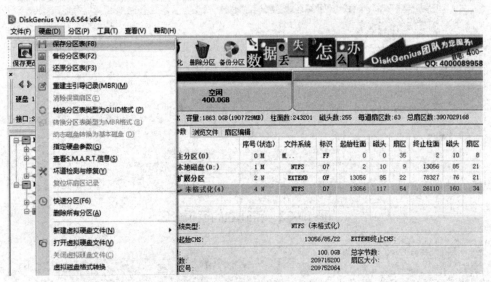

图10-35　选择"保存分区表"命令

（6）弹出提示信息对话框，提示是否立即格式化新建立的分区，如图10-36所示。

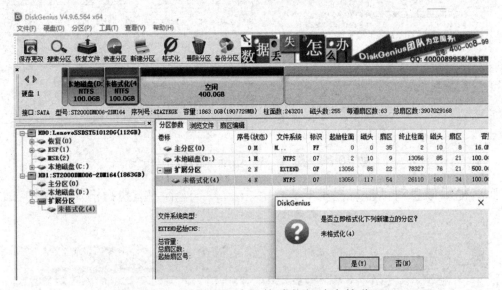

图10-36　提示是否立即格式化新建立的分区

（7）单击"是"按钮，执行格式化操作。在格式化结束后，返回主操作界面，会显示新分区的盘符、文件系统、容量等信息，如图10-37所示。

利用同样的方法可以继续建立其他逻辑分区。

4. 激活主分区

主分区必须激活才能引导系统，激活主分区的操作如下所述。

（1）在主操作界面中右击主分区，在弹出的快捷菜单中选择"激活当前分区"命令，如

图 10-38 所示。

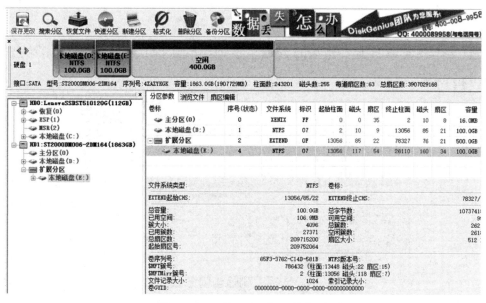

图 10-37　显示新分区的信息

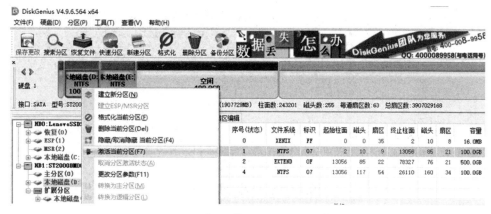

图 10-38　选择"激活当前分区"命令

（2）返回主操作界面，被激活分区的文件系统后显示"活动"，表示该分区已经被成功激活，如图 10-39 所示。

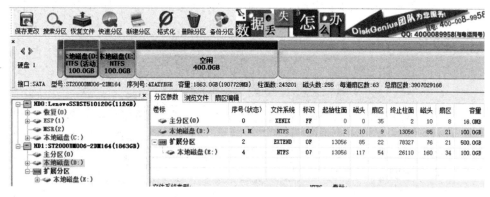

图 10-39　完成主分区激活

10.5.2　删除分区

删除分区的操作如下所述。

（1）在主操作界面中右击要删除的分区，在弹出的快捷菜单中选择"删除当前分区"命令，如图10-40所示。

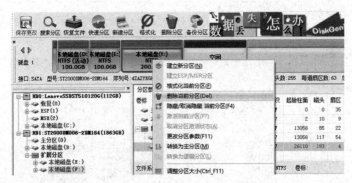

图10-40　选择"删除当前分区"命令

（2）返回主操作界面，会显示分区已被删除，如图10-41所示。

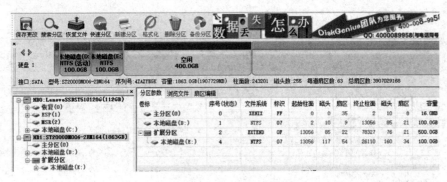

图10-41　分区已被删除

10.5.3　调整分区大小

如果对分区的容量不满意，则可以对分区大小进行实时调整（无须重新分区即可调整）。

（1）在主操作界面中右击要调整大小的分区，在弹出的快捷菜单中选择"调整分区大小"命令，如图10-42所示。

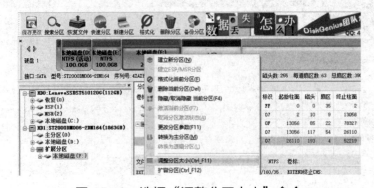

图10-42　选择"调整分区大小"命令

（2）在弹出的"调整分区容量"对话框中对分区容量进行设定，如图 10-43 所示。

图 10-43 对分区容量进行设定

（3）在确认提示信息后，如图 10-44 所示，单击"完成"按钮，即可完成调整分区大小的操作。

图 10-44 确认提示信息

10.5.4 转换分区格式

使用 Disk Genius 可以转换主分区与逻辑分区。下面以主分区转换为逻辑分区为例，讲解转换分区格式的方法。

（1）在主操作界面中右击要转换分区格式的磁盘，在弹出的快捷菜单中选择"转换为逻辑分区"命令，如图 10-45 所示。

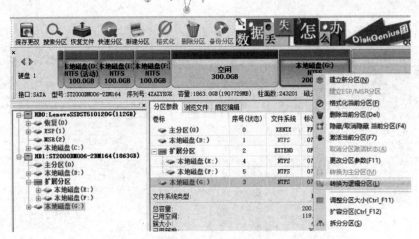

图 10-45　选择"转换为逻辑分区"命令

（2）返回主操作界面，会显示分区格式转换完成，如图 10-46 所示。

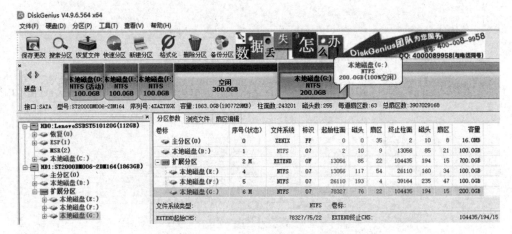

图 10-46　分区格式转换完成

10.6　实践出真知

实训任务：计算机硬盘的分区及格式化操作

准备工作：一台计算机。

工作任务：掌握使用不同方法对硬盘进行分区及格式化操作的方法。

实训内容：

（1）使用 Windows 系统的安装程序进行新建分区及删除分区操作。

（2）使用 Windows 系统的磁盘管理工具进行新建分区及删除分区操作。

（3）使用磁盘管理软件 Disk Genius 进行新建分区及删除分区操作。

思政驿站　在对硬盘进行分区和格式化时，需要根据实际情况选择合适的方法（或程序）进行操作，在操作过程中也必须按照正确的顺序进行，同时参数要设置正确。如果方法选择错误，参数设置错误，就会出现分区错误，甚至出现系统无法启动等问题。我们在人生中也会面临种种选择，一定要坚持正确的人生导向，人生的方向一旦选择错误，和硬盘不同的是，硬盘可以重新分区和格式化，而人生不可能有重来的机会。

习题10

1. 简述硬盘分区的作用。
2. 简述什么是分区格式及其类型有哪些。
3. 在对硬盘进行分区之前需做什么准备工作？
4. 简述 GPT 分区方案的分区顺序。
5. 简述利用操作系统将硬盘 D 盘分割出新卷的过程。
6. 现在对硬盘进行分区都使用什么软件？至少列举 3 个。
7. FORMAT 命令的功能是什么？为什么现在已不再使用该命令？
8. 列举用于 Linux 系统的分区格式。
9. Disk Genius 的功能有哪些？

第 **11** 章

安装操作系统和硬件驱动程序

 **知识要点**

🗝 Windows 7 系统的基础知识；Windows 7 系统的安装。

🗝 Windows 10 系统的基础知识；Windows 10 系统的安装。

🗝 Windows 11 系统的基础知识；Windows 11 系统的安装。

🗝 国产操作系统的基础知识；开放麒麟系统的安装。

🗝 驱动程序概述；驱动程序的安装。

内容摘要

　　完整的计算机系统是由硬件和软件组成的。从某种程度上来说，计算机的软件系统更为重要。操作系统是计算机软件中最重要的程序，是计算机正常运行的基础。本章将以 Windows 7、Windows 10、Windows 11 系统及国产操作系统为例，介绍如何安装计算机的操作系统及硬件驱动程序。

11.1　Windows 7 系统的基础知识

✓ **知识目标**：了解 Windows 7 系统的版本信息，以及 Windows 7 系统的硬件配置要求。

✓ **能力目标**：理解 Windows 7 系统不同版本的差异和硬件配置要求。

11.1.1　Windows 7 **系统简介**

Windows 7 是微软公司继 Windows Vista 系统之后推出的一款具有革命性变化的操作系统。该系统拥有和 Windows Vista 系统一样的界面和安全性，占用的磁盘空间比 Windows XP 系统略大，拥有的性能超越 Windows XP 系统的性能。Windows 7 系统的出现使用户的日常操作更加简便、快捷，为用户提供了高效、易行的工作环境，处处体现以人为本的设计理念。

11.1.2　Windows 7 **系统的版本**

Windows 7 系统包含 6 个版本，分别是 Windows 7 Starter（初级版）、Windows 7 Home Basic（家庭普通版）、Windows 7 Home Premium（家庭高级版）、Windows 7 Professional（专业版）、Windows 7 Enterprise（企业版）和 Windows 7 Ultimate（旗舰版）。在这 6 个版本中，只有家庭普通版、家庭高级版、专业版和旗舰版会在零售市场上出现；初级版是提供给 OEM 厂商预装在上网本上的，并且限于某些特定类型的硬件；家庭普通版仅供发展中国家和地区；企业版则通过批量授权提供给大企业客户。用户可以从自身需要和经济条件出发，选择适合自己需求的 Windows 系统版本。

11.1.3　Windows 7 **系统的硬件配置要求**

在安装 Windows 7 系统之前，用户必须先检查计算机的各项硬件配置是否能够满足安装 Windows 7 系统的要求。

虽然 Windows 7 系统的各个版本对硬件配置的要求是一样的，但是每个版本又分为 32 位和 64 位两种情况，32 位与 64 位对硬件配置的要求有所不同。

Windows 7 系统对硬件配置的最低要求如表 11-1 所示。

表 11-1　Windows 7 系统对硬件配置的最低要求

硬件设备名称	最低配置	推荐配置	备注
CPU	1GHz 32 位或 64 位处理器	1GHz 32 位或 64 位处理器	32 位和 64 位对 CPU 的要求相同
内存	512MB	1GB（32 位），2GB（64 位）	512MB 的内存只能保证可以安装 Windows 7 系统，如果要流畅运行，则应考虑推荐配置中的内存大小或容量更大的内存
硬盘空间	6～10GB 可用磁盘空间	16GB（32 位），20GB（64 位）	64 位会占用更大的硬盘空间
显卡	带有 WDDM 1.0 或更高版本的驱动程序的 DirectX 9 图形设备	带有 WDDM 1.0 或更高版本的驱动程序的 DirectX 9 图形设备，至少有 128MB 显存	如果低于 WDDM 1.0 的标准，则 Aero 主题特效可能无法实现；128MB 显存可以打开毛玻璃效果

11.2 Windows 7 系统的安装

✓ **知识目标**：了解安装操作系统的一般步骤，以及 Windows 7 系统的安装方法和安装过程。

✓ **能力目标**：理解 Windows 7 系统不同安装方法的差异及安装 Windows 7 系统的过程。

经过检查，当用户计算机的硬件配置能够满足安装 Windows 7 系统的要求时，就可以把 Windows 7 系统安装到计算机了。

11.2.1 Windows 7 系统的安装方法

Windows 7 系统的安装方法有很多，如光盘安装、模拟光驱安装、硬盘直接安装、U 盘安装、软件引导安装等方法，用户可以根据自身的实际情况选择合适的安装方法。

11.2.2 安装操作系统的一般步骤

（1）在 BIOS 程序或 UEFI 程序中设置启动顺序。

（2）在安装操作系统之前，确定是否需要使用分区软件对硬盘进行分区。如果需要，则使用分区软件对硬盘进行分区；如果不需要，则在安装操作系统的过程中对硬盘进行分区。

（3）启动计算机，放入启动盘（光盘或启动 U 盘）。

（4）开始安装操作系统。

（5）进入操作系统进行简单设置。

（6）操作系统安装完成后，安装硬件驱动程序。

（7）操作系统安装完成。

11.2.3 Windows 7 系统的安装过程

下面以通过光盘全新安装 Windows 7 系统旗舰版为例，详细讲解安装 Windows 7 系统的过程。

（1）进入 BIOS 程序的主界面，将第一启动项设置为光盘（光驱）启动，如图 11-1 所示。

（2）既可以在安装操作系统之前对硬盘进行分区，也可以在安装 Windows 7 系统的过程中对硬盘进行分区。

（3）将 Windows 7 系统的安装光盘放入光驱后，根据屏幕中的提示按任意键选择从光盘启动系统。

（4）进入 Windows 7 系统安装程序，开始载入安装文件。

（5）出现"安装 Windows"窗口，如图 11-2 所示，保持默认设置，单击"下一步"按钮。

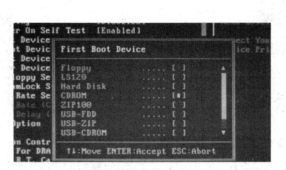

图 11-1　将第一启动项设置为光盘（光驱）启动　　　图 11-2　"安装 Windows"窗口

（6）出现"现在安装"窗口，单击"现在安装"按钮。

（7）在弹出的"安装 Windows"对话框的"请阅读许可条款"界面中勾选"我接受许可条款"复选框，如图 11-3 所示，单击"下一步"按钮。

（8）在"您想进行何种类型的安装？"界面中选择"自定义"或"升级"安装类型，如图 11-4 所示。如果是全新安装或不想保留原有设置，则选择"自定义"安装类型。

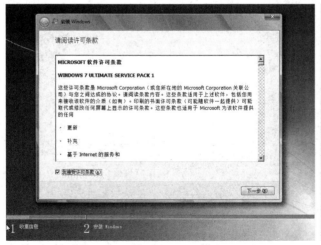

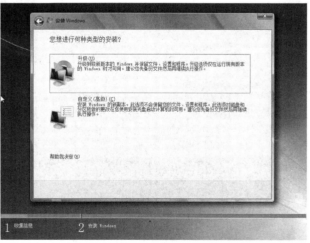

图 11-3　勾选"我接受许可条款"复选框　　　　　图 11-4　选择安装类型

（9）进入"您想将 Windows 安装在何处？"界面，选择安装操作系统的分区，如图 11-5 所示。如果硬盘没有分区，则可以在该对话框中通过"新建""删除"等按钮对硬盘进行分区；如果硬盘已分区，则可以直接选择准备安装操作系统的分区，单击"下一步"按钮。

如果没有出现分区按钮，则可以在该对话框中单击"驱动器选项(高级)"文字链接，如图 11-6 所示，即可看到分区按钮，可以根据安装要求和自身需要进行分区操作，并选择安装操作系统的分区，然后单击"下一步"按钮。

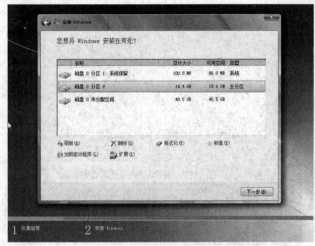 

图 11-5 选择安装操作系统的分区　　　　　图 11-6 单击"驱动器选项(高级)"文字链接

（10）进入"正在安装 Windows..."界面，在此依次完成"复制 Windows 文件""展开 Windows 文件""安装功能""安装更新""完成安装"等过程，如图 11-7 所示。

（11）待计算机重启后，会显示"安装程序正在启动服务"信息并返回"正在安装 Windows..."界面，如图 11-8 所示，显示"完成安装"后再次重启。

图 11-7 安装过程　　　　　　　　　　图 11-8 继续安装

（12）在"设置 Windows"对话框中输入用户名、计算机名称，如图 11-9 所示，单击"下一步"按钮。

（13）在"为账户设置密码"界面中输入用户名和计算机名称，单击"下一步"按钮，进入"键入您的 Windows 产品密钥"界面，输入正确的产品密钥，如图 11-10 所示，单击"下一步"按钮。

图 11-9　输入用户名和计算机名称

图 11-10　输入 Windows 产品密钥

（14）在"帮助您自动保护计算机以及提高 Windows 的性能"界面中，选择"使用推荐设置"选项，如图 11-11 所示。

（15）进入"查看时间和日期设置"界面，如图 11-12 所示，在正确设置时区、日期和时间后，单击"下一步"按钮。

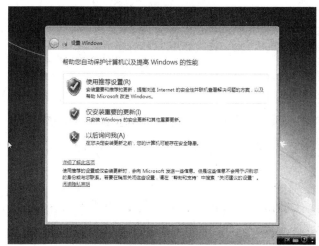

图 11-11　选择"使用推荐设置"选项

图 11-12　"查看时间和日期设置"界面

（16）进入"请选择计算机当前的位置"界面，如图 11-13 所示，根据实际情况选择"家庭网络""工作网络"或"公用网络"选项。

（17）设置完成后进入"Windows 7 旗舰版"界面，显示"Windows 正在完成您的设置"工作过程。

（18）设置完成后进入 Windows 7 系统桌面，如图 11-14 所示，至此 Windows 7 系统安装完成。

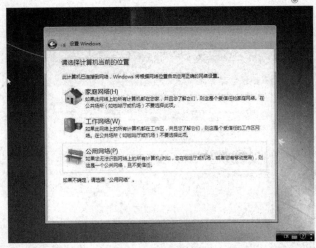

图 11-13 "请选择计算机当前的位置"界面

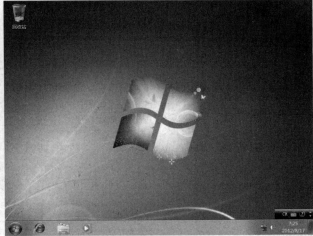

图 11-14 Windows 7 系统桌面

 11.3 Windows 10 系统的基础知识

✓ **知识目标**：了解 Windows 10 系统的新功能与不同版本，以及 Windows 10 系统的硬件配置要求。

✓ **能力目标**：理解 Windows 10 系统不同版本的差异和硬件配置要求。

11.3.1 Windows 10 系统简介

2015 年 7 月 29 日，美国微软公司发布 Windows 10 系统正式版。Windows 10 系统是微软公司研发的跨平台、跨设备应用的操作系统，是微软公司发布的一款优秀的 Windows 系统版本。

与 Windows 7 系统相比，Windows 10 系统在性能上进行了大量改进，也增加了许多新的功能。比如，更快的启动速度、更高的安全性、新增的个人数字助手微软小娜（Cortana）、改进的开始菜单与动态磁贴、新的 Edge 浏览器、Windows Hello 生物特征识别功能及虚拟桌面等。

11.3.2 Windows 10 系统的版本

Windows 10 系统共有家庭版、专业版、企业版、教育版、移动版、移动企业版和物联网核心版 7 个发行版本。

家庭版（Windows 10 Home）适合个人或家庭计算机用户，功能包括个人数字助手微软小娜（Cortana）、Edge 浏览器、面向触控屏设备的 Continuum 平板电脑模式、Windows Hello 生

物特征识别（如脸部识别、虹膜识别、指纹识别）等。

专业版（Windows 10 Professional）的性能强于家庭版的性能，面向个人计算机用户，以家庭版为基础，增添了管理设备和应用，可以保护敏感的企业数据，并且支持远程和移动办公，使用云计算技术。

移动版（Windows 10 Mobile）面向尺寸较小、配置触控屏的移动设备，如智能手机和小尺寸平板电脑，集成与 Windows 10 系统家庭版相同的通用 Windows 系统应用和针对触控操作优化的 Office。

企业版（Windows 10 Enterprise）在专业版的基础上，增加了专门针对大中型企业需求开发的高级功能，如可以防范针对设备、身份、应用和敏感企业信息的现代安全威胁，适合企业用户使用。

教育版（Windows 10 Education）以企业版为基础，专门面向学校职员、管理人员、教师和学生等。

移动企业版（Windows 10 Mobile Enterprise）以 Windows 10 系统移动版为基础，适合使用智能手机和小尺寸平板电脑的企业用户使用。

物联网核心版（Windows 10 IoT Core）主要面向低成本的物联网设备。

11.3.3　Windows 10 系统的硬件配置要求

Windows 10 系统对硬件配置的最低要求如表 11-2 所示。

表 11-2　Windows 10 系统对硬件配置的最低要求

硬件设备名称	最低配置	标准配置
处理器	1GHz 或更快的处理器	双核以上处理器
RAM	1GB（32 位）或 2GB（64 位）	2GB 或 3GB（32 位），4GB 或更高（64 位）
硬盘空间	16GB（32 位操作系统）或 20GB（64 位操作系统）	20GB 或更高（32 位），40GB 或更高（64 位）
显卡	DirectX 9 或更高版本（包含 WDDM 1.0 驱动程序）	DirectX 9 或更高版本（包含 WDDM 1.3 或更高版本的驱动程序）
显示器	800 像素×600 像素	800 像素×600 像素或更高
固件		UEFI 2.3.1，支持安全启动

11.4　Windows 10 系统的安装

✓ **知识目标**：了解 Windows 10 系统的安装方法，以及启动 U 盘的制作过程和安装 Windows 10 系统的过程。

✓ 能力目标：明确安装 Windows 10 系统的过程。

当计算机的硬件配置能够满足安装 Windows 10 系统的要求时，就可以把 Windows 10 系统安装到计算机中了。

11.4.1　Windows 10 系统的安装方法

Windows 10 系统的安装方法有很多，如光盘安装、模拟光驱安装、硬盘直接安装、U 盘安装等方法，用户可以根据自身的实际情况选择合适的安装方法。

11.4.2　Windows 10 系统的安装过程

下面以通过 U 盘安装 Windows 10 系统专业版为例，讲解安装 Windows 10 系统的过程。

（1）制作启动 U 盘。

① 将 U 盘（容量至少为 8GB）插入计算机的 USB 接口，登录微软公司官网，打开"下载 Windows 10"页面，单击"立即下载工具"按钮，会弹出"新建下载"对话框，如图 11-15 所示，下载制作启动 U 盘的工具。

图 11-15　下载制作启动 U 盘的工具

② 运行下载的制作工具软件，在"Windows 10 安装程序"窗口的"适用的声明和许可条款"界面中单击"接受"按钮，如图 11-16 所示。

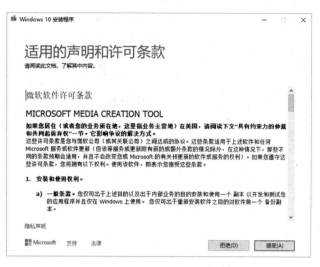

图 11-16 "适用的声明和许可条款"界面

③ 在"你想执行什么操作？"界面中，选中"为另一台电脑创建安装介质(U 盘、DVD 或 ISO 文件)"单选按钮，如图 11-17（左）所示，单击"下一步"按钮。

④ 在"选择语言、体系结构和版本"界面中，如果另一台电脑符合推荐选项，则可以直接单击"下一步"按钮，如图 11-17（中）所示。如果需要单独设置，则可以取消勾选"选择语言、体系结构和版本"界面中的"对这台电脑使用推荐的选项"复选框，进行语言、版本或体系结构的单独设置，如图 11-17（右）所示，然后单击"下一步"按钮。

图 11-17 设置语言、体系结构和版本

⑤ 在"选择要使用的介质"界面中选中"U 盘"单选按钮，如图 11-18（左）所示，单击"下一步"按钮。在"选择 U 盘"界面中选择对应的 U 盘，如图 11-18（右）所示，单击"下一步"按钮。

⑥ 在 Windows 10 系统下载完成后，无须单击"下一步"按钮，系统会自动进入"正在验证你的下载"界面开始自动验证下载，如图 11-19 所示。

⑦ 验证完成后创建 Windows 10 介质，创建完成后，无须单击"下一步"按钮，系统会自动进入"你的 U 盘已准备就绪"界面，如图 11-20 所示，在该界面中单击"完成"按钮，即可成功创建启动 U 盘。

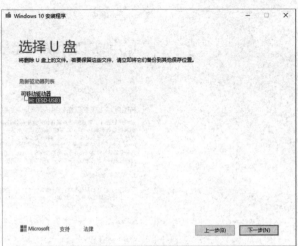

图 11-18　选择安装介质

图 11-19　下载 Windows 10 系统并自动验证下载

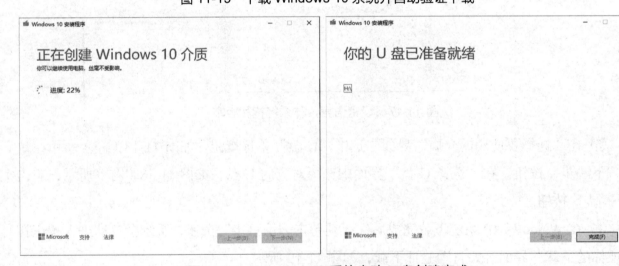

图 11-20　Windows 10 系统启动 U 盘创建完成

（2）将 Windows 10 系统的启动 U 盘插入计算机的 USB 接口，进入 UEFI 程序的主界面，设置启动顺序，如图 11-21 所示。

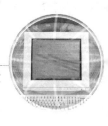

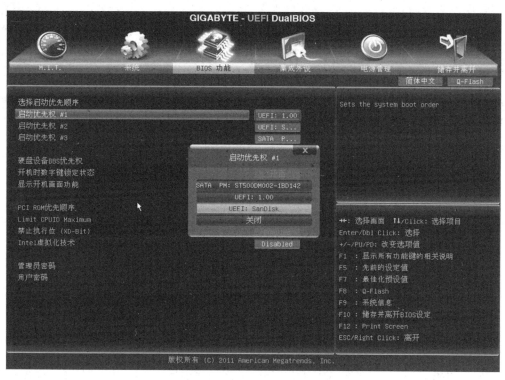

图 11-21　设置启动顺序

（3）进入 Windows 10 系统安装程序，在"Windows 安装程序"窗口中设置"要安装的语言""时间和货币格式""键盘和输入方法"等内容，如图 11-22 所示，单击"下一步"按钮。

（4）进入"现在安装"界面，如图 11-23 所示，单击"现在安装"按钮，启动安装程序。

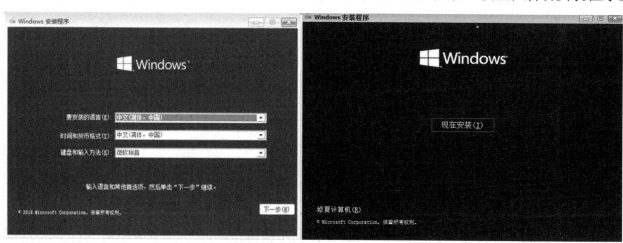

图 11-22　设置语言、时间、输入法等内容　　　图 11-23　"现在安装"界面

（5）在"激活 Windows"界面中，直接输入 Windows 10 系统对应版本的产品密钥即可安装，如图 11-24（左）所示。如果单击"我没有产品密钥"文字链接，则会进入"选择要安装的操作系统"界面，在该界面中选择要安装的操作系统版本，如图 11-24（右）所示。单击"下一步"按钮，继续安装。

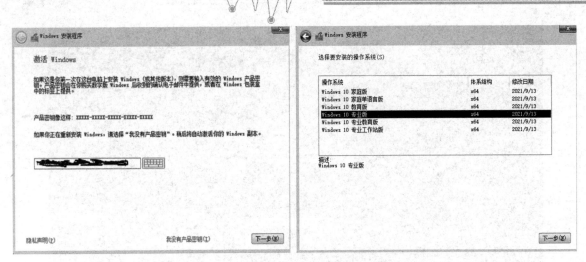

图 11-24　输入产品密钥与选择操作系统版本

（6）在"适用的声明和许可条款"界面中勾选"我接受许可条款"复选框，如图 11-25 所示，单击"下一步"按钮。

（7）在"你想执行哪种类型的安装？"界面中选择"自定义"或"升级"安装类型，如图 11-26 所示。如果想保留原有系统中的文件、设置、程序，则选择"升级"安装类型；如果是全新安装或不想保留原有设置，则选择"自定义"安装类型。

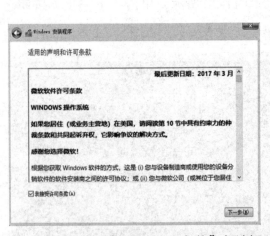

图 11-25　勾选"我接受许可条款"复选框

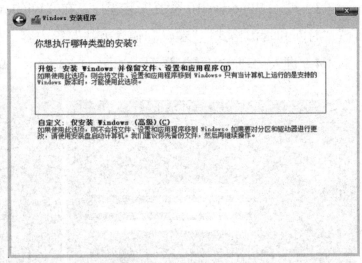

图 11-26　选择安装类型

（8）在磁盘上进行新建分区操作（分区操作的步骤可以参照 10.3 节中使用 Windows 系统的安装程序进行磁盘分区的操作过程），单击"下一步"按钮。

（9）在"你想将 Windows 安装在哪里？"界面中，选择在主分区中安装 Windows 系统，如图 11-27（左）所示，单击"下一步"按钮。

（10）进入"正在安装 Windows"界面，依次完成"正在复制 Windows 文件""正在准备要安装的文件""正在安装功能""正在安装更新""正在完成"等过程，如图 11-27（右）所示。

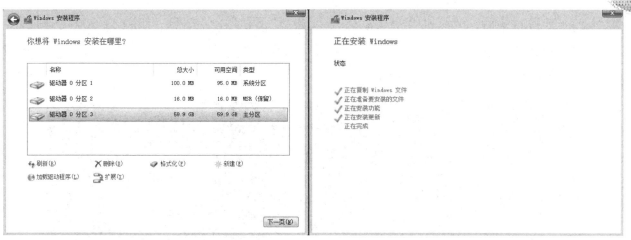

图 11-27　安装过程

（11）在出现"Windows 需要重启才能继续"提示信息后，如图 11-28 所示，完成第一次重启。

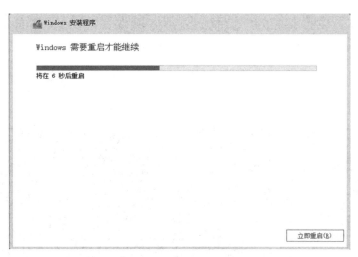

图 11-28　提示信息界面

（12）计算机重启后，会显示各类提示信息，如"启动服务"和"正在准备设备"等，如图 11-29 所示。

图 11-29　启动服务与正在准备设备界面

（13）准备就绪后，计算机再一次重启，会显示"请稍等…"信息，如图11-30（左）所示。

（14）进入欢迎界面，如图11-30（右）所示。微软助手"小娜"进行设置介绍，设置过程可以使用鼠标、键盘或语音输入完成。

图11-30 等待及欢迎界面

（15）进入"基本"设置界面的"让我们先从区域设置开始。"界面，如图11-31（左）所示，进行区域设置，然后单击"是"按钮。

（16）进入"这种键盘布局是否合适？"界面，如图11-31（右）所示，进行键盘布局设置，然后单击"是"按钮。

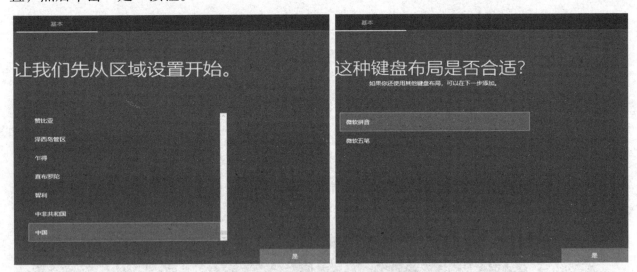

图11-31 进行区域设置和键盘布局设置

（17）进入"是否想要添加第二种键盘布局？"界面，如图11-32（左）所示。如果要添加第二种键盘布局，则单击"添加布局"按钮；如果不添加第二种键盘布局，则单击"跳过"按钮。

（18）进入"网络"设置界面，界面中会显示"现在我们要进行一些重要设置。"等提示信息，如图11-32（右）所示。

（19）进入"账户"设置界面的"希望以何种方式进行设置？"界面，根据实际情况

选择以针对个人使用或针对组织的方式进行设置，如图 11-33（左）所示，单击"下一步"按钮。

（20）进入"让我们添加你的账户"界面，如图 11-33（右）所示，在界面中间的文本框中输入电子邮件地址或电话号码等信息。如果没有电子邮件地址，则可以单击文本框下方的"创建账户"按钮创建 Microsoft 联机账户（即在线账户），也可以直接输入用户电话号码。如果不想输入以上信息，则可以使用脱机账户（即离线账户）进行登录。在这里，我们选择使用脱机账户登录的方式，先单击左下角的"脱机账户"文字链接，再单击右下角的"下一步"按钮。

图 11-32　添加第二种键盘布局和"网络"设置界面

图 11-33　选择设置方式及添加账户①

（21）在"转而登录 Microsoft？"界面中，单击右下角的"是"按钮，如图 11-34 所示，确认使用脱机账户登录。

----

① 本书图片中的"帐户"为错误写法，正确写法应为"账户"。后文同。

图 11-34　确认使用脱机账户登录

（22）在"谁会使用这台电脑？"界面的输入框中输入用户名，如图 11-35（左）所示，单击"下一步"按钮。在"创建容易记住的密码"界面的输入框中输入密码，如图11-35（右）所示，单击"下一步"按钮。

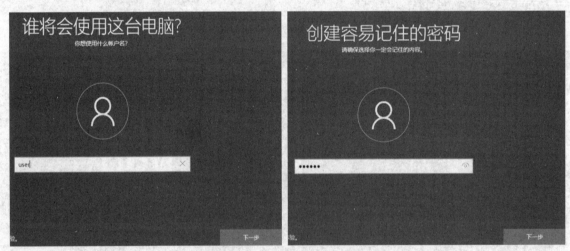

图 11-35　输入用户名和密码

（23）在"为此账户创建安全问题"界面中为账户创建 3 个安全问题，并填写问题答案，如图 11-36 所示。

（24）在"是否让 Cortana 作为你的个人助理？"界面中，选择是否使用 Cortana 作为个人助理，如图 11-37 所示，单击"是"或"否"按钮，进入下一步设置。在这里，我们单击"是"按钮。

图 11-36　为账户创建安全问题　　　　图 11-37　选择是否使用 Cortana 作为个人助理

（25）进入"为你的设备选择隐私设置"界面，在进行隐私设置后，如图 11-38 所示，单击"接受"按钮。

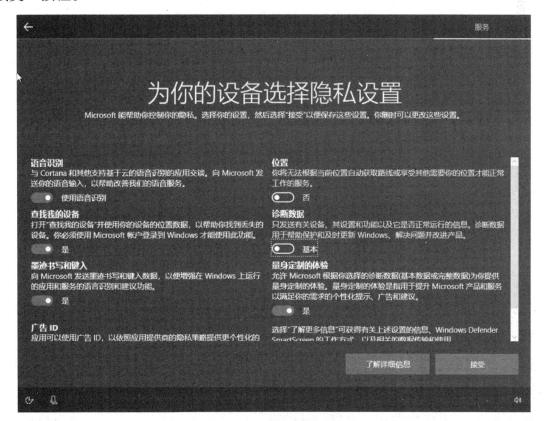

图 11-38　进行隐私设置

（26）设置完成后，进入 Windows 10 系统桌面，在界面右侧的"网络"窗格中根据实际需要选择是否允许网络发现，如图 11-39 所示。

（27）至此，Windows 10 系统安装完成。

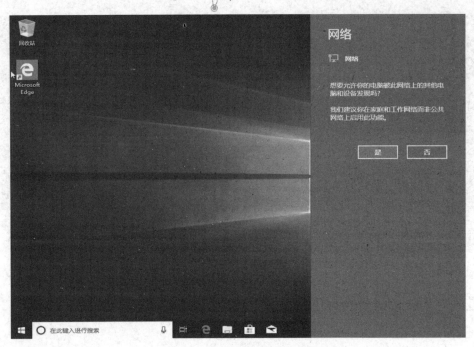

图 11-39　选择是否允许网络发现

11.5　Windows 11 系统的基础知识

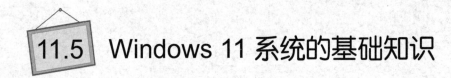

✓ **知识目标**：了解 Windows 11 系统的新功能与不同版本，以及 Windows 11 系统的硬件配置要求。

✓ **能力目标**：理解 Windows 11 系统不同版本的差异和硬件配置要求。

11.5.1　Windows 11 **系统简介**

Windows 11 系统是美国微软公司开发的最新桌面端操作系统，在 2021 年 6 月 24 日正式发布，并于 2021 年 10 月 5 日全面上市。

Windows 11 系统具有 Windows 10 系统的全部功能和安全性，而且与 Windows 10 系统相比，Windows 11 系统在外观和功能上有了很大改变。

在 Windows 11 系统中采用了全新设计的开始菜单、任务栏等。比如，Windows 11 系统采用类似 macOS 系统的桌面设计，把经典的开始菜单从左下角移动到了屏幕与任务栏中间，取消了动态磁贴功能。在 Windows 10 系统中，任务栏以搜索框为主，占用了大量空间，而在 Windows 11 系统中则简化了任务栏。

Windows 11 系统完善了虚拟桌面功能，为用户带来了更灵活多变的虚拟桌面方式，可以轻松在多个桌面之间来回切换，个人、工作、学习、娱乐随意使用，与 Windows 10 系统相比，

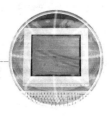

Windows 11 系统在创建和切换不同的虚拟桌面方面更容易、更方便。

Windows 11 系统中内置了安卓（Android）子系统，在微软应用商店（Microsoft store）下载的安卓应用程序可以直接运行在 Windows 11 系统上。Windows 11 系统具有更强的触摸屏、语音和手写笔支持，使 Windows 11 系统在平板电脑上运行比 Windows 10 系统更加方便和容易。

Windows 11 系统在系统的内核级别提供网络钓鱼保护。该功能可以识别用户在记事本和恶意程序等应用程序中的输入，并以弹窗的方式来保护用户免受网络钓鱼攻击；此外，当用户复制网站上的内容后，该功能可以检测输入表单中的密码，用于保护用户。

同时，Windows 11 系统中删减了 Windows 10 系统中的一些功能。比如，Windows 11 系统中的任务栏内取消了个人数字助手小娜（Cortana）的图标，当然还可以手动打开 Cortana 应用程序。在 Windows 11 系统中不再使用 Internet Explorer 浏览器，取而代之的是 Microsoft Edge 浏览器。

11.5.2　Windows 11 系统的版本

与 Windows 10 系统不同，Windows 11 系统只能运行在 64 位系统平台上，所以 Windows 11 系统只有 64 位版本，但在 Windows11 系统中可以安装与运行 32 位应用程序。

Windows 11 系统主要分为 Consumer Editions（消费者版）和 Business Editions（商业版）两大版本。在 Consumer Editions（消费者版）中包含 6 个版本：家庭版、家庭版单语言版、教育版、专业版、专业教育版、专业工作站版。Business Editions（商业版）中包含 5 个版本：教育版、企业版、专业版、专业教育版、专业工作站版。如果是家庭用户，则可以选择 Consumer（消费者版）；如果是企业用户，则可以选择 Business editions（商业版）。用户可以根据自身需要选择适合的版本。

Windows 11 家庭版（Windows 11 Home）主要面向个人消费者和家庭用户，无法加入 Active Directory 和 Azure AD，不支持 BitLocker、企业级加密、云管理、Hyper-V 虚拟机、SandBox 沙盒及远程连接等功能。Windows 11 家庭版最大支持 128GB 内存。

Windows 11 教育版（Windows 11 Education）面向教育系统，供学校使用（学校职员、管理人员、教师和学生等），该版本预装了众多教育类应用，在安装应用方面存在一定限制。Windows 11 教育版最大支持 2TB 内存。

Windows 11 专业版（Windows 11 Pro）供小型企业使用，该版本在 Windows 11 家庭版的基础上增加了域账号加入、BitLocker 加密、支持远程连接、企业商店等功能。Windows 11 专业版最高支持双路 CPU、128 核心，内存最大支持 2TB。

Windows 11 专业教育版（Windows 11 Pro Education）和 Windows 11 教育版一样，面向教育系统，该版本提供了 Windows 11 专业版和 Windows 11 教育版的功能，由 Windows 11 专业版和 Windows 11 教育版结合而成。

Windows 11 企业版（Windows 11 Enterprise）供大中型企业使用，该版本在 Windows 11 专业版的基础上增加了 DirectAccess、AppLocker 等高级企业功能，系统简洁，预装应用少，不支持 Xbox 和微软应用商店，允许多个并发交互式会话连接，强调安全性和云技术。Windows 11 企业版最大支持 6TB 内存。

Windows 11 专业工作站版（Windows 11 Pro for Workstations）主要面向企业、专业用户人士（如数据科学家、CAD 专业人员、研究人员、媒体制作团队、图形设计师和动画设计师等），提供更多专业化的功能，包括 ReFS（Resilient File System）弹性文件系统、永久记忆（Persistent Memory）内存、更快的文件共享（Faster File Sharing）、SMB 直通、扩展的硬件支持（Expanded Hardware Support）等。Windows 11 专业工作站版可以支持 4 路 CPU 和 6TB 内存，包括 Intel Xeon 和 AMD Opteron。Windows 11 专业工作站版使用新增加的"卓越性能模式"，可以让系统动态实现性能优化，通过识别 CPU 与 GPU 的工作量来让系统快速达到最高性能。

11.5.3　Windows 11 系统的硬件配置要求

Windows 11 系统对硬件配置的最低要求如表 11-3 所示。

表 11-3　Windows 11 系统对硬件配置的最低要求

硬件设备名称	最低配置
处理器	1GHz 或更快的 64 位兼容处理器（双核或多核）或系统单芯片（SoC）
RAM	4GB RAM
硬盘空间	64GB 或更大的存储设备
显卡	支持 DirectX 12，支持 WDDM 2.x
显示器	对角线长大于 9 英寸的高清（720P）显示屏，每个颜色通道为 8 位
固件	支持 UEFI 安全启动
TPM	受信任的平台模块（TPM）2.0 版本

11.6　Windows 11 系统的安装

✓　知识目标：了解 Windows 11 系统的安装方法和安装过程。

✓ **能力目标**：明确安装 Windows 11 系统的过程。

当计算机的硬件配置能够满足安装 Windows 11 系统的最低要求时，就可以在计算机中安装 Windows 11 系统了。Windows 11 系统的安装过程与 Windows 10 系统的安装过程大部分一致，熟悉 Windows 10 系统安装过程的操作者很容易就可以掌握 Windows 11 系统的安装。

11.6.1　Windows 11 系统的安装方法

Windows 11 系统的安装方法有很多，如 U 盘安装、光盘安装、模拟光驱安装、硬盘直接安装等方法，用户可以根据自身的实际情况选择合适的安装方法。

11.6.2　Windows 11 系统的安装过程

下面以通过 U 盘安装 Windows 11 系统专业版为例，讲解 Windows 11 系统的安装过程。（提示：在下面的安装过程中，计算机的网卡工作正常，并接入 Internet。）

（1）制作启动 U 盘。

① 将 U 盘（容量至少为 8GB）插入计算机的 USB 接口，登录微软公司官网，打开"下载 Windows 11"页面，单击"创建 Windows 11 安装"下方的"立即下载"按钮，会弹出"新建下载任务"对话框，如图 11-40 所示，下载制作启动 U 盘的工具。

图 11-40　下载制作启动 U 盘的工具

② 运行下载的制作工具软件，在"Windows 11 安装"窗口的"适用的声明和许可条款"

界面中单击"接受"按钮，如图 11-41 所示。

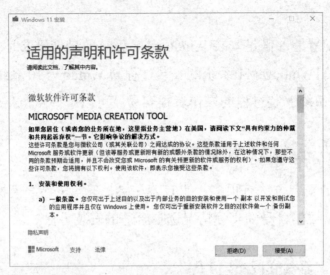

图 11-41 "适用的声明和许可条款"界面

③ 在"选择语言和版本"界面中，默认选项是对电脑的推荐选项。如果想自行选择语言和 Windows 版本，则可以取消勾选"选择语言和版本"界面中的"对这台电脑使用推荐的选项"复选框。在这里，我们选择语言为"中文(简体)"（默认），版本可以选择 Windows 11 或 Windows11 家庭中文版，这里我们可以在"版本"下拉列表中选择"Windows 11"选项（该下载项是多个系统版本的集成，具体包括 Windows 11 家庭版、Windows 11 家庭版单语言版、Windows 11 教育版、Windows 11 专业版、Windows 11 专业教育版、Windows 11 专业工作站版），如图 11-42（左）所示。

④ 在"选择要使用的介质"界面中选中"U 盘"单选按钮，如图 11-42（中）所示，单击"下一步"按钮。在"选择 U 盘"界面中选择对应的 U 盘，如图 11-42（右）所示，单击"下一步"按钮。

图 11-42 设置语言、版本及安装介质

⑤ 在"正在下载 Windows 11"界面中下载 Windows 11 系统，如图 11-43（左）所示，在 Windows 11 系统下载完成后，无须单击"下一步"按钮，系统会自动进入"正在验证你的下

载"界面开始自动验证下载（参照 11.4.2 节中 Windows 10 系统的安装过程），验证完成后创建 Windows 11 介质，如图 11-43（右）所示，创建完成后，无须单击"下一步"按钮，系统会自动进入"你的 U 盘已准备就绪"界面，在该界面中单击"完成"按钮（参照 11.4.2 节中 Windows 10 系统的安装过程），即可成功创建启动 U 盘。

图 11-43　下载 Windows 11 系统和创建 Windows 11 介质

（2）将 Windows 11 系统的启动 U 盘插入计算机的 USB 接口，进入 UEFI 程序的主界面，设置启动顺序，如图 11-44 所示。

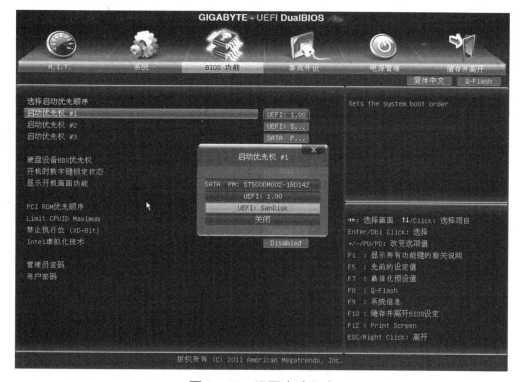

图 11-44　设置启动顺序

（3）进入 Windows 11 系统安装程序，在"Windows 安装程序"窗口中设置"要安装的语言"时间和货币格式""键盘和输入方法"等内容，如图 11-45 所示，单击"下一页"按钮。

（4）进入"现在安装"界面，如图 11-46 所示，单击"现在安装"按钮，启动安装程序。

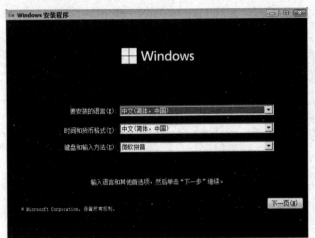

图 11-45　设置语言、时间、输入法等内容

图 11-46　"现在安装"界面

（5）在"激活 Windows"界面中，直接输入 Windows 11 系统对应版本的产品密钥即可安装，如图 11-47（左）所示。如果单击"我没有产品密钥"文字链接，则会进入"选择要安装的操作系统"界面，在该界面中选择要安装的操作系统版本，如图 11-47（右）所示。单击"下一页"按钮，继续安装。

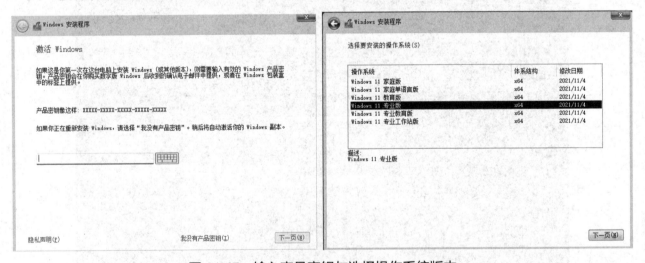

图 11-47　输入产品密钥与选择操作系统版本

（6）在"适用的声明和许可条款"界面中勾选"我接受 Microsoft 软件许可条款。如果某组织授予许可，则我有权绑定该组织。"复选框，如图 11-48 所示，单击"下一页"按钮。

（7）在"你想执行哪种类型的安装？"界面中选择"自定义"或"升级"安装类型，如图 11-49 所示。如果想保留原有系统中的文件、设置、程序，则选择"升级"安装类型；如果是全新安装或不想保留原有设置，则选择"自定义"安装类型。

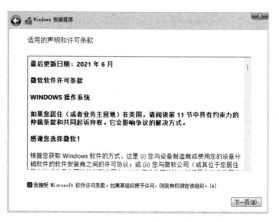

图 11-48　勾选复选框

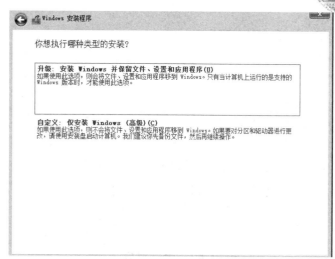

图 11-49　选择安装类型

（8）在"你想将 Windows 安装在哪里？"界面中，单击"新建"按钮对磁盘进行分区，如图 11-50 所示。也可以直接单击"下一页"按钮，系统会自动对磁盘进行分区，跳转到第（10）项继续安装。

（9）选择在主分区中安装 Windows 系统，如图 11-51 所示，单击"下一页"按钮。

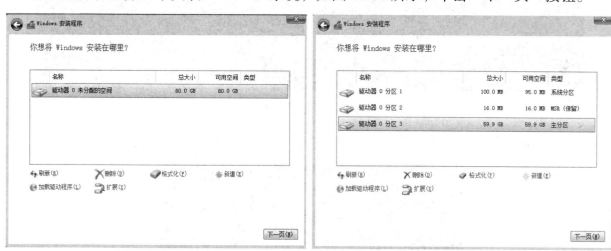

图 11-50　对磁盘进行分区　　　　　　图 11-51　选择安装 Windows 系统的分区

（10）进入"正在安装 Windows"界面，在此依次完成"正在复制 Windows 文件""正在准备要安装的文件""正在安装功能""正在安装更新""正在完成"等过程，如图 11-52 所示。

（11）在出现"Windows 需要重启才能继续"提示信息后，如图 11-53 所示，完成第一次重启。

（12）计算机重启后，会显示各类提示信息，如"启动服务"和"正在准备设备"等，如图 11-54 所示。

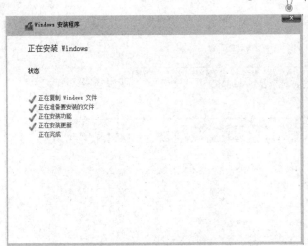

图 11-52　安装过程

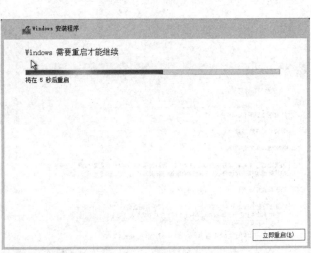

图 11-53　提示信息界面

图 11-54　启动服务与正在准备设备界面

（13）准备就绪后，计算机再一次重启，会显示"请稍等..."信息，如图 11-55 所示。

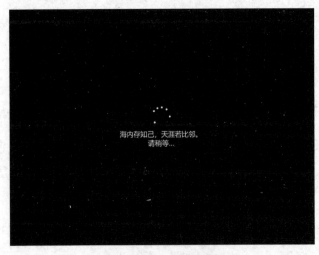

图 11-55　等待界面

（14）进入"这是正确的国家（地区）吗？"界面，在该界面中设置正确的国家或地区后，如图 11-56 所示，单击"是"按钮。

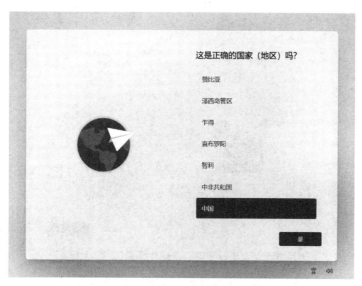

图 11-56   设置正确的国家或地区

（15）进入"此键盘布局或输入法是否合适？"界面，如图 11-57 所示，设置合适的键盘布局和输入法后，单击"是"按钮。

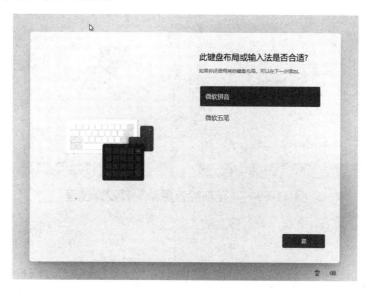

图 11-57   设置合适的键盘布局和输入法

（16）进入"是否想要添加第二种键盘布局？"界面，如图 11-58 所示，选择是否添加第二种键盘布局。如果要添加第二种键盘布局，则可以单击"添加布局"按钮；如果不添加第二种键盘布局，则可以单击"跳过"按钮。

（17）进入"正在检查更新"等设置过程，会显示"正在检查更新。"及"即将推出重要更改。"等提示信息，如图 11-59 所示。

（18）计算机重启之后，进入"让我们命名你的设备"界面，在根据提示对设备进行命名后，如图 11-60 所示，单击"下一个"按钮。也可以单击"暂时跳过"按钮，不需要计算机重启，直接进入第（19）项进行设置。

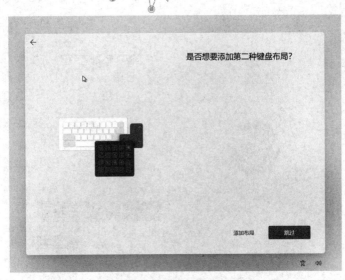

图 11-58　选择是否添加第二种键盘布局

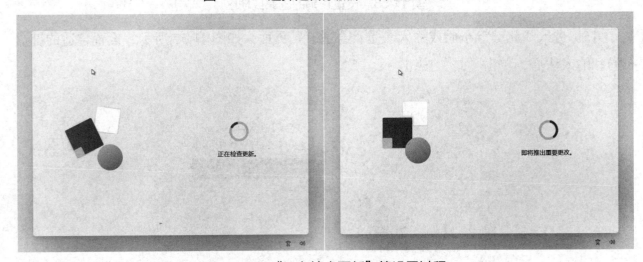

图 11-59　"正在检查更新"等设置过程

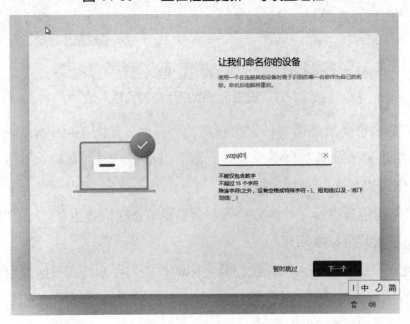

图 11-60　对设备进行命名

（19）在对设备进行命名后，计算机重启，进入"你想要如何设置此设备？"界面，如图 11-61 所示，根据不同情况选择"针对个人使用进行设置"或"注册工作或学校账户"方式后，单击"下一步"按钮。

图 11-61　选择设置设备的方式

（20）进入"让我们来添加你的 Microsoft 账户"界面，如图 11-62 所示，在界面中间的输入框中输入联机账户的名字，也可以输入电子邮件地址或电话号码。如果没有联机账户，则可以单击输入框下面的"创建一个"文字链接创建联机账户，也可以单击"使用安全密钥登录"文字链接使用安全密钥登录。如果不想使用联机账户登录，则可以单击下方的"登录选项"文字链接，先在后续界面中选择"脱机账户"，如图 11-63（左）所示，再在"什么是 Microsoft 账户？"界面中单击"暂时跳过"按钮，如图 11-63（右）所示，继续进行后续设置。

图 11-62　使用联机账户登录

图 11-63　使用脱机账户登录

（21）在"谁将使用此设备？"界面的输入框中输入用户名，如图 11-64 所示，单击"下一页"按钮。在"创建容易记住的密码"界面的"输入密码"文本框中输入密码，如图 11-65（左）所示，单击"下一页"按钮。在"确认你的密码"界面的"密码确认"文本框中再次输入密码，如图 11-65（右）所示，单击"下一页"按钮。如果无须设置密码，则可以在"创建容易记住的密码"界面中直接单击"下一页"按钮，跳转到第（23）项继续进行设置。

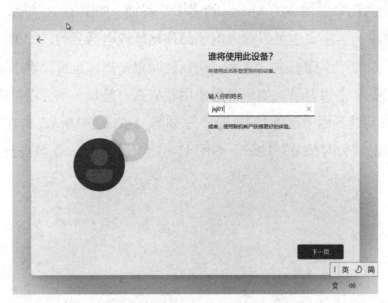

图 11-64　输入用户名

（22）在"现在添加安全问题"界面中为账户创建 3 个安全问题，并填写问题答案，如图 11-66 所示，单击"下一页"按钮。

（23）进入"为你的设备选择隐私设置"界面，如图 11-67 所示，在进行隐私设置后，单击"接受"按钮。

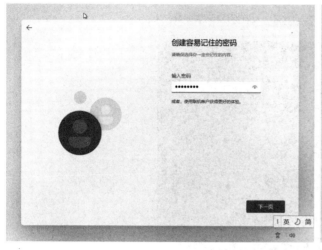
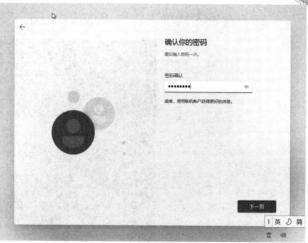

图 11-65 输入密码

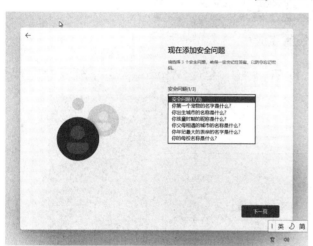

图 11-66 为账户创建安全问题

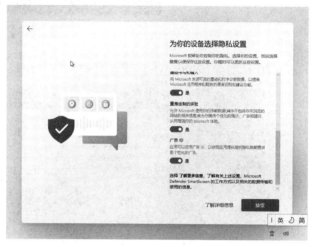

图 11-67 进行隐私设置

（24）进入"正在检查更新"界面，如图 11-68 所示。

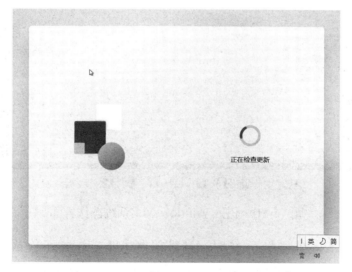

图 11-68 "正在检查更新"界面

（25）设置完成阶段，即将进入 Windows 11 系统，如图 11-69 所示。

图 11-69　设置完成

（26）进入 Windows 11 系统操作界面，如图 11-70 所示，至此 Windows 11 系统安装完成。

图 11-70　进入 Windows 11 系统操作界面

（27）如果在安装 Windows 11 系统时，计算机网卡不能正常工作或无法接入 Internet，则安装过程在完成第（16）项键盘布局的设置后，会进入"让我们为你连接到网络"界面，如图 11-71 所示。如果要继续安装，则可以单击"我没有 Internet 连接"按钮。

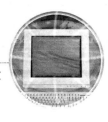

图 11-71　选择是否连接网络 1

（28）进入"立即连接以快速开始使用你的设备"界面，如图 11-72 所示，单击"继续执行受限设置"按钮，安装过程会先跳转到第（21）项，输入用户名，设置密码，再跳转到第（25）项进行最后设置。

图 11-72　选择是否连接网络 2

（29）在设置完成后，进入 Windows 11 系统，但由于无法接入网络，因此 Windows 11 系统中的许多功能无法正常使用，如图 11-73 所示。

图 11-73　无网络接入的 Windows 11 系统

11.7　国产操作系统的基础知识

✓ **知识目标**：了解使用国产操作系统的必要性和重要性，以及国产操作系统的代表产品。

✓ **能力目标**：理解国产操作系统对国家、社会、个人的重要意义及其存在的问题。

11.7.1　国产操作系统简介

随着社会的数字化、网络化、智能化程度不断提高，作为管理数字化设备硬件与软件资源的操作系统，对普通用户、企业甚至国家的数据、信息安全有着越来越重要的影响。

根据 StatCounter 的统计数据，截至 2022 年 2 月，美国微软公司的 Windows 系统占据中国桌面操作系统市场 85% 以上的份额，美国苹果公司的 macOS 系统占据中国桌面操作系统市场 5.67% 的份额，这两款国际主流操作系统加起来的份额超过 90%，其他操作系统的份额不到 10%。由此可以看出，中国的桌面操作系统市场已经被国外操作系统垄断。

从 2014 年 4 月 8 日起，美国微软公司停止对 Windows XP SP3 系统提供服务支持，2020 年终止对 Windows 7 系统提供服务支持，这引起了广大用户的强烈关注和对自身信息安全的担忧。而国际形势的变化同样会对用户的信息安全产生重大影响。由于美国对软件技术的出

口、转让禁令，从 2022 年 3 月 23 日起，谷歌公司停止对俄罗斯公司设备的认证，已获认证的设备不受影响。在此之前，Google Play 商店已经从 3 月 10 日开始停止了俄罗斯地区的支付渠道，俄罗斯用户无法再购买或订阅商店中的付费应用，甚至连访问商店都有些困难。这些都充分说明了缺乏自主操作系统对用户、社会甚至国家信息安全的影响。为了保障国家、社会、企业、个人正常的信息化使用及数字化发展，我国自主研发操作系统就显得尤为重要。

我国的国产操作系统数量众多，不过基本上都是基于 Linux 内核的二次开发系统，在界面设计上借鉴了 Windows 系统的特点，比较著名的有统信 UOS、深度 Linux（deepin）、银河麒麟（Kylin）、优麒麟（Ubuntu Kylin）、中标麒麟（NeoKylin）、鸿蒙（HarmonyOS）、红旗 Linux 等。虽然数量不少，但是不可否认，国产自主操作系统与国外主流操作系统之间存在着一定差距。在技术方面，国产操作系统大多基于 Linux 内核开发，但缺乏对内核代码的研发，开发大多集中于内核外围的开发工具包、工具链及图形工具等领域，技术水平相对不足；在生态应用方面，美国微软公司的 Windows 系统有超过 3000 万个软件支持，软件版本超过 1.75 亿个，硬件/驱动组合 1600 万件，目前的国产操作系统确实无法与之抗衡。微软公司用了 40 多年的时间建立了一个强大的生态环境，形成了坚固的生态壁垒，而国产操作系统在技术及生态应用方面开发和积累的时间要短很多，还需要积淀和追赶。但是国外操作系统的垄断并不是牢不可破的，如在 HPC（高性能计算）、深空探索等操作系统应用的高精尖领域，国内与国外几乎都选择了开源操作系统。例如，在 HPC 领域中，全球超算排行前 500 名中的超级计算机绝大部分都使用基于 Linux 的操作系统，银河麒麟系统就曾与中国芯片配合获得过 6 次世界冠军。在这些方面，国产操作系统和国外操作系统的水平极为相近。

目前，国内正在积极推动开源生态土壤的建设，比如，开放原子开源基金会的成立，自主代码托管平台建设，开源木兰许可协议的发布，包括 openKylin（开放麒麟）等根社区的不断出现，中国的程序员拥有了越来越多自主的发挥平台，相信在不久的将来，国产自主操作系统能够逐渐缩小与国外主流操作系统之间的差距。

11.7.2　国产操作系统的代表产品

在国产操作系统中，具有代表性的产品主要是麒麟系软件、统信软件等。

中标麒麟桌面操作系统是上海中标软件有限公司发布的面向桌面应用的图形化桌面操作系统。该系统采用了与 Windows 系统非常接近的图形化用户界面，习惯使用 Windows 系统的用户只需做简单的适应性学习，即可熟练掌握该系统的使用。

银河麒麟桌面操作系统是由麒麟软件有限公司开发的图形化桌面操作系统产品，该系统采用类 Windows 系统的图形化用户界面，操作简便，稳定高效。

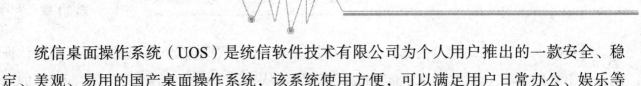

统信桌面操作系统（UOS）是统信软件技术有限公司为个人用户推出的一款安全、稳定、美观、易用的国产桌面操作系统，该系统使用方便，可以满足用户日常办公、娱乐等需要。

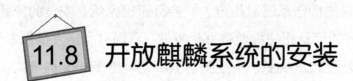

11.8 开放麒麟系统的安装

✓ 知识目标：了解开放麒麟系统的安装方法和安装过程。
✓ 能力目标：明确安装开放麒麟系统的过程。

本节以国产操作系统中的开放麒麟开源桌面操作系统（openKylin）为例讲解该系统的具体安装过程。由于国内大多数的操作系统和开放麒麟系统一样都是基于 Linux 内核的，因此安装过程大同小异，没有本质的不同。

11.8.1 开放麒麟系统的安装方法

开放麒麟系统的安装方法有很多，如 U 盘安装、光盘安装、模拟光驱安装等方法，用户可以根据自身的实际情况选择合适的安装方法。

11.8.2 开放麒麟系统的安装过程

下面以通过 U 盘安装开放麒麟系统 0.7 版本为例，讲解开放麒麟系统的安装过程（由于开放麒麟系统的版本还在不断更新，因此读者在安装开放麒麟系统时可以选择与本书相同的版本，或者选择最新版本）。

（1）制作启动 U 盘。

① 打开 openKylin 官网的下载页面，单击"x86"按钮，会弹出"新建下载任务"对话框，如图 11-74 所示，下载 openKylin-0.7-x86_64 .iso 文件。

② 下载制作启动 U 盘的工具 Ventoy 并解压缩到磁盘上。将 U 盘（容量最好在 8GB 以上）插入计算机的 USB 接口，双击运行解压缩目录中的 Ventoy2Disk.exe 文件，如图 11-75（左）所示，在弹出的窗口中单击"安装"按钮，如图 11-75（中）所示，制作启动 U 盘，Ventoy 安装成功后，将 openKylin 系统的镜像文件复制到 U 盘即可，如图 11-75（右）所示。

（2）将 openKylin 系统的启动 U 盘插入计算机的 USB 接口，进入 UEFI 程序的主界面，设置启动顺序，如图 11-76 所示。

图 11-74　下载 openKylin-0.7-x86_64 .iso 文件

图 11-75　制作启动 U 盘

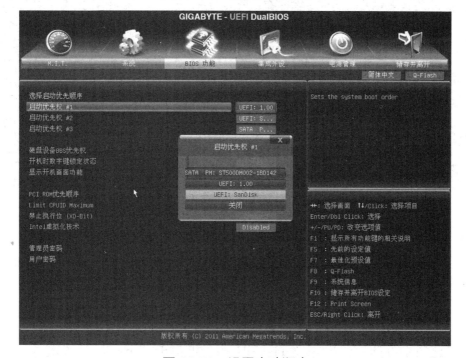

图 11-76　设置启动顺序

（3）计算机重启后，进入 openKylin 系统安装的准备界面，如图 11-77 所示。

（4）等待几秒后，进入 openKylin 系统的试用界面，如图 11-78 所示。

图 11-77　openKylin 系统安装的准备界面

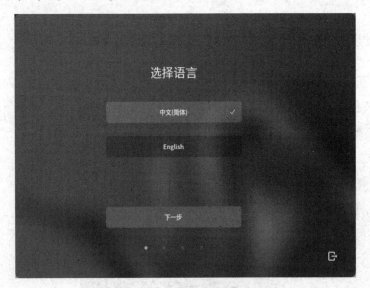

图 11-78　openKylin 系统的试用界面

（5）双击桌面上的"安装 openKylin"图标，启动安装程序。首先进入"选择语言"界面，如图 11-79 所示，选择"中文(简体)"或"English"，单击"下一步"按钮。

（6）进入"选择时区"界面，在下拉列表中选择"(UTC+08:00)上海"选项，如图 11-80 所示，单击"下一步"按钮。

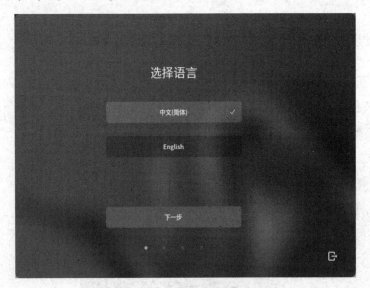

图 11-79　"选择语言"界面

图 11-80　"选择时区"界面

（7）进入"创建用户"界面，在界面的输入框中分别输入用户名及密码，如图 11-81 所示，单击"下一步"按钮。如果想在进入系统时用户自动登录，则可以勾选"开机自动登录"复选框。

（8）进入"选择安装方式"界面，可以选择"全盘安装"或"自定义安装"。如果选择"全盘安装"，则先选择下方的磁盘，如图 11-82 所示，再单击"下一步"按钮。

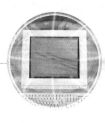

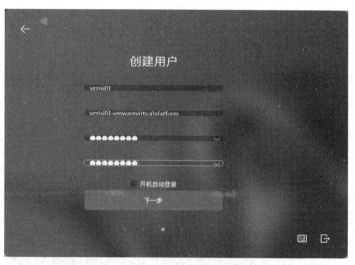

图 11-81　"创建用户"界面

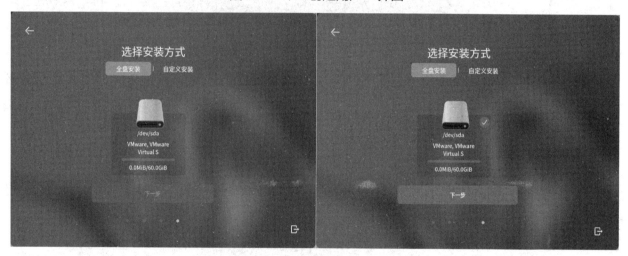

图 11-82　选择"全盘安装"

（9）进入"确认全盘安装"界面，如图 11-83（左）所示，首先勾选"格式化整个磁盘"复选框，然后单击"开始安装"按钮，开始安装系统，如图 11-83（右）所示。

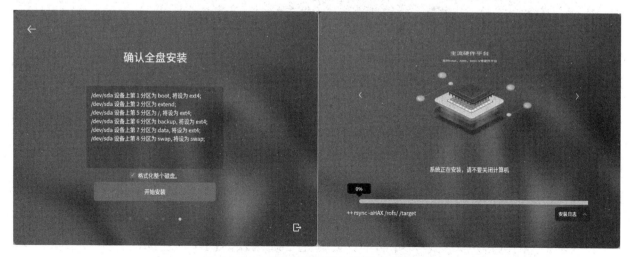

图 11-83　格式化磁盘与开始安装系统

（10）如果选择"自定义安装"，则需要对磁盘进行分区，单击磁盘区域右侧的"+"按钮，新建主分区和逻辑分区，如图 11-84 所示。

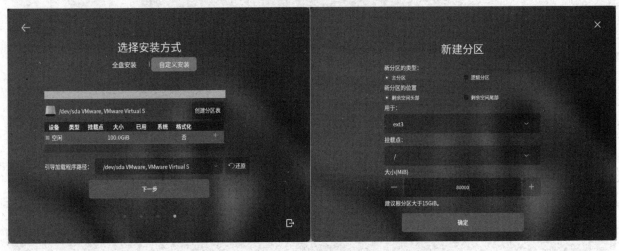

图 11-84　选择"自定义安装"与新建分区

（11）以新建主分区（即根分区）为例，了解该系统中的新建分区操作。首先在"新分区的类型"选区中选中"主分区"单选按钮，在"用于"下拉列表中选择默认选项（ext3、ext4 等是 Linux 系统中的文件系统），在"挂载点"下拉列表中选择"/"选项（"/"表示根分区，/、/boot、/data 等是 Linux 文件系统中树形结构的组成部分，类似于 Windows 系统的各个磁盘分区），在"大小(MiB)"文本框中输入"80000"（建议根分区空间大于 15GiB），如图 11-85 所示，单击"确定"按钮。

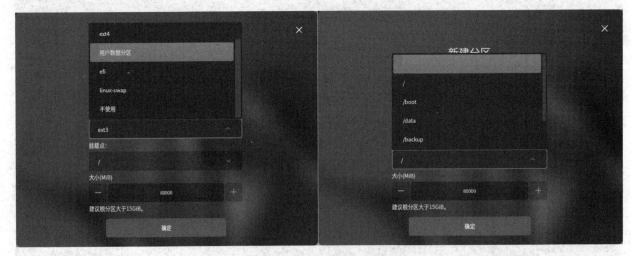

图 11-85　新建主分区

（12）建立好主分区后（逻辑分区可以在进入操作系统后建立），在"选择安装方式"界面中单击"下一步"按钮，如图 11-86（左）所示。

（13）在"确认自定义安装"界面中，先勾选"确认以上操作"复选框，如图 11-86（右）所示，再单击"开始安装"按钮，开始安装系统。

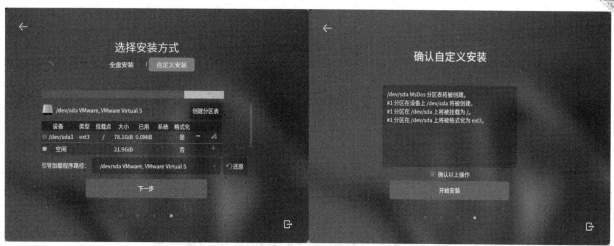

图 11-86　自定义安装

（14）在安装过程中会显示不同的提示信息，单击"安装日志"下拉按钮可以查看详细的安装文件信息，如图 11-87 所示。

图 11-87　系统安装过程

（15）系统安装完成后，如图 11-88 所示，需要重启计算机。

（16）计算机重启后，进入用户登录界面，在界面的输入框中输入登录密码，如图 11-89 所示。如果在第（7）项时勾选了"开机自动登录"复选框，则无须输入密码，直接进入系统。

图 11-88　系统安装完成

图 11-89　用户登录界面

（17）进入 openKylin 系统桌面，如图 11-90 所示。

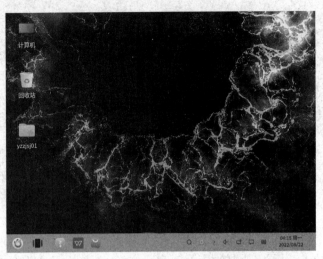

图 11-90　进入 openKylin 系统桌面

11.9　驱动程序概述

✓ **知识目标**：了解驱动程序的概念、作用、分类，以及获取方法。

✓ **能力目标**：理解驱动程序的作用和获取方法。

操作系统安装完成以后，下面就需要安装硬件设备的驱动程序，使系统中的硬件设备能够正常工作。

1. 驱动程序的概念和作用

驱动程序是一种可以使操作系统和计算机硬件设备进行通信的特殊程序。

驱动程序将硬件的具体功能"告知"操作系统，然后充当硬件设备与操作系统之间的接口。操作系统只有通过驱动程序这个接口才能控制硬件设备的具体工作。例如，在使用打印机打印文件时，操作系统先发送相应指令到打印机驱动程序，打印机驱动程序接收指令后，将其翻译成打印机能"听懂"的命令形式，从而让打印机开始工作。正因为驱动程序有如此重要的作用，所以把驱动程序称为"硬件设备和操作系统之间的桥梁"。

2. 驱动程序的分类

按照驱动程序的应用对象分类，驱动程序可以分为主板芯片组驱动程序、显卡驱动程序、声卡驱动程序、网卡驱动程序、打印机驱动程序、摄像头驱动程序等。

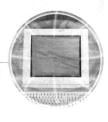

3. 驱动程序的获取方法

驱动程序一般可以通过 3 种方法获取：一是购买的硬件附带的驱动程序；二是操作系统自带的驱动程序；三是从 Internet 上下载最新的驱动程序。

11.10 驱动程序的安装

✓ **知识目标**：了解驱动程序的安装顺序和安装方法。

✓ **能力目标**：理解驱动程序在不同的安装环境下的安装方法。

11.10.1 驱动程序的安装顺序

驱动程序需要按照一定的顺序安装，这里推荐的安装顺序是：①安装主板芯片组驱动程序，②安装显卡驱动程序，③安装声卡驱动程序，④安装网卡驱动程序，⑤安装其他驱动程序（如 USB 设备驱动程序、打印机驱动程序等）。如果不按照安装顺序安装驱动程序，则容易导致某些硬件设备出现冲突、部分硬件无法识别，甚至出现系统频繁死机的现象及其他莫名故障。

11.10.2 查看是否安装硬件设备驱动程序

微软公司在发布的 Windows 系统中包含了大量的硬件设备驱动程序，很多硬件设备在操作系统的系统驱动程序库中就可以找到对应的硬件设备驱动程序，在一般情况下，这些驱动程序无须重新安装。

在 Windows 7、Windows 10 及 Windows 11 系统中安装驱动程序的方法基本类似，下面以 Windows 7 系统为例，介绍查看是否安装硬件设备驱动程序的方法，以及硬件设备驱动程序的安装方法。

（1）在 Windows 7 系统桌面中，单击"开始"按钮，在"开始"菜单中选择"控制面板"选项。

（2）在打开的"控制面板"窗口中选择"系统和安全"选项。

（3）在"系统和安全"窗口中选择"系统"选项中的"设备管理器"。

（4）在"设备管理器"窗口中，查看硬件设备的名称上有没有黄色的问号标识或叹号标识，如图 11-91 所示。有问号标识代表计算机检测到硬件，但未安装驱动程序，不能使用；有叹号标识代表计算机检测到硬件，但驱动程序存在问题，不能使用。名称上有黄色的问号标识或叹号标识的硬件设备都需要重新安装正确的驱动程序。

图 11-91 "设备管理器"窗口

11.10.3 驱动程序的安装方法

驱动程序的安装方法有很多，一般来说，在安装驱动程序时，都是使用硬件设备附带的驱动光盘进行安装的。驱动光盘一般包括主板驱动光盘和显卡驱动光盘，如图 11-92 所示。

图 11-92 主板驱动光盘与显卡驱动光盘

现在大部分硬件厂商对驱动光盘都进行了人性化的设计，使得驱动程序的安装更简便。在把驱动光盘放入光驱后，屏幕中会自动弹出一个简单、实用的驱动程序选择界面，想要安装何种驱动程序，只需用鼠标单击对应选项，即可开始安装驱动程序。

1. 使用驱动光盘安装驱动程序

下面以主板芯片组驱动程序的安装为例，讲解使用驱动光盘安装驱动程序的过程。

（1）把主板驱动光盘放入光驱，屏幕中会弹出"主板安装光盘"界面，如图 11-93 所示。

图 11-93　"主板安装光盘"界面

（2）选择"Intel 芯片组驱动程序"选项，会进入"欢迎使用安装程序"界面，如图 11-94（左）所示，单击"下一步"按钮，会进入"许可协议"界面，如图 11-94（右）所示，单击"是"按钮。

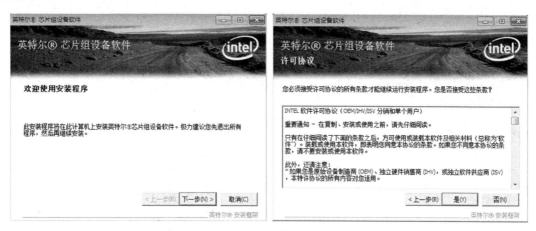

图 11-94　"欢迎使用安装程序"界面和"许可协议"界面

（3）进入"Readme 文件"界面，如图 11-95（左）所示，单击"下一步"按钮，进入"安装进度"界面，如图 11-95（右）所示，安装完成后单击"下一步"按钮。

图 11-95　"Readme 文件信息"界面和"安装进度"界面

（4）安装结束后，进入"安装完毕"界面，选择是否重启计算机，选中"是，我要现在就重新启动计算机"单选按钮，单击"完成"按钮，计算机重新启动后驱动程序生效。

使用类似的方法可以安装显卡驱动程序、声卡驱动程序、网卡驱动程序等。

2. 使用手动方式更新硬件设备驱动程序

如果在将驱动光盘放入光驱后，没有弹出驱动程序选择界面，则可以使用手动方式更新硬件设备驱动程序。下面以显卡驱动程序的更新为例，讲解使用手动方式更新硬件设备驱动程序的过程。

（1）在"设备管理器"窗口中，右击"显示适配器"下的"标准 VGA 图形适配器"（显卡），在弹出的快捷菜单中选择"更新驱动程序软件"命令，打开"更新驱动程序软件-标准 VGA 图形适配器"对话框，如图 11-96 所示，单击"浏览计算机以查找驱动程序软件"。

（2）进入"浏览计算机上的驱动程序文件"界面，在"浏览"按钮左侧的输入框中输入驱动程序软件的路径，或者单击"浏览"按钮，在弹出的"浏览文件夹"对话框中选择驱动程序软件所在的文件夹，如图 11-97 所示。

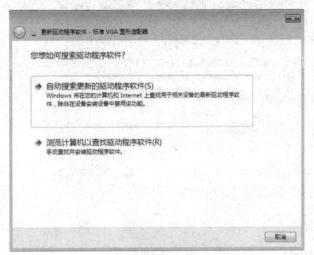

图 11-96　选择搜索驱动程序软件的方式　　　图 11-97　选择驱动程序软件所在的文件夹

（3）输入驱动程序软件的路径或选择驱动程序软件所在的文件夹后，如图 11-98 所示，单击"下一步"按钮。

（4）显示安装驱动程序软件的过程，并提示"Windows 已经成功地更新驱动程序文件"信息，如图 11-99 所示，单击"关闭"按钮。

3. 自动更新驱动程序

如果没有准备硬件设备的驱动程序，则在已经连接到互联网的前提下，可以使用"自动搜索更新的驱动程序软件"功能来安装硬件设备的驱动程序。下面以更新 PCI 简易通信控制器为例，讲解自动更新驱动程序的过程。

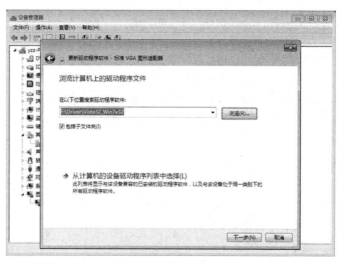

图 11-98　确定驱动程序软件的路径或所在的文件夹

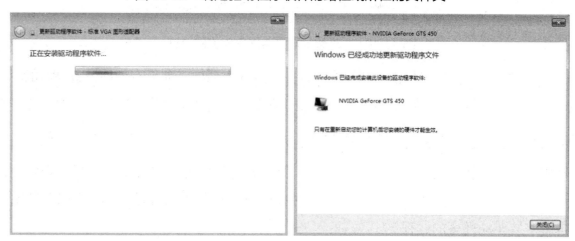

图 11-99　安装过程

（1）在"设备管理器"窗口中，右击"其他设备"下的"PCI 简易通信控制器"，在弹出的快捷菜单中选择"更新驱动程序软件"命令，如图 11-100 所示。

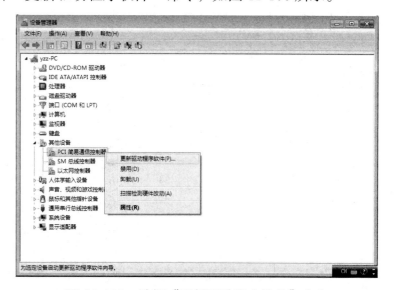

图 11-100　选择"更新驱动程序软件"命令

（2）在弹出的"更新驱动程序软件-PCI简易通信控制器"对话框中，单击"自动搜索更新的驱动程序软件"，如图11-101所示。

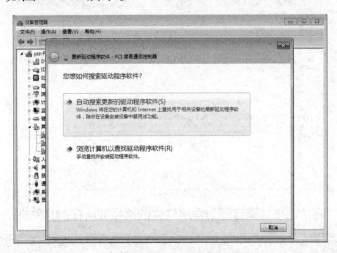

图11-101　选择搜索驱动程序软件的方式

（3）经过搜索，会弹出报告驱动程序的相关信息的对话框。如果有硬件设备最新的驱动程序，则在对话框中单击"安装"按钮，即可下载并安装最新的驱动程序，最后单击"完成"按钮。

4. 使用驱动程序管理类软件安装驱动程序

使用驱动程序管理类软件（如驱动精灵、驱动人生等）可以进行驱动程序的安装，该类软件可以实现驱动程序管理、智能检测硬件并自动查找与安装驱动程序。下面以驱动精灵为例，讲解安装驱动程序的过程。

（1）首先要注意的是，计算机必须连接到互联网上。运行驱动精灵软件，进入驱动精灵的主界面。该软件运行后会自动检测计算机，查找未安装驱动程序和可以更新驱动程序的硬件设备，以及驱动程序存在问题的硬件设备，如图11-102所示。

图11-102　使用驱动精灵检测计算机

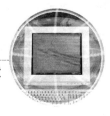

（2）检测结束后，显示检测结果，如图 11-103 所示，单击"立即解决"按钮。

图 11-103　检测结果

（3）选择"驱动程序"选项卡，进入"标准模式"界面，单击对应设备名称右侧的"下载"按钮，下载驱动程序。下载完成后进行驱动程序的安装即可。

11.11　实践出真知

实训任务：计算机操作系统（Windows 10）及硬件设备驱动程序的安装

准备工作：一台计算机；U 盘（容量大于 8GB）；硬件设备附带或通过网络获取的驱动程序。

工作任务：掌握计算机操作系统及硬件设备驱动程序的安装。

实训内容：

（1）制作 Windows 10 系统的启动 U 盘。

（2）安装 Windows 10 系统。

（3）安装硬件设备驱动程序。

思政驿站　通过对国内外不同操作系统的学习，我们已经清楚了解了国产操作系统与国外主流操作系统之间的差异。虽然国产操作系统有许多不足和缺点，但是我们必须有自己的独立操作系统，这对于国家、社会、个人来说都是非常重要的。我们相信，经过我们的共同努力，一定能使国产操作系统不断进步，不断缩小与国外主流操作系统之间的差距，从而使用到不差于甚至超越国外同类产品的优秀国产操作系统。

习题 11

1. Windows 7 系统都有哪些版本？

2. Windows 10 系统都有哪些版本？它们之间有什么区别？

3. Windows 11 系统都有哪些版本？

4. 你使用过哪一款国产操作系统？你觉得它与 Windows 系统相比有什么优点和缺点？

5. 现在普遍使用的操作系统有哪些？你个人在使用哪一款操作系统？为什么？

6. 尝试安装 Windows 10 和 Windows 11 系统，总结它们的安装过程有哪些不同。

7. 尝试安装一种国产操作系统，总结该操作系统是否能够满足你的日常使用需要。

8. 安装驱动精灵检查所用计算机的驱动程序并完成必要的更新。

第 **12** 章

计算机维护及常见故障的排除

 **知识要点**

🔑 计算机的工作环境和日常维护常识。

🔑 计算机系统的安全防护。

🔑 计算机故障及判断方法。

🔑 计算机常见软件故障及排除方法。

内容摘要

对于计算机用户来说，在使用计算机的过程中难免会遇到计算机故障，如计算机反复重启、不能正常开机、反应慢、频繁死机、计算机的硬件损坏等。这些故障如果不及时处理，则会影响正常的工作和生活。因此，要做好计算机的日常维护工作，并且要学会分析计算机出现故障的原因，进而采取正确的方法进行处理。本章将介绍如何进行计算机的日常维护与保养，以及计算机简单故障的排除方法。

 12.1 计算机的工作环境和日常维护常识

✓ **知识目标**：了解计算机的工作环境，以及计算机软件和硬件日常维护的内容。

✓ **能力目标**：理解计算机的工作环境，以及计算机软件和硬件日常维护的具体要求。

在一个适宜的环境中运行计算机，不仅可以延长计算机设备的使用寿命，还可以降低计算机系统出现故障的概率。

12.1.1 计算机的工作环境

计算机工作环境中的多种因素都会对计算机的正常使用产生影响，如环境的洁净程度、环境湿度、温度、照明度、是否存在震动和噪声、有无静电、有无强烈电磁干扰、接地系统是否良好和供电系统等。计算机对工作环境因素的要求如表 12-1 所示。

表 12-1 计算机对工作环境因素的要求

气候环境		参数
温度（℃）	工作	10～35
	贮存运输	−40～55
相对湿度	工作	35%～80%
	贮存运输	20%～93%（40℃）
大气压（kPa）		86～106

1．环境的洁净程度

计算机是由一些精密的电子元器件组成的，而且计算机的很多设备（如机箱、显示器、光驱等）都不是完全密封的，灰尘会很容易进入其内部。如果计算机工作在较多灰尘的环境中，就有可能堵塞计算机的各种接口，使计算机不能正常工作；如果在电路板上附着了太多灰尘，则会影响电路板的散热，甚至引起电路短路等。

2．环境湿度

计算机在工作时，环境湿度最好在 35%～80%。如果环境过于干燥，则会产生静电，不仅极易损坏计算机的硬件设备，还易吸附灰尘，影响系统散热；如果环境过于潮湿，则会导致结露现象，轻则腐蚀元器件和电路板，重则造成短路故障。

3．温度

计算机在工作时对环境温度的要求是 10～35℃，存放计算机的环境的温度也应控制在5～40℃。环境温度太高会影响电子元器件工作的可靠性，由于计算机中的集成电路在工作时会散发出大量的热量，如果这些热量不能及时疏导，轻则使元器件工作不稳定、数据处理出错，重则烧毁一些元器件。反之，如果环境的温度过低，则电子元器件也不能正常工作，会增加出错概率。当温度低到一定程度时，还容易出现水汽凝聚和结露的现象，从而导致更危险的情况发生。

4. 照明度

环境的照明度对计算机本身影响并不大，但还是应该适当注意。一是如果强光长期直射显示器屏幕，则不利于延长显示器的使用寿命；二是如果照明度不好，则容易导致计算机使用者的眼睛疲劳。

5. 震动和噪声

震动和噪声很大的环境会导致计算机中部件的损坏（如硬盘、光驱等），如果必须将计算机放置在震动和噪声大的环境中，则应考虑安装防震和隔音设施。

6. 静电

静电对于计算机来说具有很强的破坏性，它可以导致计算机部件失灵，甚至击穿主板或其他板卡的元器件，造成永久性损坏。在环境干燥的情况下，很容易产生和积聚静电，因此必须采取一定的措施来防止静电对计算机设备的影响。

7. 电磁干扰

电磁干扰会影响磁盘驱动器的正常工作，导致数据丢失、内存信息受损、显示器颜色异常等。总之，电磁干扰对计算机的作用是比较复杂的，也是计算机工作不稳定的主要原因之一。

8. 接地系统

良好的接地系统能够防止用户遭受电击、设备和电路遭受损坏，防止雷击，防止静电损坏，避免对用户人身安全造成威胁和计算机系统数据出错。

9. 供电系统

电压不稳容易对计算机的电路和元器件造成损害。如果电压过低，则计算机无法启动；如果电压过高，则会造成计算机系统的硬件损坏；如果突然停电，则会导致计算机数据丢失，严重时还会造成计算机系统不能启动的故障。我国的家用及一般办公用的交流电源标准电压是 220V，为了使计算机系统可靠、稳定地运行，对交流电源的供电质量有一定的要求。按照规定，电网电压的波动应在标准值的-5%～+5%以内，如果电网电压的波动在标准值的-20%～+10%，即电网电压为 180～240V，则计算机系统也可以正常运行，如果电网电压的波动范围过大，则会影响计算机的正常使用。

12.1.2 计算机的日常维护

计算机在使用过程中，必须隔一段时间就进行必要的维护工作。这样不仅可以延长计算机的使用寿命，降低计算机出现故障的概率，还可以提高计算机的工作效率，保护计算机内

部数据的安全。

1. 合理使用计算机的方法

合理使用计算机不仅可以延长计算机的使用寿命，还可以减少计算机的损伤。所以，合理地使用计算机是计算机维护的基础。

（1）使计算机工作在最佳的工作环境。

由于计算机会受到工作环境中诸多因素的影响，因此在力所能及的范围内，应尽可能在最佳的工作环境下使用计算机。在使用计算机时，远离化学气体、灰尘等污染源；最好在计算机机房安装空调，保证良好的通风条件；不要把计算机放置在阳光直射的地方；远离一些会产生较大电磁场的设备（如音箱、电视机、空调等）；把计算机放置在平稳的桌面上，避免震动；连接好地线，保证良好的接地条件；最好使用 UPS（不间断电源）来保证计算机在断电后能够继续工作一段时间。

（2）正确开机与关机。

计算机开机时应先打开外部设备电源，再打开主机电源，关机时则相反。这样可以避免大的电流冲击造成的计算机相关部件的损坏。在计算机的运行过程中，一定要正常关机。如果死机，则应先设法"软启动"（按"Ctrl+Alt+Del"组合键），再"硬启动"（按"Reset"键），最后"硬关机"（按电源开关数秒）。关机后，不要立即为主机加电，否则电源装置会产生突发的大冲击电流，造成电源装置中的器件被损坏，也可能造成硬盘驱动器的主轴电机突然加速，使盘片被磁头划伤。所以关机后，在重启计算机时最好等待 10 秒以上。

（3）采取防静电措施。

在用手接触计算机的硬件设备时，应采取防静电措施，否则人体所带的静电就有可能导致硬件设备损坏。在用户接触计算机设备时，应先接触接地的金属物体（如暖气管道等），或者用湿毛巾擦手，释放身体上的静电。

（4）严禁带电插拔各种线缆和计算机内部的各种板卡。

带电插拔计算机的各种线缆（如鼠标线、键盘线、显示器线缆等）和内部板卡（如网卡、声卡、显卡等），轻则损坏对应接口，重则损坏计算机的主板。所以，最好在断电的情况下去插拔各种线缆和计算机内部的各种板卡。

（5）定期除尘。

计算机在工作时会产生静电和磁场，这些都极易吸附灰尘，再加上电源和 CPU 风扇在运转时会将空气中的灰尘吸进机箱并滞留在板卡上。如果不定期清理，则灰尘会越积越多，这样既影响散热，又会使板卡的绝缘性能下降，引起短路、接触不良，甚至霉变。所以，每隔一段时间，应打开机箱，使用吹风机或皮老虎、刷子等对机箱内部进行除尘处理。

（6）不要频繁搬动计算机。

在搬动计算机的过程中，一旦发生碰撞、跌落，都可能损坏计算机设备，所以最好把计算机放置在一个固定、平稳、方便使用的地方，不要频繁搬动，以免造成损失。

（7）不要在打开机箱的情况下使用计算机。

机箱在密闭的情况下可以形成冷热空气的对流，使机箱内各个设备都能够取得理想的散热效果。如果打开机箱盖，则机箱内无法形成冷热空气的对流，这就会使机箱内部的热量无法顺利排出，这样就无法取得散热的效果。另外，打开机箱盖后，无法屏蔽机箱内部的电磁辐射和噪声，这不仅会影响用户的身体健康，还会使机箱中的设备更加容易吸附外界灰尘，从而造成更大的安全隐患。

2. 计算机硬件的日常维护

对于计算机硬件来说，必要的日常维护工作不仅可以保证计算机硬件的正常工作，还可以延长计算机硬件的使用寿命，提高计算机硬件的利用效率。

（1）CPU 的日常维护。

CPU 是计算机中最重要的组成部分，对 CPU 的维护是计算机硬件维护的重中之重。

① 不要随便进行超频。现在主流 CPU 的处理能力已足以满足日常使用，如果用户是普通计算机使用者，则没有必要对 CPU 进行超频。

② 选择适合的 CPU 风扇和散热片及定期进行除尘。如果没有 CPU 风扇和散热片，则 CPU 根本无法正常使用，强行使用甚至会造成 CPU 烧毁，所以应选择适合 CPU 的风扇和散热片，平时也要注意 CPU 风扇的运行状况，还要定期清除风扇叶片和散热片缝隙中积聚的灰尘，以及为风扇轴承添加润滑油。

③ 注意硅脂的使用。在 CPU 和散热片之间一定要涂抹一层硅脂，但不要涂抹太厚，如果涂抹太厚，则会使散热片和 CPU 核心不能充分接触，影响散热效果。

（2）主板及其他板卡的日常维护。

主板及其他板卡（如显卡、网卡等）都属于电路板，所以维护方法比较类似，主要应该做到防尘、防变形、清理金手指。

① 防尘。防尘的主要方法就是每隔一段时间清理电路板上的灰尘，可以先使用吹风机或皮老虎清理电路板表面的灰尘，再使用小毛刷清理电路板上没有被吹走的灰尘。

② 防变形。在安装主板及其他板卡时，固定电路板的螺钉不能少装或错装，安装时也不要拧得太紧，如果拧得太紧，则容易使电路板产生变形，并且周围环境不要太潮，否则电路板也会发生变形，从而产生接触不良等故障。

③ 电路板上的金手指由于灰尘或氧化会引起接触不良的故障，可以用橡皮直接擦拭或用

棉花蘸上酒精清洗。

（3）主机箱的日常维护。

① 除尘。机箱内部很容易积聚大量的灰尘，尤其是在机箱内部的角落里。这些灰尘会被吸附到机箱内部的各种设备上，影响散热并引发故障，所以应该定期清除机箱内部的灰尘。

② 对于机箱内部各种杂乱的线缆（如数据线和电源线等），可以用塑料扎带或橡皮筋扎起来，这样不仅整洁，还利于机箱内的散热。

（4）显示器的日常维护。

对于现在使用的液晶显示器，日常的维护工作包括以下几点：

① 防尘。显示器吸附灰尘的能力很强，可以说是一个极强的"吸尘器"。但是一般不能直接打开显示器进行除尘，必须求助专业人员才能完成。所以，在平时的使用过程中尽量避免灰尘进入显示器内部。

② 保持显示器的工作环境干燥。因为较严重的潮气会损害 LCD 显示器的元器件，导致液晶电极被腐蚀，造成永久性的损坏。

③ 不要让显示器长时间工作。一般来说，不要让显示器的开机状态持续 72 小时以上。显示器长时间工作会使晶体老化或烧坏，一旦晶体老化或烧坏就是永久性的、不可修复的。在不使用显示器时，可以关闭显示器或将显示器的亮度调低，此外，还可以运行屏幕保护程序保护显示器。

④ 在擦拭显示器的屏幕时，注意动作要轻微。液晶显示器的屏幕很脆弱，不要用手指或其他硬的物体去戳屏幕，这样容易造成显示器内的晶体和灵敏的电器元件损伤。在使用清洁剂时，应注意不要把清洁剂直接喷到屏幕上，这样容易使清洁剂流到屏幕里，造成电路短路，应该用软布蘸上清洁剂，轻轻地擦拭屏幕。

⑤ 不准自行拆卸显示器。液晶显示器内部可能带有高达 1000V 的电压，所以拆卸显示器必须由专业人士完成。自行拆卸显示器有可能对人身造成伤害或损坏显示器。

（5）硬盘的日常维护。

硬盘是计算机硬件中比较"娇贵"的设备，它的维护工作包括以下几点：

① 硬盘在进行读/写操作时不能随意关闭电源。硬盘在进行读/写操作时，盘片处于高速旋转状态，转速一般可达到 7200rpm。在如此高的转速下，突然关闭电源会导致磁头与盘片出现猛烈摩擦从而损坏硬盘。所以，一定要在机箱的硬盘指示灯不再闪烁时，也就是硬盘没有进行读/写操作时，再关闭电源。

② 防止震动。硬盘是一个非常精密的电子设备。在硬盘的安装、拆卸过程中，严禁摇晃、磕碰。如果硬盘在进行读/写操作时发生较大的震动，就可能对硬盘造成物理性损伤。因此，一定要将计算机放置在平稳的桌面上，以免在震动下使硬盘受到损伤。

③ 严禁私拆硬盘。用户不能自行拆开硬盘，如果空气中的灰尘附着在磁头或盘片上，则当磁头进行读/写操作时，会划伤盘片或磁头，硬盘会因此而无法使用。

④ 保证散热，远离磁场。硬盘的最佳工作温度在 20～25℃，温度太高会降低硬盘的工作稳定性和使用寿命。尽量使硬盘远离强磁场，以免硬盘中的数据因磁化而受到破坏。

⑤ 防止计算机病毒对硬盘的破坏。计算机病毒会威胁硬盘中存储的数据，甚至有的病毒会对硬盘造成物理性损伤。所以，要定期使用杀毒软件对硬盘进行检测，当发现病毒时立即清除。

⑥ 定期对硬盘进行整理。硬盘在长时间工作后，会产生大量的磁盘碎片。这些磁盘碎片不仅会影响系统的运行速度，降低硬盘的工作效率，还会缩短硬盘的使用寿命。所以，需要定期对硬盘进行整理。

（6）光驱的日常维护。

光驱是常用的计算机硬件设备，它的维护工作包括以下几点：

① 除尘。光驱在使用时会落入灰尘，这会影响光驱的读盘能力，加速光驱的老化，所以要定期对光驱进行除尘。

② 不要把光盘长期留在光驱里。如果光驱中长期有光盘，则光驱会不断地进行检测，光驱的电机及控制部件在工作时会产生很高的热量，这样不仅会影响光驱的稳定性，还会加速机械部件的磨损和激光头的老化，缩短光驱的使用寿命。

③ 工作环境温度。光驱中的很多元器件（尤其是塑料部件）对温度都很敏感。光驱的最佳工作温度在 10～30℃，温度太高或太低都会使光驱无法正常读取盘片内容，影响光驱的正常使用。

④ 光盘的质量。如果光盘的质量不好，则光驱的激光头在读取盘片内容时就会增大功率，长期使用就会缩短光驱的使用寿命。所以，不要使用粘有灰尘、油污、有物理划痕或坑点的光盘及盗版光盘等劣质盘片，以免损伤光驱。

（7）电源的日常维护。

电源可以说是计算机的"心脏"，没有电源，计算机就不能工作。电源的维护工作包括以下两点：

① 除尘。电源是计算机中最容易积聚灰尘的设备。大量的灰尘会影响电源的散热，缩短电源的使用寿命，所以要定期对电源进行除尘，并且要定期为计算机风扇的轴承添加润滑油，以提高电源的散热能力，降低噪声。

② 选择高品质的电源。高品质的电源可以安全、可靠地为计算机提供电力供应，而使用劣质的电源则会导致计算机系统产生莫名其妙的故障。

（8）鼠标的日常维护。

因为使用频率，所以在所有的计算机外设中，鼠标是非常容易出现故障的。鼠标的维护工作包括以下两点：

① 正确使用鼠标。不要用力拉拽鼠标线缆，不要摔碰鼠标，不要用力单击鼠标按键，以免损坏弹性开关。

② 不要带电插拔 PS/2 接口的鼠标。在带电状态下对 PS/2 接口的鼠标进行插拔，可能损坏鼠标接口，甚至会损坏主板。

（9）键盘的日常维护。

键盘是用得最多的设备，它的维护工作包括以下两点：

① 不要在使用键盘时吃东西和喝饮料。一旦液体洒入键盘内部，则可能造成键盘内部电路短路，损坏键盘；食物残渣进入键盘后，会卡住键盘键位，使键盘不能正常工作。

② 不要用力敲击键盘。在按压键盘键位时，力度要适中，强烈的敲击会缩短键盘的使用寿命。

3. 计算机软件的日常维护

计算机软件是计算机系统的"灵魂"，如果只有硬件而没有软件，则计算机不过是一堆废铁，所以计算机软件的维护是计算机维护工作的重要组成部分。

（1）操作系统的维护。

操作系统是最重要的计算机软件。操作系统是否安全、稳定对于计算机系统的正常工作至关重要。如果不注意维护操作系统，就会导致操作系统的运行速度不断变慢，造成死机、频繁重启等故障。

（2）安装操作系统的补丁程序。

在使用操作系统时，应及时安装操作系统的补丁程序，修补操作系统的错误或漏洞。尤其对于 Windows 系统，这一点尤为重要。微软公司会不定期公布关于 Windows 系统的补丁程序，应及时下载并安装这些补丁程序，以提高计算机的安全性和稳定性。

（3）做好操作系统的备份和还原。

一旦操作系统崩溃或出现难以解决的故障，就可以用操作系统的备份文件进行恢复，以便快速地解决问题。可以使用操作系统备份与还原软件（如一键 Ghost、一键还原等软件）或 Windows 系统自带的备份与还原功能来完成对操作系统的备份和还原。

（4）定期对硬盘进行磁盘清理、碎片整理和查错。

Windows 系统在运行过程中会产生大量的垃圾文件，这些垃圾文件不仅会占用大量的磁盘空间，还会使操作系统的运行速度变慢，所以这些垃圾文件必须清除。使用 Windows 系统

的磁盘清理功能可以清除这些垃圾文件。

在 Windows 系统中，文件不是连续存储在硬盘中的，而是分散保存到磁盘的不同地方，这样就形成了磁盘碎片。如果系统中存在大量的磁盘碎片，则硬盘在读取文件时会来回进行查找，这会导致系统性能下降，使存储文件丢失，严重时还会缩短硬盘的使用寿命。因此，可以用 Windows 系统自带的"磁盘碎片整理程序"定期整理磁盘碎片。

Windows 系统在非正常退出或意外断电的情况下，硬盘数据有可能没有及时保存，导致数据出错，甚至丢失。所以，应使用 Windows 系统自带的查错功能进行硬盘扫描，及时修复错误。否则系统会存在潜藏的危险，如果不及时修复，则会导致某些程序紊乱，甚至影响系统的稳定运行。

（5）安装杀毒软件，及时更新病毒库。

随着计算机应用范围的不断扩展，计算机病毒已经成为计算机系统安全的主要威胁之一。为了保证计算机系统的安全和稳定，在计算机中一定要安装杀毒软件，并通过计算机网络及时更新病毒库，最大限度地保护计算机系统。

（6）安装网络防火墙。

随着越来越多的计算机连入互联网，人们逐渐发现计算机正在面临着越来越多的网络威胁，如蠕虫、黑客攻击、木马、间谍软件等。使用网络防火墙可以防止来自计算机网络的威胁。网络防火墙可以将内网和外网（如互联网）分开，它能允许合法用户和数据进入内部网络，同时阻止非法用户和数据进入内部网络，最大限度地阻止网络中的非法用户对内网的访问，进而防止非法用户进入用户计算机更改、窃取、删除用户的重要信息。网络防火墙对网络的安全起到了相当重要的保护作用。

（7）备份重要的数据。

对于用户的重要数据来说，最安全的保护措施就是对数据进行及时备份。将数据备份到光盘、U 盘、移动硬盘或网盘中，可以在计算机系统崩溃或遭受病毒攻击后，有效地保存重要数据，防止出现重大损失。

12.2 计算机系统的安全防护

✓ **知识目标**：了解计算机安全的定义、计算机安全面临的常见威胁及其防范方法。
✓ **能力目标**：理解计算机安全的定义、计算机安全面临的常见威胁及其防范方法。

在这个信息爆炸的时代，对信息的收集、处理、分析、加工等工作大多都要依靠计算机完成，而计算机和计算机所处的环境一旦在安全上出现问题，那么后果不堪设想。

1. 计算机安全的定义

国际标准化委员会对计算机安全做的定义是：为数据处理系统建立和采取技术的和管理的安全保护，保护计算机硬件、软件、数据不因偶然的或恶意的因素而被破坏、更改、泄露。计算机安全涉及硬件安全、软件安全、数据安全等。在使用计算机的过程中，当出现影响计算机硬件、软件和数据的因素时，就意味着计算机的安全受到了威胁。

2. 计算机安全面临的常见威胁

计算机面临着诸多安全上的威胁，如计算机病毒、黑客、木马、恶意软件等，并且随着计算机网络的迅速发展，影响的范围和人群越来越广泛，对我们的日常工作和生活的危害也越来越大。

3. 计算机安全面临的常见威胁的防范方法

对于计算机面临的诸多威胁，必须采取一定的防范方法来保证计算机的安全。示例如下：

（1）对于 Windows 系统，要及时下载并安装补丁程序。

（2）安装杀毒软件。

（3）安装防火墙软件。

12.3 计算机故障及判断方法

✓ **知识目标**：了解计算机故障的分类、计算机故障的判断原则、计算机故障的判断方法。

✓ **能力目标**：理解计算机故障的分类与计算机故障的判断原则；熟练使用计算机故障的判断方法。

在使用计算机的过程中，出现故障不可避免。重要的是，在故障出现以后，可以正确判断故障部位并采取正确的措施进行处理，以避免出现更大的损失。

1. 计算机故障的分类

计算机的故障可以分为软件故障和硬件故障两类。软件故障是指操作系统和各种应用软件在使用过程中出现的故障，一般是由使用者操作不当、软件不兼容、系统参数设置不当或感染计算机病毒引起的。硬件故障是指计算机硬件系统的故障，一般是由硬件的电子元器件

损坏或硬件参数设置不当引起的。

2. 计算机故障的判断原则

一旦计算机出现故障，首先应判断是硬件故障还是软件故障，再进行针对性的处理。对于计算机故障，一般采用下面的判断原则对故障进行判断。

（1）先软后硬。

当计算机出现故障时，首先确定是否是软件方面的原因（如感染病毒、软件冲突、操作失误等），在排除软件方面的原因后，再考虑硬件方面的原因。

（2）先外后内。

在检查硬件故障时，先检查外设工作是否正常，再检查机箱内部的硬件设备工作是否正常。

（3）先电源后部件。

电源是计算机正常工作的前提，如果电源出现问题，则会引起计算机中的各种故障（如无故重启、死机等），所以应首先检查电源工作状态，再检查计算机的其他部件。

（4）先简单后复杂。

一般最容易出现的计算机故障是简单故障（如线缆的连接、接触不良等），先确定是否为简单故障，再去检查是否为复杂故障。

3. 计算机故障的判断方法

（1）POST 自检判断法。

POST 自检判断法是指通过分析计算机自检程序发出的报警声来获取计算机故障的部位与原因的方法。BIOS 程序在 POST 自检过程中使用声音报警信号向用户报告系统的状态，通过不同的短"嘀"声和长"嘀"声的组合就可以大致判断计算机系统的状态或故障的部位及原因。比如，在 Phoenix-Award BIOS 程序中，一声短"嘀"声通常表示系统正常启动；一声长"嘀"声加两声短"嘀"声表示显示器或显卡出现故障，需要检测显示器和显卡（不同类型的 BIOS 程序使用不同的声音报警信号，可以根据 BIOS 程序的类型查询声音报警信号的含义）。与 BIOS 程序不同的是，UEFI 程序首先进行 CPU 和内存的初始化工作，当这两个硬件出现故障时，表现为显示器黑屏，而不是像 BIOS 程序一样发出报警声，原因是 UEFI 程序没有驱动主板的 8255 芯片发声，其他故障可以根据屏幕中的提示信息确定故障部位与原因。

（2）清洁法。

清洁法是指用清洁工具（如电吹风、皮老虎等）清除机箱、板卡等设备上的灰尘以排除故障的方法。很多计算机故障往往是由计算机部件灰尘积聚较多引起的。应首先观察计算机部件是否有较多的灰尘，如果有，则进行除尘处理，查看故障是否排除，如果故障没有排除，则再进行下一步的故障判断。

（3）观察法。

观察法即用眼看、鼻闻、耳听、手摸等方式检查计算机故障，是判断故障过程中的重要方法。在观察时要认真、仔细、全面。

① 眼看，指用眼睛去观察线缆是否连接正确，风扇运转是否正常，板卡上是否有划伤、虚焊、变黑、腐蚀、杂物等，电容是否爆浆等。

② 鼻闻，指用鼻子去闻计算机是否散发烧焦等异味。如果有异味，则马上关闭计算机电源，检查线缆及计算机内部硬件组成以确定原因。

③ 耳听，指用耳朵去听计算机在运行时是否有异响。如果听到的声音与正常声音不同，则应关闭计算机进行检查。

④ 手摸，指用手去触摸计算机硬件，如果发现烫手等超过计算机正常温度的情况，则应立即仔细检查，分析原因。

（4）拔插法。

拔插法指将线缆、芯片或板卡类设备通过"拔出"和"插入"的方法查找故障，通过反复插拔来确定故障部位。在故障检查过程中，逐个拔下计算机部件，每拔下一个部件，就启动一次计算机。如果在拔下某个部件后故障消失，则可以初步确定该部件出现故障，依次处理可以迅速确定故障发生点。

（5）替换法。

替换法是指用确定使用正常的计算机部件去代替可能有故障的部件，以判断部件是否存在故障的方法。替换后如果故障消失，则证明被替换部件出现故障。

（6）逐步添加/去除法。

逐步添加法是指在硬件最小系统或软件最小系统环境下，逐次向计算机系统添加部件或软件，并查看故障现象是否消失，由此来判断故障原因的方法。逐步去除法和逐步添加法正好相反，通过逐次去除计算机部件或软件来判断计算机故障原因。

硬件最小系统只包括电源、主板、CPU 和内存，没有其他硬件设备；软件最小系统是由计算机硬件和单纯的操作系统组成的。

12.4　计算机常见软件故障及排除方法

✓ **知识目标**：了解计算机常见软件故障及排除方法。

✓ **能力目标**：理解引起计算机常见软件故障的原因；掌握计算机常见软件故障的排除方法。

12.4.1　计算机常见软件故障

计算机常见软件故障包括以下几种。

（1）应用软件与操作系统不兼容导致的故障。

应用软件与操作系统提供的运行环境不兼容，造成应用软件无法运行、系统死机、关键文件被修改甚至丢失等故障。

（2）驱动程序冲突导致的故障。

多种硬件设备的驱动程序的内存地址、中断号、存取区域等发生冲突，造成系统工作混乱、文件丢失等故障。

（3）误操作引起的故障。

用户的误操作指计算机软件执行了不该运行的过程，选择了不该使用的命令等，使计算机的运行不正常。

（4）感染计算机病毒导致的故障。

计算机病毒可以破坏计算机中的数据，并且向其他计算机传播，极大地威胁着计算机的正常使用。

（5）系统配置参数设置不正确引起的故障。

BIOS 配置、系统引导过程配置和系统命令配置的参数设置不正确，都会导致计算机产生故障。

12.4.2　计算机常见软件故障的排除方法

计算机常见软件故障的排除方法包括以下几种：

（1）检查 BIOS 设置。检查当前计算机的 BIOS 设置，使之符合计算机硬件的实际情况。

（2）查杀计算机病毒。使用杀毒软件检测并去除计算机系统中的病毒。

（3）及时下载并安装 Windows 系统的补丁程序。

（4）检查软件的兼容性，删除有可能出现兼容性问题的应用程序。

（5）不要乱删除不知用途的文件或文件夹，不要随便对硬盘进行分区格式化等，以免破坏计算机数据的命令或程序。

（6）在将计算机连接到互联网时，必须安装杀毒软件和防火墙软件并及时升级，不要随便打开陌生人发来的电子邮件，不要随意下载及运行互联网上不能确定是否安全的程序和文件，以免感染计算机病毒或木马程序。

（7）定期进行硬盘扫描和磁盘碎片整理。

（8）使用系统备份和还原软件对系统进行备份和还原操作。

12.5 实践出真知

实训任务 1：显示器的日常维护

准备工作：一台计算机。

工作任务：了解显示器的日常维护知识与方法。

实训内容：

1. 了解显示器的日常维护知识

1）工作环境

显示器的工作性能和使用寿命均会受到其工作环境的影响，因此保持合适的工作环境至关重要。

显示器工作环境的温度应保持在 10～35℃，湿度应保持在 35%～80%，大气压应保持在 86～106kPa。不合适的环境因素会对显示器的工作性能和使用寿命造成一定的影响。另外，显示器应尽量远离如高压线、音响等容易产生强磁场的环境，显示器长时间暴露在强磁场中，其显像管容易被强磁场磁化，进而导致显示器局部变色或不能正常显示。显示器对工作环境因素的要求可以参考 12.1.1 节中表 12-1 所示的内容。

2）主要性能

显示器的工作环境因素会影响显示器的工作性能，不同的显示器性能参数也会对显示器的工作性能造成一定程度的影响。

① 分辨率。分辨率是显示器的重要参数之一，当显示器使用非标准分辨率时，文本显示效果就会变差，文字的边缘就会被虚化。

② 点距。点距是显示器的另一个重要参数，在任何相同分辨率下，点距越小，图像就越清晰。

③ 帧频。显示器每秒显示的图像帧数叫作帧频。当显示器播放视频时，如果每秒播放的帧数越多，即帧频越大，则视频播放越流畅。反之，帧频越小，则视频播放越不流畅。

④ 接口类型。显示器的接口是主机箱与显示器之间的桥梁，它负责向显示器输出相应的图像信号。常见的显示器接口有 VGA 接口、DVI 接口、HDMI 接口和 DP 接口，如图 13-1 所示。

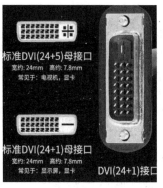

| VGA 接口 | DVI 接口 | HDMI 接口 | DP 接口 |

图 12-1　显示器接口

VGA 接口是计算机用来输出或显示器用来输入模拟信号的接口，现在只有少量显示器保留使用。DVI 接口被 HDMI 接口和 DP 接口取代，显卡上通常有一个 HDMI 接口和 2～3 个 DP 接口。

2. 了解显示器的日常维护方法

除了上述最基本的工作环境和性能因素，在显示器的日常使用中，还应掌握一些基本的日常维护方法。

（1）在使用显示器的过程中，不要用物品遮盖显示器，保证显示器的正常散热。

（2）将显示器的对比度设置到最大，亮度设置在 70%左右，这样不仅有利于保护使用者的眼睛，还可以延长显示器的使用寿命。

（3）在不使用显示器时一定要用遮尘罩遮盖显示器，避免灰尘进去显示器。灰尘的长期积累会影响电子元器件的热量散发，加快元器件的老化；灰尘也可能吸收水分，腐蚀显示器内部的电子线路；灰尘还可能带有静电，对元器件造成损害。

（4）避免太阳强光直接照射显示器的屏幕，否则会使显像管老化。

（5）正确清洁显示器的屏幕。

当显示器的屏幕上有灰尘等污渍时，应使用柔软的干防静电抹布擦拭、清理屏幕，注意不能使用沾有水和清洁剂的棉布或用过硬的物品擦拭，否则会破坏显示器屏幕表面的抗辐射膜。图 12-2 所示为显示器的清洁示意图。在使用抹布清洁显示器的屏幕时，应顺着同一个方向轻轻擦拭，不要频繁擦拭。

| 用柔软的干防静电抹布擦拭 | 用手直接擦拭 | 用硬物刮蹭 | 用水和清洁剂 |

图 12-2　显示器的清洁示意图

（6）在清洁显示器的外壳时，要用棉布蘸清水进行擦拭，不能使用任何清洁剂。

（7）避免挤压或碰撞显示器的屏幕。显示器的屏幕由许多液晶体构成，材质脆弱，一定要注意避免强烈的冲击和振动，更不要碰撞或挤压LCD显示器的屏幕。

（8）正确插拔显示器的连接线。

显示器的接口性能直接决定着显示器的显示质量，在插拔显示器的连接线时，应正确进行插拔操作，避免因暴力插拔等不合理操作导致接口的损坏，影响显示器的正常使用。图12-3所示为VGA连接线插头最容易出现的"掉针"或"跪针"现象。

图12-3　VGA连接线插头的"掉针"（左）和"跪针"（右）现象

VGA连接线的正确插接步骤如下。

第一步：将VGA连接线的公插头对准母插座，如图12-4所示。

第二步：垂直方向用力插入公插头，禁止斜向插入，如图12-5所示。

第三步：插入公插头后拧紧公插头两侧的螺柱，防止VGA连接线的公插头松动，如图12-6所示。

图12-4　将公插头对准母插座　　图12-5　垂直方向用力插入公插头　　图12-6　拧紧公插头两侧的螺柱

实训任务2：计算机音频故障的专业判断方法

工作任务：音频故障类别与故障点判断。

实训内容：在日常使用计算机的过程中，偶尔会发生插上耳机后耳机中的声音明显变小或没有声音及麦克风无法使用等故障，直接导致计算机的音频、视频等功能无法使用，此时就需要使用计算机故障自动测试软件进行故障判断，以便及时维修。

（1）实训准备工作。

必备知识点：主板的5个音频接口（可参考图7-23）的作用。

① 草绿色接口：音频输出接口。

② 粉红色接口：麦克风接口。

③ 浅蓝色接口：音频输入接口。

④ 黑色接口：后置环绕喇叭接口。

⑤ 橘色接口：中置/重低音喇叭接口。

（2）使用的软件与硬件工具。

本实训任务使用的软件与硬件工具如表 12-2 所示。

表 12-2　计算机音频输出故障判断实训任务使用的软件与硬件工具

序号	名称	功能	数量	备注
1	音频组线	连接音频接口，构成回路	1 根	
2	计算机故障自动测试软件	可以测试 13 类 33 种故障，自动生成测试报告	1 套	
3	耳机	用于检测左、右声道声音	1 个	

（3）操作步骤。

第一步：打开计算机。

开启计算机，将耳机的粉红色插头插入机箱后面板的 5 个音频接口中的粉红色接口，将草绿色插头插入机箱后面板的 5 个音频接口中的草绿色接口，如图 12-7 所示。

第二步：检测故障。

打开控制面板，在窗口右上角的"查看方式"下拉列表中选择"小图标"选项，如图 12-8 所示，然后单击"Realtek 高清晰音频管理器"，在弹出的"Realtek 高清晰音频管理器"窗口的"扬声器"选项卡中，单击"喇叭组态"选项卡的"喇叭组态"选区中的▶按钮进行测试，如图 12-9 所示，观察耳机左、右声道的声音是否明显变小或没有声音。

图 12-7　将耳机的插头插入对应接口

图 12-8　选择"小图标"选项

第三步：插入音频组线。

将耳机的插头拔下，把音频组线插入机箱后面板的 5 个音频接口，如图 12-10 所示。

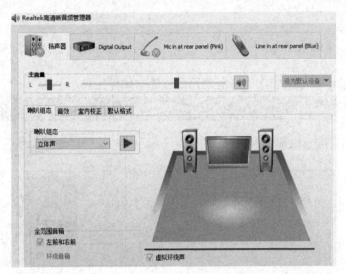

图 12-9　单击▶按钮进行测试　　　　　　　　图 12-10　插入音频组线

第四步：打开计算机故障自动测试软件并登录。

在完成音频组线的插入后，开启计算机，打开计算机故障自动测试软件并登录，如图 12-11 所示。

图 12-11　打开计算机故障自动测试软件并登录

第五步：选择音频测试项目

在完成登录后，选择"测试"菜单，在下拉菜单中选择"选项"命令，然后在"选项"列中分别勾选测试项"Rear Audio"和"Front Audio"对应的复选框，如图 12-12 所示，单击"OK"按钮。

☑	Rear Audio	Tools\Audio\AudioR_W.bat
☑	Front Audio	Tools\Audio\AudioF_W.bat
☐	JCOM1	Tools\COMCHK01.EXE

| All On | All Off | Reset Defaults | OK |

图 12-12　选择音频测试项目

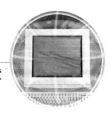

第六步：开始测试。

在选择音频测试项目后，单击右上角的 ▶ 按钮后开始测试，测试过程如图 12-13 所示，测试结果如图 12-14 所示，测试项的状态为"FAIL"。

图 12-13　测试过程

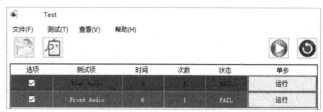

图 12-14　测试结果

在图 12-14 所示的测试结果中，测试项"Rear Audio"和"Front Audio"的状态均为"FAIL"，说明音频接口发生故障。如果测试项"Rear Audio"和"Front Audio"的状态均为"PASS"，则说明音频接口正常。

第七步：查看测试报告。

在完成测试后，单击计算机故障自动测试软件界面左上角的 ⊡ 按钮，查看测试报告，如图 12-15 所示，测试报告将显示音频故障信息。

	开始时间	测试项目	测试结果
测试记录	2020-05-23 06.05.13	Rear Audio	FAIL(12S)
	2020-05-23 06.05.25	Front Audio	FAIL(9S)
检测结果	测试项目总数：2项。 测试功能完好：0项。 测试功能不良：2项。 未测试功能数：0项。 测试总用时长：21秒。		

图 12-15　测试报告

第八步：音频输出故障的排除与维修。

在完成故障检查和定位后，进行音频输出故障的排除与维修。常见的音频输出故障（如耳机或音箱损坏、音频连接线损坏等）可以通过更换设备进行故障的解决。如果是如图 12-15 所示的测试报告中的音频输出接口的故障，则可以通过更换音频接口进行故障的排除。需要注意的是，更换音频接口需要用户了解音频接口的详细参数，并且具有扎实的动手能力才能完成。如果不具备自行更换的条件，则可以通过专业人员进行维修。

第九步：开启计算机，将耳机的插头插入音频接口后进行实际使用，验证维修结果。

经验总结：

根据日常的维修经验，产生音频输出故障的原因可能如下。

① 音频连接线未正确连接或松动，造成耳机插入后没有声音。

② 驱动程序未正确安装，造成耳机插入后没有声音。

③ 音频接口使用不当导致接口损坏。

④ 电磁干扰，造成音频输出有杂音。

思政驿站 在进行计算机故障排除的过程中，需要用户了解计算机工作需求的环境因素，以及不同的环境因素对计算机正常工作造成的影响。同时，用户需要了解计算机故障的分类与引起故障的原因，以及针对性的解决方法。在处理计算机故障时，我们需要缜密、全面地分析与判断故障类型及故障形成的原因，并运用所学知识加以解决。这和一个人的成长过程非常相似。合适的成长环境可以使一个人健康成长，使其具有健康的体魄、良好的品行、正确的世界观等。反之，恶劣的成长环境极易导致一个人的某些方面出现问题，如分析问题的角度、为人处世的态度等。在遇到问题时，某些人不能全面地分析问题，不能正确地解决问题，极易走极端，这些事例在社会中比比皆是。所以，我们需要重视计算机的工作环境，明确计算机故障出现之后的正确解决方法。同时，要努力营造适合学生的成长环境，使学生都能健康成长。

习题 12

1. 计算机的工作环境应该注意哪些因素？
2. 合理使用计算机的方法包括哪些具体内容？
3. 主板及其他板卡的日常维护包括哪些具体内容？
4. 简述计算机安全的定义。
5. 简述计算机故障的分类。
6. 当计算机出现故障时应按照什么思路来判断故障？